消防制图与识图

杨　秸◎主　编

李明昌　杨　雁◎副主编

化学工业出版社

·北京·

本书内容包括制图基本知识、投影基本知识、形体的投影和内部构造表达、建筑施工图、建筑设备施工图、消防专业图、消防专业图计算机辅助绘制等。书中画图与读图相结合，分步讲解，便于理解和掌握。所用图例均选自有关的生产图纸和通用设计图集及消防常用标号，并强化消防专业图及计算机绘图，以适应防火、灭火、抢险救援的工作需要。

本书适用于消防指挥专业人才培养教学需要，也可供基层消防人员和企事业单位专职消防人员的培训等自学使用。

图书在版编目（CIP）数据

消防制图与识图/杨秸主编. —北京：化学工业出版社，2018.8 （2025.2重印）
ISBN 978-7-122-32513-6

Ⅰ.①消…　Ⅱ.①杨…　Ⅲ.①消防-工程制图-识图
Ⅳ.①TU998.1

中国版本图书馆CIP数据核字（2018）第138326号

责任编辑：韩庆利
责任校对：王素芹　　　　　　　　　　　　装帧设计：刘丽华

出版发行：化学工业出版社（北京市东城区青年湖南街13号　邮政编码100011）
印　　装：河北延风印务有限公司
787mm×1092mm　1/16　印张20½　字数515千字　2025年2月北京第1版第12次印刷

购书咨询：010-64518888　　　　　　　　售后服务：010-64518899
网　　址：http://www.cip.com.cn
凡购买本书，如有缺损质量问题，本社销售中心负责调换。

定　　价：55.00元

《消防制图与识图》
编写人员

主　编　杨　秸

副主编　李明昌　杨　雁

参　编　李　论　陶　昆

前　言

　　《消防制图与识图》是按照学校《2016 版人才培养方案》中制订的《消防制图与识图》教学大纲的要求，理论联系实际，总结工作经验，吸取现代科学技术和学术理论研究的新成果编写而成。在内容上，力求正确地阐述各门学科的基础理论、基础知识和基本技能，并注意到内容的科学性、系统性和相对稳定性。

　　本书在编写过程中，介绍了点、线、平面、曲面、投影等理论内容，努力使投影理论（即画法几何）与制图实践密切结合。书中所用图例，均选自有关的生产图纸、通用设计图集及消防常用标号。为了便于教学，本书在阐述上，力求由浅入深，讲清道理，分散难点，便于自学。在内容上，力求画图与读图结合，在插图上，较多使用分步图，以说明作图步骤。为适应消防基层的防火、灭火、抢险救援的工作需要，课程内容的设置上还结合消防部队基层工作实际，强化了计算机绘图、消防专业图的绘制两部分内容。

　　本书由消防高等专科学校杨秸任主编，负责全书体系设计、内容界定和统稿，李明昌、杨雁任副主编。参加编写的人员有李论（第一章）；杨秸（第二、三章）；杨雁（第四章）；陶昆（第五章）；李明昌、杨秸（第六章）；李明昌、李论（第七章）。

　　由于我们水平所限，缺点在所难免，恳请广大读者、教师和同行批评指正。

编　者

目 录

第五章　建筑设备施工图

第六章　消防专业图

第七章　消防专业图计算机辅助绘制

参 考 文 献

第一章
制图基本知识

第一节　制图工具、仪器及使用方法

○ 【学习目标】

1. 熟悉制图仪器及工具的功能和用途。
2. 掌握常用制图仪器及工具的使用方法。

一、图板

图板用于固定图纸，作为绘图的垫板，板面为矩形，要求板面平整，板边平直，四角均为90°直角，如图1-1所示。固定图纸时的位置要适中，以便于画图。为防止图板翘曲变形，图板应防止受潮、暴晒和烘烤，不能用刀或硬质材料在图板上任意刻画。

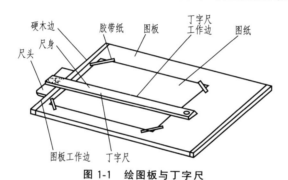

图 1-1　绘图板与丁字尺

图板大小的选择一般应与绘图纸张的尺寸相适应，常用图板规格见表1-1。

表 1-1　常用图板规格　　　　　　　　　　　mm

图板规格代号	0	1	2	3
图板尺寸(宽×长)	920×1220	610×920	460×610	305×460

二、丁字尺

丁字尺由尺头和尺身两部分组成，主要用于画水平线，尺头与尺身固定成90°角，如图1-1所示。使用时，左手握尺头，使尺头紧靠图板左边缘。尺头沿图板的左边缘上下滑动到需要画线的位置，从左向右画水平线。应注意，尺头不能靠图板的其他边缘滑动画线，如图1-2所示。丁字尺不用时应挂起来，以免尺身翘起变形。三角板可配合丁字尺自下而上画一系列铅垂线，方法如图1-3所示。用丁字尺和三角板还可画与水平线成30°、45°、60°、75°及15°的斜线，这些斜线都是按自左向右的方向画出的，如图1-4所示。

三、三角板

由两块直角形三角板组成一副，其中一块的两个锐角都为45°，另一块两个锐角分别为

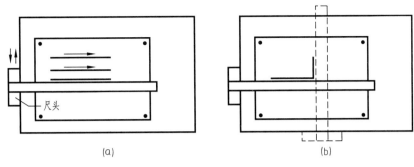

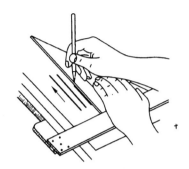

图 1-2　丁字尺的使用

图 1-3　丁字尺和三角板配合使用画垂线

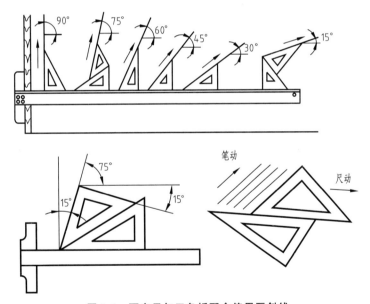

图 1-4　丁字尺与三角板配合使用画斜线

30°和 60°，如图 1-5 所示。用三角板和丁字尺配合，可画出 15°倍角的斜线，用三角板配合可画出平行线。

四、圆规和分规

圆规是画圆或圆弧的主要工具。常见的是三用圆规。画圆时，首先调整好钢针和铅芯，并拢时钢针略长于铅芯。再取好半径，右手食指和拇指捏好圆规旋柄，左手协助将针尖对准

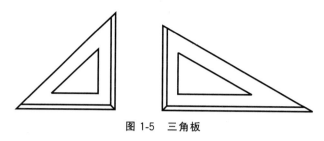

图 1-5　三角板

圆心。顺时针旋转。转动时圆规可稍向画线方向倾斜，如图 1-6 所示。画较大圆时，应加延伸杆，使圆规两端都与纸面垂直。

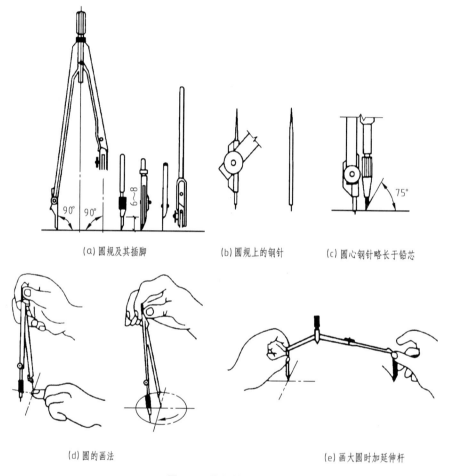

(a) 圆规及其插脚　　　　　(b) 圆规上的钢针　　　　　(c) 圆心钢针略长于铅芯

(d) 圆的画法　　　　　　　　　　　　(e) 画大圆时加延伸杆

图 1-6　圆规的用法

　　分规是截量长度和等分线段的工具，如图 1-7 所示。为了能准确地量取尺寸，分规的两针尖应保持尖锐，使用时，两针尖应调整到平齐，即当分规两腿合拢后，两针尖必聚于一点。等分线段时，经过试分，逐渐地使分规两针尖调到所需距离。然后在图纸上使两针尖沿要等分的线段依次摆动前进。

五、比例尺

　　比例尺又称为三棱尺，上有 6 种刻度，如图 1-8 所示。比例尺是用于放大或缩小实际尺

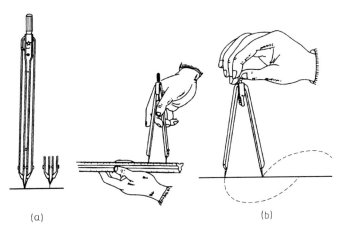

图 1-7　分规及其使用方法

寸的一种尺子。比例尺的使用方法是，首先在尺上找到所需的比例，然后看清尺上每单位长度所表示的相应长度，就可以根据所需要的长度，在比例尺上找出相应的长度作图。例如，要以 1∶100 的比例画 2700mm 的线段，只要从比例尺 1∶100 的刻度上找到单位长度 1m（实际长度仅是 10mm），并量取从 0 到 2.7m 刻度点的长度，就可用这段长度绘图了。最常用的为三棱比例尺，常用比例有 1∶10，1∶100，1∶1000。

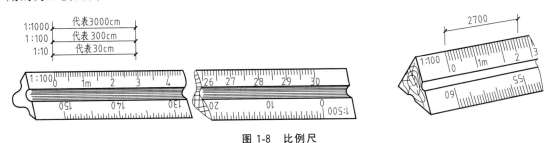

图 1-8　比例尺

六、建筑模板

建筑模板主要用来画各种建筑标准图例和常用符号，如柱、墙、门开启线、大便器、污水盆、详图索引符号、轴线圆圈等。模板上刻有多种方形孔、圆形孔，可以画出各种不同图例或符号的孔，其大小已符合一定的比例，只要用笔沿孔内画一周即可。如图 1-9 所示。

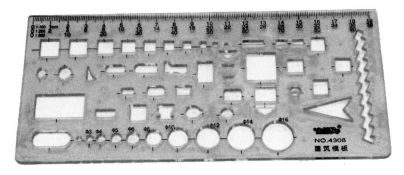

图 1-9　建筑模板

七、曲线板

　　曲线板是用于画非圆曲线的工具，用曲线板画曲线的方法如图 1-10 所示。先将曲线上的点用铅笔轻轻连成曲线在曲线板上选取相吻合的曲线段，从曲线起点开始，至少要通过曲线上的 3～4 个点，并沿曲线板描绘这一段密合的曲线，但不能把密合的曲线段全部描完，而应留下最后一小段。用同样的方法选取第二段曲线，两段曲线相接处应有一段曲线重合。如此分段描绘，直到描完最后一段，如此延续下去，即可画完整段曲线。

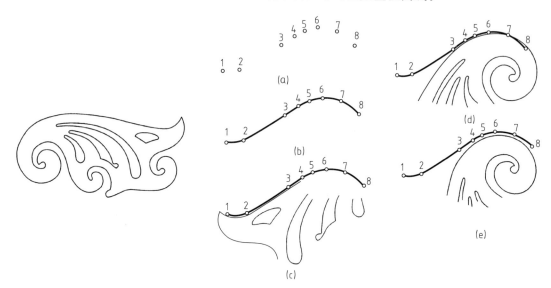

图 1-10　曲线板的使用

八、绘图笔

　　绘图笔主要有墨线笔和墨水笔。

　　墨线笔也称直线笔，是上墨、描图的仪器。使用前，旋转调整螺钉，使两叶片间距约为线型的宽度，用蘸水钢笔将墨水注入两叶片间，笔内墨水的高度以 5mm 左右为宜。正式描图前，应进行反复调整线型宽度、擦拭叶片外面沾有的墨水等工作。正确的笔位如图 1-11（a）所示，墨线笔与尺边垂直，两叶片同时垂直纸面，且向前进方向稍倾斜。图 1-11（b）是不正确的笔位，笔杆向外倾斜，笔内墨水将沿尺边渗入尺底而弄脏图纸；而当笔杆向内倾斜时，则所绘图线外侧不光洁。

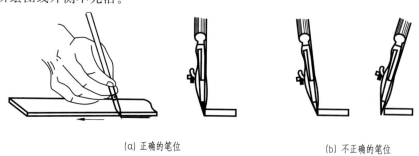

(a) 正确的笔位　　　　　　　　　　(b) 不正确的笔位

图 1-11　墨线笔使用方法

绘图墨水笔，也称自来水直线笔，是目前广泛使用的一种描图工具。它的笔头是一针管，针管直径有粗细不同的规格，可画出不同线宽的墨线，也称为针管笔。使用绘图墨水笔时，应该注意：绘图墨水笔必须使用碳素墨水或专用绘图墨水，以保证使用时墨水流畅，用后要用清水及时把针管冲洗干净，以防堵塞。如图1-12所示。

图1-12 墨水笔

九、绘图铅笔

画图用的铅笔是专用的绘图铅笔，按铅芯的软硬程度可分为B型和H型两类。"B"表示软，B前的数字越大，表示铅芯越软，"H"表示硬，H前的数字越大，表示铅芯越硬，"HB"介于两者之间。B系列用于画粗线；H系列用于画细线或底稿线；HB用于画中线或书写字体。画图时，可根据使用要求选用不同的铅笔型号。铅笔应从无标志的一端开始使用，以保留标志易于辨认软硬。铅笔应削成长度为25～30mm，铅芯露出约6～8mm，画线时运笔要均匀，并应缓慢转动，向运动方向倾斜75°，并使笔尖与尺边距离始终保持一致，这样才能画得平直准确。写字或打底稿用锥状铅芯，如图1-13（a）所示，加深图线时宜用楔状铅芯，如图1-13（b）所示。

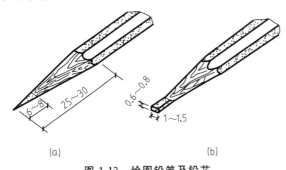

图1-13 绘图铅笔及铅芯

十、图纸

图纸分为绘图纸和描图纸两种。

绘图纸要求纸面洁白、质地坚硬，用橡皮擦拭不易起毛，画墨线时不洇透，图纸幅面应符合国家标准。绘图纸不能卷曲、折叠和压皱。

描图纸要求洁白、透明度好，带柔性。应放在干燥通风处，受潮后的描图纸不能使用，如图1-14所示。

十一、擦图片

擦图片是用来修改图线的，使用时只要将该擦去的图线对准擦图片上相应的孔洞用橡皮轻轻擦拭即可。如图1-15所示。

图1-14 描图纸

十二、墨水

墨水有碳素墨水和绘图墨水。碳素墨水不易结块，适用于绘图墨水笔，绘图墨水干得较快，适用于直线笔。目前，市场上的高级绘图墨水亦适用于绘图墨水笔，总之，使用时应根据墨水性能合理使用。

 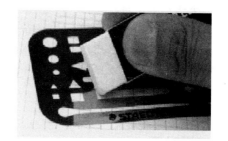

图 1-15　擦图片

十三、其他用品

胶带纸：用于固定图纸。

橡皮：用于擦去不需要的图线等。

小刀：削铅笔。

刀片：用于修整图纸上的墨线。

软毛刷：用于清扫橡皮屑，保持图面清洁。

砂皮纸：用于修磨铅笔芯。

---------------------------------- ○ **思考与练习** ○ ----------------------------------

1. 利用绘图板、丁字尺、三角板绘制出 15°和 75°角。

2. 利用圆规分别绘制出半径为 2mm、4mm、6mm 和 50mm、100mm、150mm 的同心圆。

3. 绘图工具中，绘图铅笔的铅芯有软硬之分，软铅笔、硬铅笔、软硬适中的铅笔分别用什么字母表示？

4. 简述图纸的种类及使用方法。

》》 第二节　制图标准

○ 【学习目标】

1. 掌握制图的一般规定：图幅、图线、比例、字体。

2. 掌握单个尺寸的四要素及尺寸的标注标准。

一、图幅

图幅是图纸幅面的简称，指图纸幅面的大小。为了便于图纸装订、保管及合理利用，所有图纸幅面大小必须符合国家标准有关规定。根据《房屋建筑制图统一标准》（GB/T 50001—2017）中的规定，各种幅面及图框尺寸如表 1-2 所示。

表 1-2　幅面及图框尺寸　　　　　　　　　　　　　　　　　mm

尺寸代号＼幅面代号	A0	A1	A2	A3	A4
$B×L$	841×1189	594×841	420×594	297×420	210×297
e	20			10	
c	10			5	
a	25				

从表 1-2 中可以看出，图幅由大到小分成五种规格，通常称为图纸号，如："A0"，称为"0 号图纸"，"A1"称为"1 号图纸"等，如图 1-16 中粗实线部分，这种幅面称为基本幅面。同时该标准还规定，在必要的条件下，图纸的幅面可以沿不同方向加长，加长的尺寸如图 1-16 虚线部分所示。

B、L 分别为图纸的短边与长边，a、c、e 分别为图框线到图幅边缘之间的距离。图纸的短边不得加长，长边可以加长，但应符合表 1-2 的规定。以图纸的短边作垂直边称为横式，以短边作水平边称为立式，一般 A0～A3 图纸宜横式使用，必要时也可立式使用。一个专业所用的图纸，不宜多于两种幅面。目录及表格所采用的 A4 图纸不在此限。

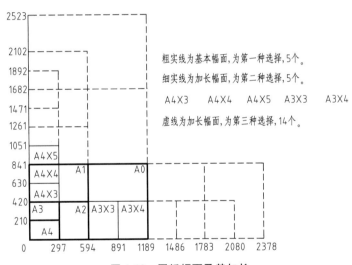

图 1-16　图纸幅面及其加长

二、图框

图框是图纸上限定画图范围的最大边框。任何一张工程图纸上都必须用粗实线画出图框，图款的格式有留装订边和不留装订边两种，如图 1-17 和图 1-18 所示，但同一种产品的图样只能采用一种格式。

三、会签栏与标题栏

在每张施工图纸中，为了方便查阅图纸，图纸右下角都有标题栏。标题栏主要以表格形式表达本图纸的一些属性，如设计单位名称、工程名称、图样名称、图样类别、编号以及设计、审核、负责人的签名，标题栏亦称图标，如图 1-19 所示。

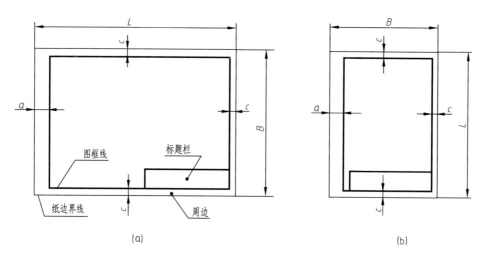

(a) (b)

图 1-17　留装订边的图框格式

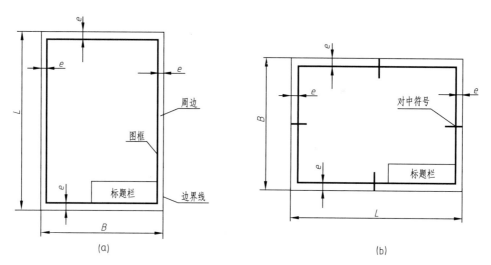

(a) (b)

图 1-18　不留装订边的图框格式

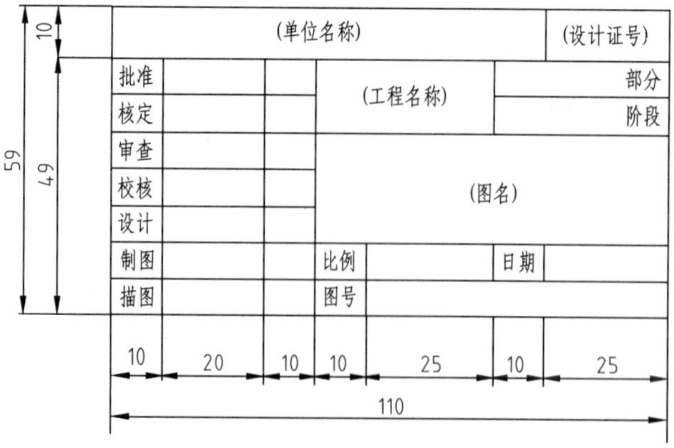

(单位名称)						(设计证号)	
批准		(工程名称)				部分	
核定						阶段	
审查		(图名)					
校核							
设计							
制图		比例			日期		
描图		图号					

图 1-19　标题栏

学生制图作业的标题栏各校可自行设计，如图 1-20 所示制图作业的标题栏。

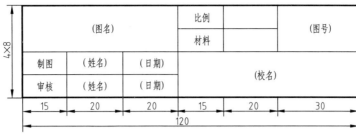

图 1-20　学生作业标题栏

会签栏则是各专业工种负责人签字区，一般位于图纸的左上角图框线外。图标及会签栏位置如图 1-21 所示。

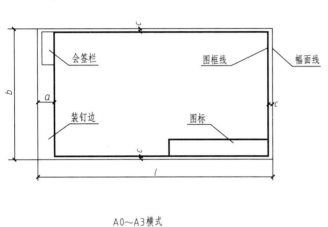
A0～A3横式

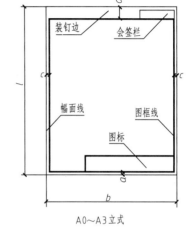
A0～A3立式

图 1-21　会签栏位置

四、图线

图纸上所画的图形是用各种不同的图线组成的。在《房屋建筑制图统一标准》（GB/T 50001—2017）中对各种图线的名称、线型、线宽和用途作了明确的规定，见表 1-3。

表 1-3　线型表

名称		线　型	线宽	用　　途
实线	粗		b	(1)一般作主要可见轮廓线 (2)平、剖面图中主要构件断面的轮廓线 (3)建筑立面途中外轮廓线 (4)详图中主要部分的断面轮廓线和外轮廓线 (5)总平面图中新建建筑物的可见轮廓线
	中		$0.5b$	(1)建筑平、立、剖中一般构配件的轮廓线 (2)平、剖面图中次要断面的轮廓线 (3)总平面图中新建道路、桥梁、围墙等及其他设施线和区域分界线 (4)尺寸起止符
	细		$0.25b$	(1)总平面图中新建人行道、排水沟、草地、花坛等可见轮廓线、原有建筑物、铁路、道路、桥涵、围墙的可见轮廓线 (2)图例线、索引符号、尺寸线、尺寸界线、引出线、标高符号、较小图形的中心线

名称		线型	线宽	用途
虚线	粗	━ ━ ━ ━ ━ ━ ━ ━	b	(1)新建建筑物的不可见轮廓线 (2)结构图上不可见钢筋及螺栓线
	中	━ ━ ━ ━ ━ ━ ━ ━	$0.5b$	(1)一般不可见轮廓线 (2)建筑构造及建筑构配件不可见轮廓线 (3)总平面图计划扩建的建筑物、铁路、道路、桥涵、围墙及其他设施的轮廓线 (4)平面图中吊车轮廓线
	细	- - - - - - - - -	$0.25b$	(1)总平面图上原有建筑物和道路、桥涵、围墙等设施的不可见轮廓线 (2)结构详图中不可见钢筋混凝土构件轮廓线 (3)图例线
点画线	粗	━━━ · ━━━	b	(1)吊车轨道线 (2)结构图中支撑线
	中	———— · ————	$0.5b$	土方填充区的零点线
	细	———— · ————	$0.25b$	分水线、中心线、对称线、定位轴线
双点画线	粗	━━ ·· ━━	b	预应力钢筋线
	细	———— ·· ————	$0.25b$	假想轮廓线、成型前原始轮廓线
折断线		⌇	$0.25b$	不需画全的断开界线
波浪线		〜〜〜	$0.25b$	不需画全的断开界线

表中线宽 b 根据图样复杂程度与比例大小合理选择，较复杂的图样选择较细的图线，选用表1-4中适当的线宽组。图框线和标题栏线，可采用表1-5的线宽。

表 1-4　线宽组

线宽比	线宽组/mm					
b	2.0	1.4	1.0	0.7	0.5	0.35
$0.5b$	1.0	0.7	0.5	0.35	0.25	0.18
$0.25b$	0.5	0.35	0.25	0.18		

表 1-5　图框线、标题栏线的宽度　　　　　　　　　　mm

幅面代号	图框线	标题栏外框线	标题栏分格 线会签栏线
A0、A1	1.4	0.7	0.35
A2、A3、A4	1.0	0.7	0.35

画图时，应注意以下几点：

(1) 在同一张图纸中，相同比例的图样，应选择相同的线宽组。

(2) 相互平行的两条线，其间隙不宜小于图内粗线的宽度，且不宜小于0.7mm。

(3) 虚线、单点长画线、双点长画线的线段长度宜各自相等，虚线的线段长度为3～6mm，单点画线的线段长度为15～20mm。

(4) 虚线与虚线应相交于线段处；虚线不得与实线相连接。单点长画线同虚线。

(5) 单点或双点长画线端部不应是点。在较小的图形中，单点或双点长画线可用细实线代替。以上各画法如图1-22所示。

(6) 图线不得与文字、数字或符号重叠、混淆，不可避免时，应首先保证文字等的清晰。

（7）折断线和波浪线都需徒手画出。折断线应通过被折断图形的全部，其两端各画出2～3mm。

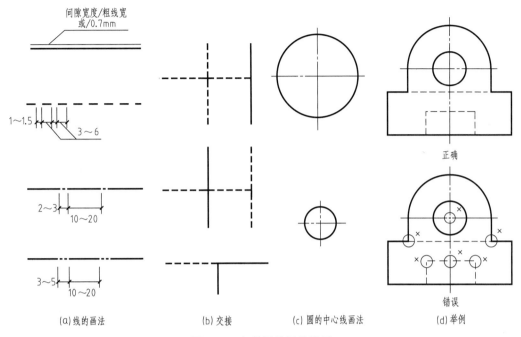

(a)线的画法   (b)交接   (c)圆的中心线画法   (d)举例

图 1-22　各种图线画法举例

五、比例

图样的比例，应为图形与实物相对应的线性尺寸之比。例如1∶1是表示图形大小与实物大小相同。1∶100是表示100m在图形中按比例缩小只画成1m。比例的大小，是指比值的大小，如1∶50大于1∶100。比例应以阿拉伯数字表示，如1∶1、1∶2、1∶100等。比例宜注写在图名的右侧，其字号应比图名的字号小一号或小二号。

一般情况下，一个图样应选用一种比例。若专业制图需要，同一图样可选用两种比例。由于房屋的尺寸较大，所以建筑施工图一般都用较小比例绘制。但一幅施工图既要说明建筑物的总体布置，又要说明一栋建筑物的全貌，还要把若干局部和构件的尺寸及做法交待清楚，因此全部采用一种比例不能满足各种图的要求，必须根据图纸的用途及被绘制的建筑物的复杂程度从表1-6中选取比例，并应优先采用常用比例。

表 1-6　建筑图的比例

图　　名	比　　例
建筑物或构筑物的平面图,立面图,剖面图	1∶50　1∶100　1∶200
建筑物或构筑物的局部放大图	1∶10　1∶20　1∶50
构件及构造详图	1∶10　1∶20　1∶50

一般在一个图形中只采用一种比例，但在结构图中，有时允许在一个图形中使用两种比例。比例注写在图名的右侧，当整张图纸只使用一种比例时，也可以注写在图标内图名的下面。详图的比例应注写在详图索引标志的右下角。

六、尺寸标注

图形只能表示物体的形状，各部分的实际大小及其相对位置，必须用尺寸数字标明。尺寸数字是图样的组成部分，必须按规定注写清楚，力求完整、合理、清晰，否则会直接影响施工，给生产造成损失。图样上所注的尺寸，表示物体的真实大小，与图形的大小无关。

建筑制图标准中规定图样上的尺寸应包括尺寸界线、尺寸线、尺寸起止符号和尺寸数字，如图 1-23 所示。

尺寸界线用细实线，一般应与被注长度垂直，其一端应离开图样轮廓线不小于 2mm，另一端超出尺寸线 2～3mm。必要时图样轮廓线可用作尺寸界线，如图 1-24 所示。

尺寸线用细实线，应与被注长度的方向平行，且不宜超出尺寸界线。任何图形轮廓线均不得用作尺寸线。

尺寸起止符号一般应用中粗斜短线绘制，其倾斜方向应与尺寸界线成顺时针 45°角，长度应为 2～3mm。半径、直径、角度与弧长的尺寸起止符号，宜用箭头表示。

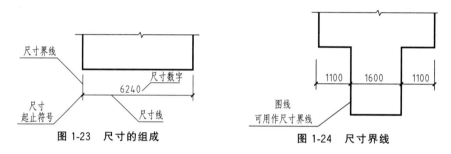

图 1-23　尺寸的组成　　　　　　　图 1-24　尺寸界线

尺寸数字应按设计规定书写。图样上的尺寸，应以尺寸数字为准，不得从图上直接量取。图样上的尺寸单位，除标高及总平面图以米（m）为单位外，均必须以毫米（mm）为单位。尺寸数字的读数方向，应按图 1-25（a）的规定注写。若尺寸数字在 30°阴影范围内，宜按图 1-25（b）的形式注写。

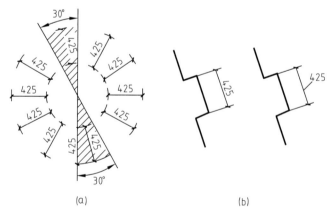

(a)　　　　　　　　　　　　(b)

图 1-25　尺寸数字的读数方向

尺寸数字应依据其读数方向注写在靠近尺寸线的上方中部，如没有足够的注写位置，最外边的尺寸数字可注写在尺寸界线的外侧，中间相邻的尺寸数字可错开注写，也可引出注写，如图 1-26 所示。尺寸宜标注在图样轮廓线以外，不宜与图线、文字及符号等相交，如图 1-27 所示。图线不得穿过尺寸数字，不可避免时，应将尺寸数字处的图线断开，如

图 1-28所示。

图 1-26　尺寸数字的注写位置

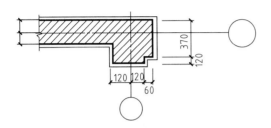

图 1-27　在轮廓线以外的尺寸标注

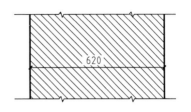

图 1-28　尺寸数字处断开图线标注

　　互相平行的尺寸线，应从被注的图样轮廓线由近向远整齐排列，小尺寸线应离轮廓线较近，大尺寸线应离轮廓线较远。图样最外轮廓线距最近尺寸线的距离，不宜小于 10mm。平行排列的尺寸线的间距，宜为 7～10mm，并应保持一致。最外边的尺寸界线，应靠近所指部位，中间的尺寸界线可稍短，但其长度应相等。如图 1-29 所示。

　　半径、直径、角度的注法。半径的尺寸线，应一端从圆心开始，另一端画箭头指至圆弧。半径数字前应加注半径符号"R"，如图 1-30 所示。较小圆弧的半径，可按图 1-31 形式标注。较大圆弧的半径，可按图 1-32 形式标注。

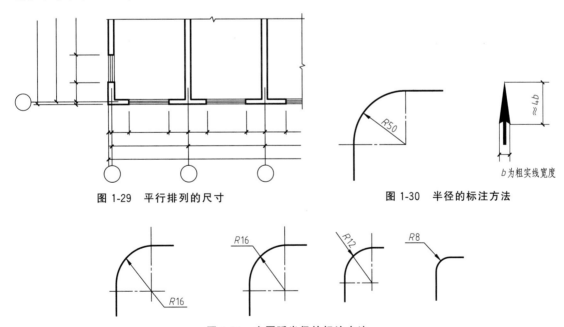

图 1-29　平行排列的尺寸

图 1-30　半径的标注方法

b 为粗实线宽度

图 1-31　小圆弧半径的标注方法

　　标注圆的直径尺寸时，直径数字前应加符号"ϕ"。在圆内标注的直径尺寸线应通过圆心，两端画箭头指至圆弧，如图 1-33 所示。较小圆的直径尺寸可标注在圆外，如图 1-34所示。

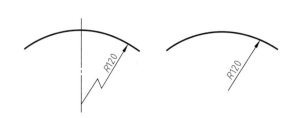

图 1-32　大圆弧半径的标注方法

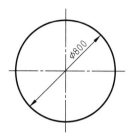

图 1-33　圆直径的标注方法

角度的尺寸线应以圆弧线表示，该圆弧的圆心应是该角的顶点，角的两个边为尺寸界线。角度的起止符号应以箭头表示，如没有足够位置画箭头，可用圆点代替。角度数字应水平方向注写。如图 1-35 所示。

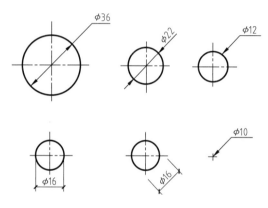

图 1-34　小圆直径的标注方法

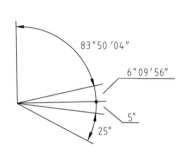

图 1-35　角度的标注方法

七、字体

工程图样上除绘有图形外，还要用汉字填写标题栏、技术要求或说明事项，用数字来标注尺寸，用汉语拼音字母来表示字位轴线编号、代号、符号等。这些字体均应笔画清晰、字体端正、排列整齐，标点符号应清楚正确。否则，不仅影响图面质量，而且容易引起误解或读数错误，甚至造成工程事故。

"建筑制图标准"规定汉字用长仿宋体，并采用国家公布的简化字。长仿宋体的特点是：笔画挺直、粗细一致、结构匀称、便于书写。长仿宋字的字高（即字号）应从下列字高系列中选用（mm）：2.5、3.5、5、7、10、14、20。宽度与高度的关系，应符合表1-7 的规定。

表 1-7　长仿宋体字高宽关系表　　　　　　　　　　　　　　　　mm

字高（号）	20	14	10	7	5	3.5	2.5
字宽	14	10	7	5	3.5	2.5	1.8

汉语拼音字母、阿拉伯数字、罗马数字的书写与排列等，应符合表 1-8 的规定。如需写成斜体字，其斜度应从字的中垂线顺时针向右倾斜 15°，即字的中垂线与底线成 75°角。斜体字的高度与宽度应与相应的直体字相等。

表 1-8 汉语拼音字母、阿拉伯数字、罗马数字书写规则

		一般字体	窄字体
字母高	大写字母	h	h
	小写字母(上下均无延伸)	$7/10h$	$10/14h$
	小写字母向上或向下延伸	$3/10h$	$4/14h$
	笔画宽度	$1/10h$	$1/14h$
间隔	字母间	$2/10h$	$2/14h$
	上下行底线间最小间隔	$14/10h$	$20/14h$
	文字间最小间隔	$6/10h$	$6/14h$

（一）汉字

应采用简化汉字，书写成长仿宋字体。长仿宋字体的字高与字宽的比例大约为 3：2（或 1：0.7）。长仿宋字的书写要领：横平竖直，起落分明，填满方格，结构匀称。长仿宋体汉字字例，如图 1-36 所示。

图 1-36 长仿宋体举例

（二）拉丁字母及数字

拉丁字母及数字（包括阿拉伯数字和罗马数字及少数希腊字母）有一般字体和窄字体两种，其中又有直体字和斜体字之分（与水平线成 75°的斜体字）。拉丁字母、阿拉伯数字与罗马数字的字高，应不少于 2.5mm。汉语拼音字母、阿拉伯数字与罗马数字字例，如图 1-37 所示。

ABCDEFGHIJKLMNO
PQRSTUVWXYZ
abcdefghijklmnopq
rstuvwxyz
0123456789IVXφ
ABCabcd1234IV

图 1-37　拉丁字母、数字和少数希腊字母示例

------------------ ○ **思考与练习** ○ ------------------

1. 尺寸标注的四要素是什么？
2. 什么是图纸上限定画图范围的最大边框？

》》 第三节　制图的一般步骤

○ 【学习目标】

1. 熟悉绘图步骤和方法。
2. 掌握简单图形的绘制。

一、制图的准备工作

制图工作应当有步骤地循序进行。为了提高绘图效率，保证图纸质量，必须掌握正确的绘图程序和方法，并养成认真、负责、仔细、耐心的良好习惯。

制图前应做好下列几方面的准备工作：

（1）安放绘图桌或绘图板时，应使光线从图板的左前方射入；不宜对窗安置绘图桌，以免纸面反光而影响视力。将备用的工具放在方便之处，以免妨碍制图工作。

（2）擦干净全部绘图工作及仪器，削磨好铅笔及圆规上的铅芯。

（3）固定图纸：将图纸的正面向上贴于图板上，并用丁字尺对齐，使图纸平整和绷紧。当图纸较小时，应将图纸布置在图板的左下方，但要使图纸的底边与图板下边的距离略大于丁字尺的宽度。

（4）为保持图面整洁，画图前应洗手。

二、制图的一般步骤

1. 绘制铅笔底稿图

铅笔细实线底稿是一张图的基础，要认真、细心、准确绘制。绘制时应该注意以下几点：

（1）铅笔底稿图宜用削磨尖的 H 或 HB 铅笔绘制，底稿线要细而淡，绘图者自己看得出便可，故要经常磨尖铅芯。

（2）画图框、图标。首先画出水平和垂直基准线，在水平和垂直基准线上分别量取图框和图标的宽度和长度，再用丁字尺画图框、图标的水平线，然后用三角板配合丁字尺画图框、图标的垂直线。

（3）布图。预先估计各图形的大小及预留尺寸线的位置，将图形均匀、整齐地安排在图纸上，避免某部分太紧凑或某部分过于宽松。

（4）画图形。一般先画轴线或者中心线，其次画图形的主要轮廓线，然后画细部；图形完成后，再画尺寸线、尺寸界线等。材料符号在底稿中只需要画出一部分或不画，待加深或上墨线时再全部画出。对于需上墨线的底稿，在线条的交接处可画出头一些，以便清楚地辨别上墨线的起始位置。

2. 铅笔加深的方法

在加深前，要认真校对底稿，修正错误和填补遗漏；底稿经查对无误后，擦去多余的线条和污垢。一般用 2B 铅笔加深粗线，用 B 铅笔加深中粗线，用 HB 铅笔加深细线、写字和画箭头。加深圆时，圆规的铅芯应比画直线的铅芯软一级。用铅笔加深图线时用力要均匀，边画边转动铅笔，使粗线均匀地分布在底稿线的两侧。加深时还应做到线型正确、粗细分明，图线与图线的连接要光滑、准确，图面要整洁。

3. 加深图线的一般步骤

（1）加深所有的点画线；

（2）加深所有粗实线的曲线、圆及圆弧；

（3）用丁字尺从图的上方开始，依次向下加深所有水平方向的粗实线直线；

（4）用三角板配合丁字尺从图的左方开始，依次向右加深所有铅垂方向的粗实线直线；

（5）从图的左上方开始，依次加深所有倾斜的粗实线；

（6）按照加深粗实线的方法加深所有的虚线曲线、圆和圆弧，然后加深水平的、铅垂的和倾斜的虚线；

（7）按照加深粗实线的方法加深所有的中实线；

（8）加深所有的细实线、折断线、波浪线等；

（9）画尺寸起止符号或箭头；

（10）加深图框、图标；

（11）注写尺寸数字、文字说明，并填写标题栏。

三、常用制图软件介绍

AutoCAD（Autodesk Computer Aided Design）是由美国欧特克有限公司设计的一款计算机辅助设计软件，主要用于二维绘图和基本三维设计。在机械加工行业、模具行业、建筑行业等广泛应用。

Pro/Engineer（Pro/e）操作软件是美国参数技术公司（PTC）旗下的CAD/CAM/CAE一体化的三维软件。Pro/E采用了参数化设计的模块方式，可以分别进行草图绘制、零件制作、装配设计、钣金设计、加工处理等，广泛应用于汽车、模具、医药设备等领域。由于采用参数化设计，所以更改方便，设计周期时间短，大大提高产品的设计效率。

UG（Unigraphics NX）是由 Siemens PLM Software 公司出品的一个软件，针对用户的虚拟产品设计和工艺设计的需求，提供了经过实践验证的解决方案。在三维设计和产品数字化分析方面有强大的功能，它提供有制图、三维建模、加工等模块，特别为数控编程提供了很大的帮助。广泛应用于模具加工编程、工艺品设计、航天设计等领域。

SolidWorks 是美国达索系统（Dassault Systemes S. A）下的子公司，专门负责研发与销售机械设计软件的视窗产品，是一款三维 CAD 设计软件，其拥有强大的设计功能和易学易用的操作界面，在零件设计、装配设计和工程图之间的切换是全相关的。广泛应用于机械设计、汽车设计、模具开发等行业。

BIM 即建筑信息模型，其英文全称是 Building Information Modeling，是以建筑工程项目的各项相关信息数据作为基础，通过数字信息仿真模拟建筑物所具有的真实信息，通过三维建筑模型，实现工程监理、物业管理、设备管理、数字化加工、工程化管理等功能。它具有信息完备性、信息关联性、信息一致性、可视化、协调性、模拟性、优化性和可出图性八大特点，将建设单位、设计单位、施工单位、监理单位等项目参与方在同一平台上，共享同一建筑信息模型，利于项目可视化、精细化建造。BIM 不再像 CAD 一样只是一款软件，而是一种管理手段，是实现建筑业精细化、信息化管理的重要工具。

四、绘图方式

制图课程主要由两大部分组成，一是手工绘图，二是计算机绘图。手工绘图部分包含了国家标准的学习，点、线、面的投影，基本体及截交线、相贯线的投影，组合体三视图，轴测图五大部分。计算机绘图主要包含软件基本知识和应用技巧，着重掌握基本绘图命令、编辑命令和三维绘图的基本方法等。

◦ **思考与练习** ◦

简述绘制形体投影图的步骤与方法。

第二章
投影基本知识

一个形体从设计到制作完成，需要一套完整的图纸作指导，而形体的设计图主要是应用投影原理绘制完成的。为掌握识读设计图的方法与技巧，首先应学习形体设计图绘制的理论基础，即投影基础知识。

第一节　投影及其特性

【学习目标】

1. 了解投影图的形成。
2. 熟悉投影图的概念及工程图上常用的投影图种类。
3. 掌握投影图的分类。

任何一个形体，都有 3 个维度的尺度，就是长度、宽度、高度，但在工程技术界所应用的工程图都是两个维度（长和宽）的平面图。如何才能将空间立体真实地表现在平面上呢？这就需要有一种绘图方法和一定的理论根据。工程图所用的绘图方法是投影的方法。

一、投影的概念

晚上，把一本书对着电灯，如果书本与墙壁平行，如图 2-1（a）所示，这时，在墙上就会有一个形状和书本一样的影子。晴朗的早晨，迎着太阳把一本书平行放在墙前，墙上出现的影子和书的大小差不多，如图 2-1（b）所示。因为太阳离书本的距离要比电灯离书本远得多，所以阳光照到书本上的光线就比较接近平行。影子在一定程度上反映了形体的形状和大小。

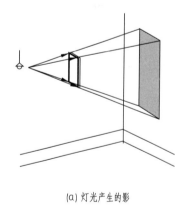
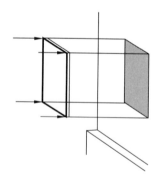

(a) 灯光产生的影　　　　　　　　　　　(b) 阳光产生的影

图 2-1　投影的产生

人们对这种自然现象做出科学的总结与抽象的概括：假设光线能透过形体而将形体上的各个点和线都在承接平面上投落下它们的影子，从而使这些点、线的影子组成能反映形体形状的图形，如图 2-2 所示，那么就把这样形成的图形称为投影图。通常也可将投影图称为投影。能够产生光线的光源称为投影中心，而光线称为投射线，承接影子的平面称为投影面。

由此可知，要产生投影必须具备 3 个条件：投射线、形体、投影面，这 3 个条件又称为投影的三要素。作出形体投影的方法，称为投影法。

工程图样就是按照投影原理和投影作图的基本规则而形成的。

根据上述对投影概念的分析，还需要强调两点：

（1）在投影原理中，只讨论物体的形状和尺度，而有关物体的材料以及物理性质、化学性质等问题不涉及，所以在此将物体称为形体。

（2）自然现象中形体的影子和形体投影图有着本质的区别，两者的概念不同，图形反映的内容不同，如图 2-3 所示。影子的产生是物理现象，而投影图是几何问题。

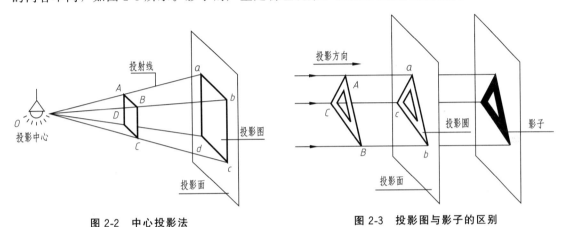

图 2-2　中心投影法　　　　　　　　　图 2-3　投影图与影子的区别

二、投影的分类

投影的分类实际属于投影法的分类。根据投射中心距形体及投影面的远近不同，可将投影分为中心投影和平行投影，如图 2-4（a）所示。

（一）中心投影

投射中心在有限距离内，发出放射状的投影线，用这些放射线作出的投影，就是中心投影。即投射线集中于投影中心时，所得的投影称为中心投影。如图 2-2 所示，在投影面上的矩形 abcd 就是由投影中心 O 引出过矩形 ABCD 上各个顶点的投射线与投影面的交点连得的。

（二）平行投影

当投影中心 O 移至无限远处时，投射线将依一定的投影方向平行地投射下来，用平行投射线作出的投影称为平行投影，如图 2-3 所示。太阳的光线可以看作互相平行的投射线。在投影面上的三角形 abc 是依投影方向互相平行的投射线过三角形 ABC 上各个顶点与投影面的交点连得的。

平行投影又分为两种。

1. 正投影

平行的投射线与投影面垂直时所产生的形体的投影称为正投影，如图 2-4（b）中 a 所示。

2. 斜投影

平行的投射线与投影面斜交时所产生的形体的投影称为斜投影，如图 2-4（b）中 b

所示。

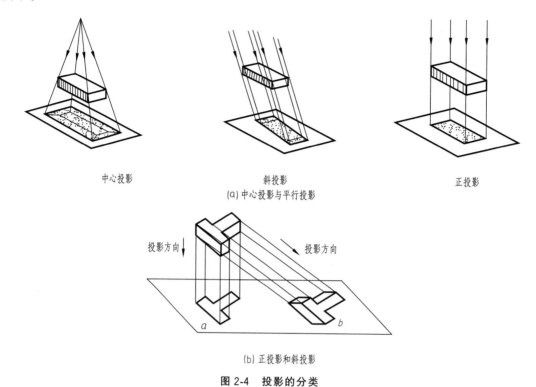

中心投影　　　　　　　斜投影　　　　　　　正投影

(a) 中心投影与平行投影

投影方向　　　　投影方向

(b) 正投影和斜投影

图 2-4　投影的分类

三、工程图上常用的投影图

中心投影和平行投影（正投影和斜投影）在建筑工程中应用甚广，以一幢四棱柱体外形的楼房为例，用不同的投影法，可以画出建筑工程常用的投影图，如图 2-5 所示。

（一）透视图

透视图是指用中心投影法绘制的单面投影图，这种图显得自然且富有真实感，与飞机所拍得的相片非常相似，如图 2-5（a）所示。但形体各个部分的形状和大小不能在图中直接反映和度量出来。透视图用在建筑设计、装饰设计的方案和效果图中。

（二）轴测投影图

轴测投影图是指用平行投影法绘制的单面投影图，这种图有立体感，如图 2-5（b）所示，画法较透视图简易。但形体在图面上改变了它的真实形状，一般作为建筑工程图的辅助图样。

（三）正投影图

正投影图是指用正投影法在平行于形体某一侧面的投影面上作出的投影图，如图 2-5（c）所示。正投影图能反映形体各个侧面的真实形状和大小，具有可度量性，而且作图简便，合乎工程技术上的要求，所以建筑工程图一般采用正投影图。但正投影图缺乏立体感，需要经过一定的训练才能看懂。

（四）标高投影图

标高投影图是用一种带有数字标记的单面正投影图。用正投影图反映形体的长度和宽

(a)透视图　　　　　　　　　(b)轴测投影图　　　　　　　　　(c)正投影图

图 2-5　工程上常用的投影图

度，其高度用数字标注，如图 2-6（a）所示为形体的标高投影图。标高投影图还用来表达地面的形状，如图 2-6（b）所示，就是用等高线绘制地形图的方法。标高投影图主要用于地形图中。

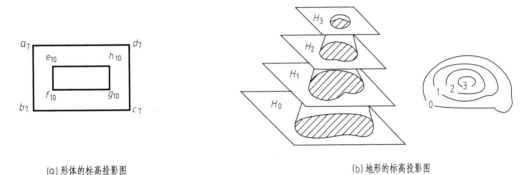

(a)形体的标高投影图　　　　　　　　　　　　　(b)地形的标高投影图

图 2-6　标高投影图

思考与练习

1. 简述投影图的形成原理。

2. 投影图的种类有哪几种？

3. 工程图中使用的投影图有哪几种？

第二节　正投影图

◯ 【学习目标】

1. 了解正投影图的形成规律。

2. 熟悉正投影的特性。

3. 掌握正投影图的三等关系。

在建筑工程制图中，最常用的投影是正投影。下面以点、直线段、平面的正投影为例说明正投影特性。

一、正投影特性

（一）点的投影

点的投影仍然是点，如图2-7（a）所示。

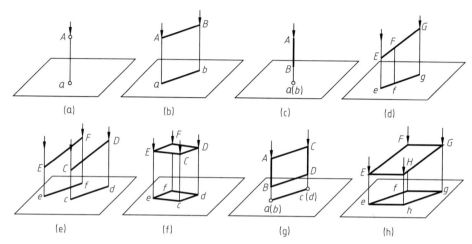

图2-7　点、直线段、平面的正投影图

（二）直线段的投影

（1）度量性。当直线段平行于投影面时，其投影反映实长，即$ab=AB$，如图2-7（b）所示，该线段的长度可以从其正投影的长度来度量。反映线段的实长的投影，称为实形投影。

（2）积聚性。当直线垂直于投影面时，其投影积聚为一点，称为该直线的积聚投影，如图2-7（c）所示。

（3）相仿性。当直线不平行于投影面（倾斜投影面）时，其正投影小于实长。如图2-7（d）所示，$eg<EG$。

（4）平行性。互相平行的两直线在同一投影面上的正投影仍然保持平行，如图2-7（e）所示，$EF//CD$。

（5）定比性。点在直线段上，则点的投影必在直线段的投影上。点分直线段所成的比例，等于点的投影分线段的投影所成的比例，如图2-7（d）所示。

（三）平面的投影

（1）显实性。当平面平行于投影面时，其投影反映实形，即面$cdef=CDEF$，如图2-7（f）所示，具有显实性。该平面图形的形状和大小可以从其正投影的长度来确定和度量，即度量性。

（2）积聚性。当平面垂直投影面时，其投影积聚成直线，即积聚投影，如图2-7（g）所示。

（3）相仿性。当平面倾斜投影面时，其投影类似于平面实形，如图2-7（h）所示。

综上所述，正投影的特性可归纳为积聚性、度量性、定比性、平行性。因为斜投影也具备以上特性，所以，以上的特性也是平行投影特性。平行投影的 4 个基本特性是指某一投影面与空间几何元素的关系，4 个特性中只有积聚性是可逆的。

正投影图可以反映实形或实长，具有可度量性，作图方便，所以，一般建筑工程图都用正投影法绘制，本书中后续表述中说到投影时，除特殊说明外，均指正投影。

根据上述正投影特性，试分析图 2-8 所示线、面与投影面的相对位置。

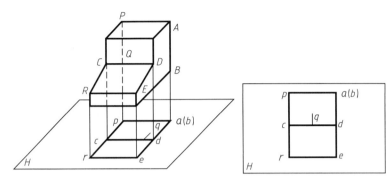

图 2-8 形体的水平投影图

二、正投影图的形成及规律

（一）投影面的设置

图 2-9 （a）、（b）中的几个形体在 P 投影面上的投影均是相同的长方形，所以由一个投影图不能确定唯一的形体。这是因为形体是由长、宽、高 3 个尺寸确定的，而一个投影中只有两个尺寸，所以要准确、全面地表达形体的形状和大小，一般需要两个或两个以上的投影图。

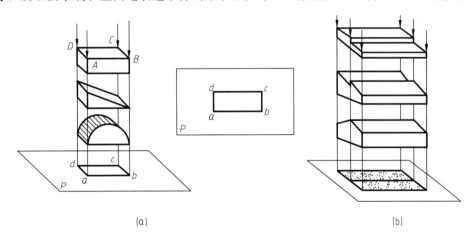

(a)   (b)

图 2-9 一个投影不能唯一确定其形体

图 2-10 中的形体 A、B、C，用相互垂直的两个投影面还是不能将它们完全区分，在这种情况下，还需要增加一个同时垂直于前两个投影面的第三投影面，通过这三个相互垂直的投影面才能将形体 A、B、C 唯一确定。

为此设置三面投影体系，即设立 3 个互相垂直的平面作为投影面——正立投影面 V（简称正立面）、水平投影面 H（简称水平面）、侧立投影面 W（简称侧立面）。这 3 个投影面的交线 OX、OY、OZ 也互相垂直，分别代表长、宽、高 3 个维度，称为投影轴。3 轴的交点

称为原点 O，如图 2-11 所示。

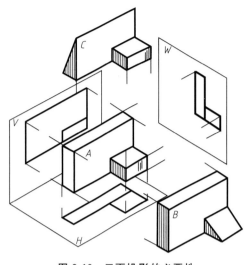

图 2-10 三面投影的必要性

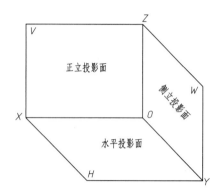

图 2-11 三面投影体系的建立

（二）投影图的形成

将长方体放置在 H、V、W 三个投影面中间，注意使长方体上、下底面平行于 H 面；前、后侧面平行于 V 面；左、右面平行于 W 面。按箭头所指方向在 3 组平行投射线的照射下，得到长方体的 3 个投影图，称为长方体的正投影图，如图 2-12（a）所示。

由上向下在 H 面上得到的投影图称为水平投影图，它反映长方体上、下面的真实形状及长方体的长度和宽度，但是不反映长方体的高度。由前向后在 V 面上得到的投影图称为正面投影图，它反映长方体前、后面的真实形状以及长方体的长度和高度，但是不反映长方体的宽度。由左向右在 W 面上得到的投影图称为侧面投影图，它反映长方体左、右面的真实形状及长方体的宽度和高度，但是不反映长方体的长度。由此可见，形体在三个互相垂直的投影面上的投影图，可以比较完整地表达形体的真实形状和大小。

（三）投影面展平

为了使形体的三个投影图绘制在平面图纸上，方便作图，须将三个互相垂直相交的投影面展平在同一图纸上，如图 2-12（b）、（c）所示，展平规则是：V 面不动，H 面绕 OX 轴向下旋转 $90°$，W 面绕 OZ 轴向右旋转 $90°$。展平后，原三面相交的交线 OX、OY、OZ 成为两条垂直相交的直线，原 OY 则分为两条，在 H 面上用 Y_H，在 W 面上用 Y_W 表示。

从展平后的三面投影图的位置看：左下方为水平投影图，左上方为正面投影图，右上方为侧面投影图。

为使投影图成图效果更为简洁，绘制中可作相应简化。如图 2-13 所示，在投影图中：

（1）因投影面是无限大的，故可以去掉投影面的框线；

（2）因投影图像与形体到投影面距离无关，故可以去掉投影轴。

（四）投影规律

1. 形体长、宽、高在三面投影图中的反映

从三面投影图的形成过程中，可以进一步归纳出三面投影图之间的相互关系及投影规律。由图 2-12（d）可以看出，每个投影图只能反映形体长、宽、高中的两个方向的大小。

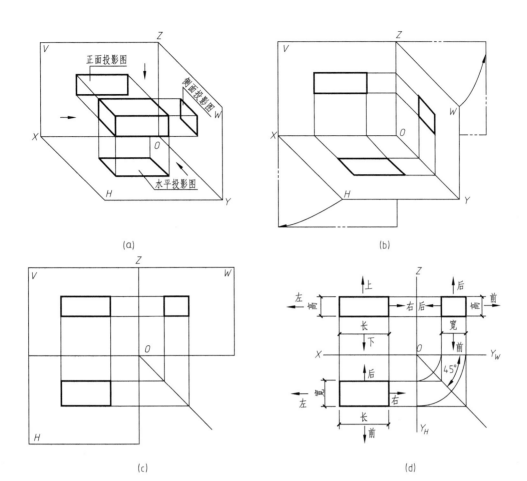

图 2-12　三面投影图的形成

① 正面投影图（V 投影面）反映形体的长（x）和高（z）；

② 水平投影图（H 投影面）反映形体的长（x）和宽（y）；

③ 侧面投影图（Y 投影面）反映形体的宽（y）和高（z）。

2. 投影图三等关系的确定

从形体的投影图和投影面的展平过程中，还可看出如下内容：

① 正面、侧面投影图反映形体上、下方向的同样高度（等高）；形体上各个面和各线在正面、侧面投影面上的投影图，应在高度方向分别平齐。

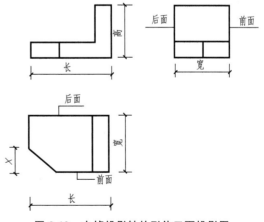

图 2-13　去掉投影轴的形体三面投影图

② 正面、水平投影图反映形体左、右方向的同样长度（等长）；形体上各个面和各条线在正面、水平投影面上的投影图，应在长度方向分别对正。

③ 水平、侧面投影图反映形体前、后方向的同样宽度（等宽）；形体上各个面和各条线在水平、侧面投影面上的投影图，应在宽度方向分别相等。

必须指出，在投影面的展平过程中，当水平面 H 绕 OX 轴向下旋转到和正面 V 重合时，原来向前的 OY 轴转向 OY_H 轴了。就是说，水平投影图的下方，实际上代表了形体的前方；水平投影图的上方，代表了形体的后方。当侧面 W 绕 OZ 轴向右旋转到和正面重合时，原来向前的 OY 轴转成向右的 OY_W 轴了。就是说，侧面投影图的右方，实际上代表了形体的前方；侧面投影图的左方，实际上代表了形体的后方。

通过以上分析，可以概括出三面投影图的投影规律是：长对正、高平齐、宽相等。

形体在三面投影体系中的上下、左右、前后 6 个方位的位置关系，如图 2-12（d）及图 2-14 所示，每个投影图可以相应反映 4 个方位。

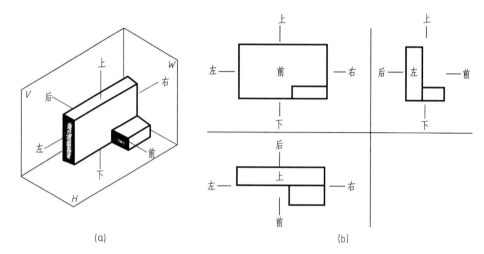

（a） （b）

图 2-14 在投影图上形体方向的反映

点的三面投影的运用，可参考图 2-15 房屋的多面投影图。

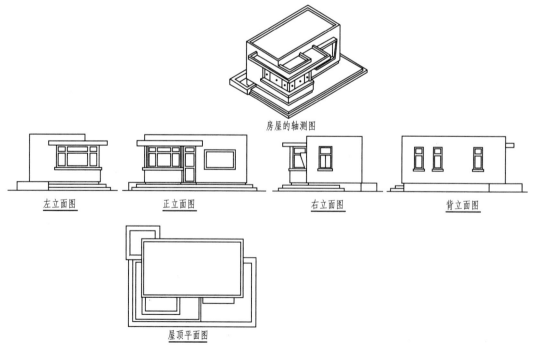

房屋的轴测图

左立面图 正立面图 右立面图 背立面图

屋顶平面图

图 2-15 房屋的多面投影图

1. 正投影的规律有哪些？
2. 正投影图是如何形成的？
3. 三面投影的投影规律是什么？

》 第三节　点的投影

○【学习目标】

1. 了解点的形成规律。
2. 熟悉点的坐标与投影的关系。
3. 熟悉两点的相对位置及可见性的判断方法。
4. 掌握点的两条正投影规律。

在实际生活中遇到的形体无论多么复杂，都可以看成是由点、直线、平面组成的，因此应首先掌握点、直线、平面的投影。如图 2-16 所示的两坡屋面的建筑形体，可见点 A、B、C、D，构成直线 AB、AC、BD、CD，构成平面 P，其中点是最基本的几何元素。

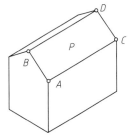

图 2-16　形体上的点、直线、平面

一、点的投影的形成

空间点 A 在三面投影体系中的投影，如图 2-17（a）所示。过点 A 分别向三个投影面作垂线（即投射线），其相应的垂足 a、a'、a'' 即为点 A 的三面投影。点在任何投影面上的投影仍是点。a 称为点 A 的水平投影，a' 称为点 A 的正面投影，a'' 称为点 A 的侧面投影。移走空间点 A，把三个投影面展开在一个平面上，即得点 A 的三面投影图，如图 2-17（b）所示。

二、点的投影规律

从图 2-17（a）可以看出，过空间点 A 的两条投射线 Aa 和 Aa' 构成的矩形平面 Aaa_xa' 与 H 面和 V 面互相垂直相交，则它们的交线 aa_x、$a'a_x$ 与 OX 轴必然互相垂直相交。当 V 面不动，H 面绕 OX 轴向下旋转至与 V 面在同一平面时，aa_x 和 $a'a_x$ 就成为一条垂直于 OX 轴的直线，得到 $aa'\perp OX$，即点的正面投影 a' 和水平投影 a 的连线垂直于 OX 轴；同理可知，点的正面投影 a' 和侧面投影 a'' 的连线垂直于 OZ 轴，即 $a'a''\perp OZ$，如图 2-17（b）所示。

由此可得到点的第一条正投影规律：一点在两个投影面上的投影，在投影图上的连线，

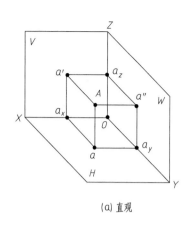

(a) 直观

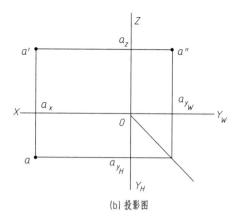

(b) 投影图

图 2-17　点的投影规律

垂直于投影轴。

根据上述投影规律可知，在点的三面投影中，任何两个投影都能反映出点到三个投影面的距离。因此，只要给出点的任意两个投影，就可以求出第三个投影。

【**例 2-1**】　如图 2-18（a）所示，已知点 A 的 V 投影 a' 和 W 投影 a''，求其 H 投影 a。

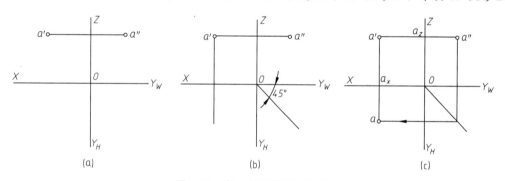

图 2-18　求一点的第三面投影

解：如图 2-18（b）所示，过已知投影 a' 作 OX 的垂直线，所求的 a 必在这条直线上。同时，a 到 OX 轴的距离，必然等于 a'' 到 OZ 轴的距离。因此，截取 aa_z 等于已知的 $a''a_z$，定出 a 点，即为所求，如图 2-18（c）所示。

三、点的坐标与投影的关系

在三面投影体系中，空间点及其投影的位置，可以用坐标来确定。如果把三面投影体系看作空间直角坐标系，那么投影面 H、V、W 相当于坐标平面；投影轴 OX、OY、OZ，分别相当于坐标轴 X、Y、Z；投影轴原点 O 相当于坐标原点。因此点 A 的空间位置可用其直角坐标表示为 $A(x, y, z)$，点 A 三投影的坐标分别为 $a(x, y)$、$a'(x, z)$、$a''(y, z)$，如图 2-19 所示。

如图 2-19 所示，点 A 的坐标与点 A 的投影及点 A 到投影面的距离有如下的关系：

（1）点 A 的 X 坐标等于点 A 到 W 面的距离 $Aa'' = a'a_z = aa_{yH} = a_xO$；

（2）点月的 Y 坐标等于点 A 到 V 面的距离 $Aa' = a''a_z = aa_x = a_{yw}O$；

（3）点 A 的 Z 坐标等于点 A 到 H 面的距离 $Aa = a'a_x = a''a_{yH} = a_zO$。

由此可得到点的第二条正投影规律：点的投影到投影轴的距离，反映了空间点到相应投影面的距离。

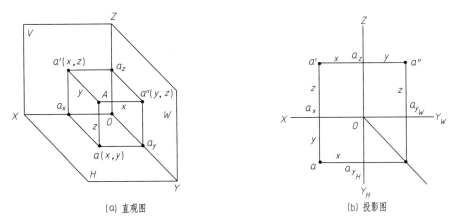

(a) 直观图   (b) 投影图

图 2-19　点的坐标与投影的关系

【例 2-2】　已知点 $A(10，15，12)$，求作点 A 的三面投影图。

解： 作图步骤如下。

（1）在 OX 轴上量取 $Oa_x=10\text{mm}$，定出 a_x 点，如图 2-20（a）所示。

（2）过 a_x 点作 OX 轴的垂直线，使 $aa_x=15\text{mm}$、$a'a_x=12\text{mm}$，得出 a 和 a'，如图 2-20（b）所示。

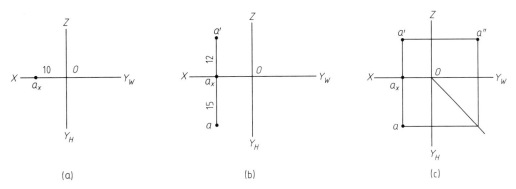

(a)   (b)   (c)

图 2-20　已知点的坐标求点的三面投影

四、特殊位置点

（1）位于投影面上的点。当点在某一个投影面上时，点的一个坐标为零，其一个投影与所在投影面上该点的空间位置重合，另两个投影分别落在该投影面所包含的两个投影轴上。

（2）位于投影轴上的点。当点在某一个投影轴上时，点的两个坐标为零，其两个投影与所在投影轴上该点的空间位置重合，另一个投影则与坐标原点重合。

（3）与原点重合的点。当点在原点上时，点的 3 个坐标均为零，其 3 个投影都与原点重合。

上述位于投影面、投影轴及原点上的点，统称为特殊位置点。

【例 2-3】　已知点 $B(15，0，10)$，$C(0，0，15)$，求作点 B、C 的三面投影图。

解： 作图步骤如下。

（1）在 OX 轴上量取 $Ob_x=15\text{mm}$，定出 b_x 点，在 OZ 轴上量取 $Ob_z=10\text{mm}$，定出 b_z

点，过 b_x 点作 OX 轴的垂线，过 b_z 点作 OZ 轴的垂线，得交点 b'，如图 2-21（a）所示。

（2）在 OZ 轴上量取 $Oc_z = 15\text{mm}$，定出点 c_z，c'、c'' 与 c_z 点重合，c 与原点重合，如图 2-21（b）所示。

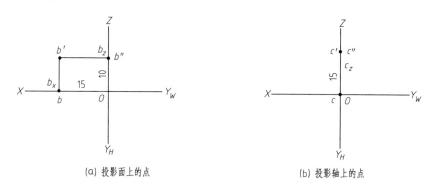

(a) 投影面上的点　　　　　　　　(b) 投影轴上的点

图 2-21　特殊位置点的三面投影

五、两点的相对位置及可见性的判断

（一）两点的相对位置

两点的相对位置是指空间两点的前后、左右和上下关系，可根据两点的坐标大小来确定。

（1）按 X 坐标判别两点的左、右关系，X 坐标大者在左，小者在右。

（2）按 Y 坐标判别两点的前、后关系，Y 坐标大者在前，小者在后。

（3）按 Z 坐标判别两点的上、下关系，Z 坐标大者在上，小者在下。

如图 2-22 所示，在三面投影中，H 面投影反映的是前后、左右关系；V 面投影反映的是左右、上下关系；W 面投影反映的是前后、上下关系。因此，只要将两点的两个同名投影的坐标值加以比较，就可判断出两点的前后、左右、上下位置关系。

【例 2-4】　试判断 C、D 两点的相对位置。

解：如图 2-23 所示，从 H、V 面投影看出，$x_C > x_D$，则点 C 在点 D 左方；从 V、W 面投影看出，$z_C > z_D$，则点 C 在点 D 上方；从 H、W 面投影看出，$y_C > y_D$，则点 C 在点 D 后方。

总的来说，点 C 在点 D 的左、后、上方，或点 D 在点 C 的右、前、下方。

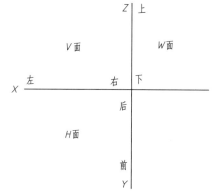

图 2-22　两点的相对位置

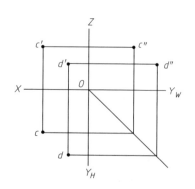

图 2-23　判别两点的相对位置

（二）重影点及可见性判断

当空间两点的某两个坐标相同，即位于同一条垂直于某投影面的投射线上时，则此两点在该投影面上的投影重合。这种投影在某一投影面上重合的两个点，称为该投影面的重影点。

判断重影点的可见性时，需要看重影点在另一投影面上的投影，坐标值大的点投影可见，反之坐标值小的点投影不可见，不可见的点的投影加一括号表示。位于同一投射线上的 A、B 两点，在 H 面上的投影 a 和 b 重合，$z_A > z_B$，因此，在 H 面投影中 a 为可见，b 为不可见，在 b 上加一括号以示区别，如图 2-24 所示。

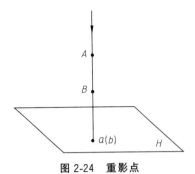

图 2-24　重影点

【例 2-5】已知点 A 的三面投影如图 2-25（a）所示，且点 B 在点 A 的正左方 10mm，点 C 在点 A 的正下方 20mm，求作 B、C 两点的投影，并判别重影点的可见性。

解：作图步骤如下。

（1）由于点 B 在点 A 的正左方，故两点的 z 坐标和 y 坐标相同，即 $y_A = y_B$、$z_A = z_B$。过 a' 作水平线，向左量出 10mm 即为 b'，过 a 向左作水平线，由 b' 作 OX 轴垂线交于 b 为所求。显然 b'' 与 a'' 重合，如图 2-25（b）所示。

（2）由于点 C 在点 A 的正下方，故两点的 x 坐标和 y 坐标相同，即 $y_A = y_B$、$z_A = z_B$。过 a' 作 OX 轴的垂线，向下量出 20mm 即为 c'，过 a'' 向下作垂线，由 c' 作水平线交于 c'' 即为所求。显然 c 与 a 重合，如图 2-25（c）所示。

（3）判别重影点的可见性，由图 2-25（b）可知，$x_B > x_A$，B 点在左，A 点在右，故 b'' 可见，a'' 不可见，a'' 加上括号以示区别；由图 2-25（c）可知，$z_A > z_C$，A 点在上，C 点在下，故 a 可见，c 不可见，c 加上括号以示区别。

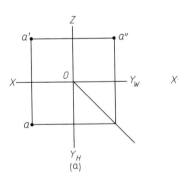
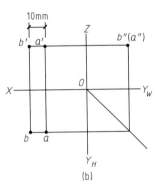
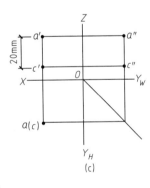

图 2-25　求作点的投影并判别可见性

○────── **思考与练习** ──────○

1. 什么是点的投影两规律？它们与求作点的辅助投影有什么关系？

2. 点在三面投影中有哪三项投影关系？为什么说这是形体投影"长对正、高平齐、宽相等"的理论依据？

3. 两点的相对位置关系有哪些？如何判断空间两点的可见性？

>> 第四节　直线的投影

◉ 【学习目标】

1. 了解直线与投影面的三种位置关系；
2. 了解线段的实长和倾角的确定方法；
3. 熟悉特殊位置直线、一般位置直线的分类、空间位置和投影特性；
4. 掌握各种位置直线投影图的识读要求；
5. 掌握直线上的点的确定方法；
6. 掌握空间两直线的位置关系及判定方法。

对投影面来说，形体上的直线有各种不同的位置，有的垂直于投影面，例如图 2-26 中 DE 垂直于 V 面，AB 垂直于 W 面。有的平行于一个投影面，例如 AC 平行于 W 面；有的不平行于任一投影面，例如 CD。直线在某一投影面上的投影，就是通过该直线的投射平面与该投影面的交线。

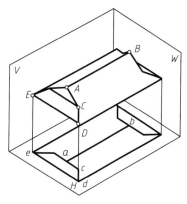

图 2-26　各种位置的直线

两平面的交线是一直线，所以直线的投影一般仍是直线 [图 2-27（a）]。作直线 CD 的三面投影，可分别作出它的两端点 C 和 D 的三面投影 c、c'、c'' 和 d、d'、d''，然后将各对在同一投影面上的投影——同面投影连接起来，即得直线的三面投影 [图 2-27（b）、（c）]。直线对投影面的倾角，就是该直线和它在该投影面上的投影所夹的角 [图 2-27（a）]。对 H 面的倾角以 α 标记，对 V 面的倾角以 β 标记，对 W 面的倾角 γ 标记 [图 2-27（b）]。

根据直线相对于投影面的位置不同，直线可以分为 3 种：投影面平行线、投影面垂直线、一般位置直线。前两种又称特殊位置直线。

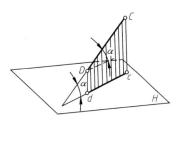

(a)

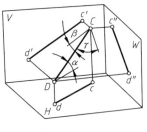

(b)

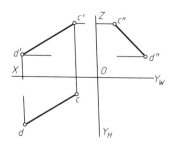

(c)

图 2-27　直线的投影

一、特殊位置直线

（一）投影面平行线

1. 空间位置

平行于一个投影面，而倾斜于另外两个投影面的直线，称为投影面平行线。投影面平行线有以下 3 种位置。

（1）水平线——平行于 H 面，倾斜于 V、W 面，见表 2-1 中 AB 线。

（2）正平线——平行于 V 面，倾斜于 H、W 面，见表 2-1 中 CD 线。

（3）侧平线——平行于 W 面，倾斜于 H、V 面，见表 2-1 中 EF 线。

2. 投影特性

（1）在直线所平行的投影面上的投影倾斜于投影轴且反映实长，该投影与投影轴的夹角（α、β、γ）反映直线对另两个投影面的真实倾角。

（2）另两个投影分别平行于平行投影面所包含的两个投影轴，且短于实长。

表 2-1　投影面平行线

名称	水平线（// H 面）	正平线（// V 面）	侧平线（// W 面）
直观图			
投影图			
投影特性	1. H 面投影倾斜，$ab=AB$，ab 与投影轴的夹角反映 β、γ 2. V 面、W 面投影短于实长，$a'b'$//OX，$a''b''$//OY_W	1. V 面投影倾斜，$c'd'=CD$，$c'd'$ 与投影轴的夹角反映 α、γ 2. H 面、W 面投影短于实长，cd//OX，$c''d''$//OZ	1. W 面投影倾斜，$e''f''=EF$，$e''f''$ 与投影轴的夹角反映 α、β 2. H 面、V 面投影短于实长，ef//OY_H，$e'f'$//OZ

（二）投影面垂直线

1. 空间位置

垂直于一个投影面，而平行于另外两个投影面的直线，称为投影面垂直线。投影面垂直线有以下 3 种位置。

（1）铅垂线——垂直于 H 面，平行于 V、W 面，见表 2-2 中 AB 线。

（2）正垂线——垂直于 V 面，平行于 H、W 面，见表 2-2 中 CD 线。

（3）侧垂线——垂直于 W 面，平行于 H、V 面，见表 2-2 中 EF 线。

表 2-2　投影面垂直线

名称	铅垂线（⊥H 面）	正垂线（⊥V 面）	侧垂线（⊥W 面）
直观图			
投影图			
投影特性	1. H 面投影积聚为一点 $a(b)$ 2. V 面、W 面投影等于实长，且 $a'b'⊥OX$，$a''b''⊥OY_W$	1. V 面投影积聚为一点 $c'(d')$ 2. H 面、W 面投影等于实长，且 $cd⊥OX$，$c''d''⊥OZ$	1. W 面投影积聚为一点 $e''(f'')$ 2. H 面、V 面投影等于实长，且 $ef⊥OY_H$，$e'f'⊥OZ$

2. 投影特性

（1）在直线所垂直的投影面上的投影积聚为一个点。

（2）另两个投影等于实长，且分别垂直于垂直投影面所包含的两个投影轴。

二、一般位置直线

（一）空间位置

对三个投影面都倾斜的直线，如图 2-28 所示，称为一般位置直线。

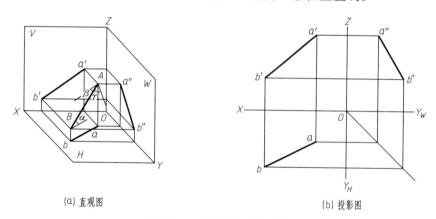

(a) 直观图　　　　　　　　(b) 投影图

图 2-28　一般位置直线的投影

（二）投影特性

（1）三个投影都倾斜于投影轴，且小于实长。

（2）三个投影与投影轴的夹角都不反映该直线对各投影面的真实倾角。

三、各种位置直线投影图的识读

根据上述各种位置直线的投影特性，可判别出直线与投影面的相对位置。

（1）投影面平行线的识读在直线的 3 个投影中，仅有 1 个投影倾斜于投影轴，即可判别该直线为投影面平行线，且平行于倾斜投影所在的投影面。

（2）投影面垂直线的识读在直线的 3 个投影中，有 1 个投影积聚为 1 个点，即可判别该直线为投影面垂直线，且垂直于积聚投影所在的投影面。

（3）一般位置直线的识读在直线的 3 个投影中，若有 2 个投影倾斜于投影轴，即可判别该直线为一般位置直线。

【例 2-6】 已知点 A 的三面投影如图 2-29（a）所示，AB 为水平线，长 15mm，且点 B 在点 A 的右前方，$\beta=30°$，求作直线 AB 的投影。

解： 作图步骤如下。

（1）在 H 面投影中，过 a 点作一条与 OX 轴夹角为 30° 的直线，从 a 点沿所作直线往右前方量取 15mm，即为 b 点。

（2）自 b 向上引垂线与过 a' 作 OX 轴平行线交于点 b'，再利用点的投影规律求出 b'' 点。

（3）将 A、B 两点的各面同名投影连线，即为直线 AB 的三面投影，如图 2-29（b）所示。

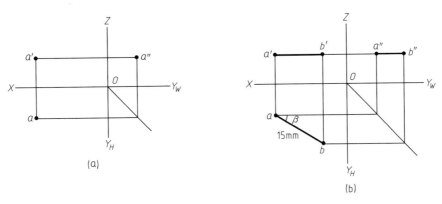

图 2-29 作直线的三面投影（一）

我们可以将教室的一个角想象成三面投影体系，用一支笔分别放置成铅垂线、正垂线、侧垂线、水平线、一般位置直线等，分析其投影特性。长方体的对角线是一般位置直线，长方体各个面的对角线是投影面平行线，长方体的棱线是投影面垂直线。如图 2-30 所示，AB 是一般位置直线，AC 是投影面平行线，DB 是投影面垂直线。

四、直线上的点

根据平行投影的从属性可知，直线上的点投影，必然落在该直线的同面投影上。以水平投影为例，过直线 AB 上的点 C 所作垂直于 H 面的投射线，必包含在与 H 面垂直的投射平面 $ABba$ 内，投射线 Cc 与 H 面的交点（即点

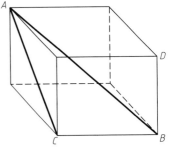

图 2-30 作直线的三面投影（二）

C 的 H 投影）c，必落在 $ABba$ 与 H 面的交线 ab（即 AB 的 H 投影）上 [图 2-31 (a)]。在投影图 [图 2-31 (b)] 中，c 在 ab 上。同理，c' 在 $a'b'$ 上，同时 c、c' 必在同一竖直投影连线上。如果已知直线 AB 上点 C 的一个投影 c，可从 c 引一投影连线垂直于 OX 与 $a'b'$ 相交，交点 c' 即为线上点 C 的 V 投影。

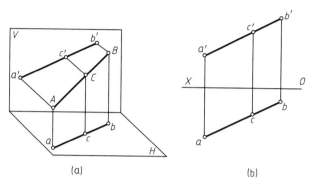

图 2-31　直线上的点

点 C 分 AB 为 AC 和 CB 两段，点 C 的投影 c 也分 ab 为 ac 和 cb 两段。根据平行投影的定比性可知，一直线上两线段长度之比，等于它们的投影长度之比，所以 $AC:CB=ac:cb$。同理 $AC:CB=a'c':c'b'$ [图 2-31 (a)、(b)]。

【例 2-7】　给出侧平线 AB 的 H、V 投影，及线上一点 C 的 V 投影 c'，试求点 C 的 H 投影 [图 2-32 (a)]。

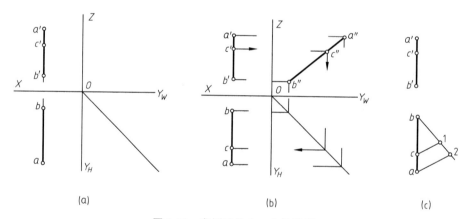

图 2-32　求侧平线上一点的投影

解：侧平线的 H、V 投影 ab 和 $a'b'$ 在同一竖直方向上，过 c' 所引竖直投影连线在 ab 上不能直接确定 c。为此，可先作出 AB 的 W 投影 $a''b''$，利用 c'' 作 c。作图步骤如图 2-32 (b) 所示。

侧平线上点 C 的 H 投影，还可以利用定比关系 $bc:ca=b'c':c'a'$ 求解。为此，过 b 作一任意直线，在线上截取 $b1=b'c'$，$12=c'a'$，连 $2a$，并过 1 作直线 $1c$ 平行于 $2a$，交 ab 于所求的 c [图 2-32 (c)]。

五、线段的实长和倾角

一般线对各投影面倾斜 [图 2-33 (a)]，它的各投影不反映线段的实长，也不反映直线对投影面倾角的大小。

如图 2-33（a）所示，在一般线 AB 对 H 面的投射平面 $ABba$ 上，过点 A 作水平线平行于 ab，与 Bb 相交于 C，得直角三角形 ACB，其中 AB 是一般线段本身，$\angle BAC$ 是 AB 对 H 面的倾角 α，直角边 AC 等于 ab，BC 是 A、B 两点的高度差。在投影图中，这高度差反映在 V 投影上，可过 a' 作一水平线与连线 bb' 相交于 c'，$b'c'$ 即反映高度差 BC〔图 2-33（b）〕。求 AB 的实长，可在 H 投影上以 ab 为一直角边，bB_1（$\perp ab$，并 $= b'c'$）为另一直角边，作出与 $\triangle ACB$ 全等的直角三角形 abB_1，aB_1 为所求线段的实长，$\angle B_1ab$ 为所求的倾角 α〔图 2-33（b）〕。这种求线段实长和倾角的方法，称为直角三角形法。

同理，求 AB 对 V 面的倾角 β，可以 $a'b'$ 为一直角边，$a'A_1 = ad$（A、B 两点的宽度差）为另一直角边，在 V 投影上作直角三角形，A_1b' 为所求线段的实长，$\angle A_1b'a'$ 为所求的倾角 β〔图 2-33（c）〕。

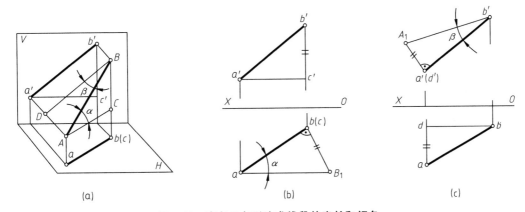

图 2-33　直角三角形法求线段的实长和倾角

求线段的实长和倾角，还可以用辅助投影法。

从直线的投影特点可知，投影面平行线在它所平行的投影面上的投影，反映直线段的实长及其对其他两个投影面的倾角。这时，它在其他投影面上的投影平行于相应的投影轴。因此，可以设置一个垂直于 H 面的辅助投影面 V_1 平行于 AB〔图 2-34（a）〕，使一般线 AB 成为 V_1 面的投影面平行线。作出 AB 在 V_1 面上的辅助投影 $a_1'b_1'$，即得所求的 AB 实长。$a_1'b_1'$ 与投影轴 O_1X_1 的夹角，即为 AB 对 H 面的倾角 α。

应用辅助投影法求线段实长和倾角的步骤如下（图 2-34）：

（1）在投影图中，设立新投影轴 X_1 平行于 ab〔图 2-34（b）〕，表示已设置一个辅助投影面 V_1 平行于已知直线 AB，建立起一个 H-V_1 投影面体系。

（2）分别作出点 A 和点 B 在 V_1 上的辅助投影。即过 a、b 各引连线垂直于轴 X_1，截取 $a_{x1}a_1' = a_xa' = z_2$ 和 $b_{x1}b_1' = b_xb' = z_1$〔图 2-34（c）〕。

（3）连 $a_1'b_1'$，即为所求线段 AB 的实长。$a_1'b_1'$ 与 X_1 的夹角即为所求直线 AB 对 H 面的倾角 α。

六、两直线的相对位置

空间两直线的相对位置可能有三种：相交、平行和交叉。如图 2-35 的厂房形体上，AB 与 BC 相交；DG 与 EF 平行；DE 与 CH 交叉，即不相交又不平行。由于两相交直线或两

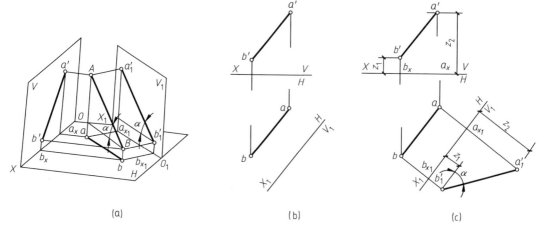

图 2-34　辅助投影法求线段实长和倾角

平行直线都在同一平面上，它们都称为共面线。两交叉直线不在同一平面上，称为异面线。在两相交直线中，有斜交的，例如图 2-34 中的 AB 和 BC；也有正交的，例如 DE 和 EF，它们相互垂直。两交叉直线也有相互垂直的，例如 DE 与 HC。

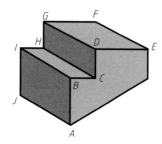

图 2-35　厂房形体

（一）两相交直线

　　根据平行投影的从属性可知，两相交直线交点的投影，必然是两直线同面投影的交点。例如图 2-36 的两相交直线 AB 和 CD，它们的交点 E 既是 AB 线上的点，又是 CD 线上的一点。因此 e 应在 ab 上，又在 cd 上，即 e 是 ab 和 cd 的交点。同理，e' 是 $a'b'$ 和 $c'd'$ 的交点，e'' 是 $a''b''$ 和 $c''d''$ 的交点。同时，e、e' 是空间点 E 的两面投影，必在同一竖直投影连线上。e'、e'' 也必在同一水平投影连线上 ［图 2-36（b）］。如果两直线中有一直线是侧平线，可作出它们的侧面投影来判断是否相交。如果作出来的 W 投影的交点与 V 投影的交点不在同一水平连线上 ［图 2-36（c）］，说明它们不是两相交直线，而是两交叉直线。从图中可以看出，在不同投影轴的情况下如何利用 45°斜线作三面投影。这 45°斜线可以画在适当的位置。

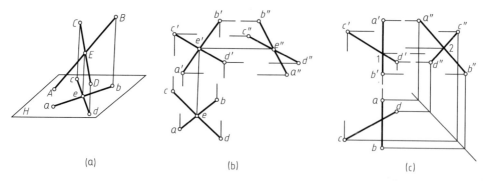

图 2-36　两相交直线的投影

　　【例 2-8】　给出平面四边形 $ABCD$ 的 V 投影及其两边的 H 投影 ［图 2-37（a）］，试完成四边形的 H 投影。

解：平面四边形的四个顶点在同一平面上，它的对角线 AC 和 BD 必然相交于一点 K。因此，可在投影图上作出对角线及其交点 K 的 H 投影来确定投影 d 的位置。作图步骤如图 2-37 所示。

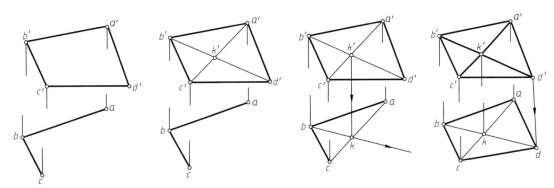

(a) 给出四边形的 V 投影 $a'b'c'd'$ 和两边的 H 投影 ab、bc

(b) 连 $a'c'$ 和 $b'd'$，得两对角线交点 K 的 V 投影 k'

(c) 交点 K 的 H 投影 k 必在对角线 AC 的 H 投影 ac 上。点 D 的 H 投影 d 必在对角线 bk 的延长线上

(d) 过 d' 向下作投影连线交 bk 延长线于 d，连 da、dc，$abcd$ 即为所求

图 2-37 求平面四边形的 H 投影

（二）两平等直线

根据平行投影的平行性可知：两平行直线在同一投影面上的投影相互平行。由于 $AB \parallel CD$，则 $ab \parallel cd$，$a'b' \parallel c'd'$ 和 $a''b'' \parallel c''d''$ [图 2-38（a）]。值得注意的是，如果两直线都是侧平线，虽然它们的 V 投影和 H 投影都是竖直方向，但通常还要通过它们的侧面投影来判断两直线是否平行。在图 2-38（b）中，$a''b''$ 不平行于 $c''d''$，所以 AB 不平行于 CD，它们是交叉两直线。

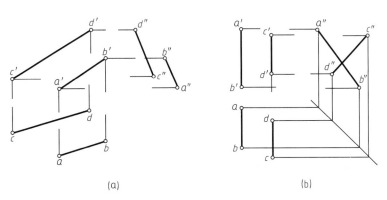

(a)

(b)

图 2-38 两平行直线的投影

【**例 2-9**】 给出平行四边形 $ABCD$ 两边 AB 和 AC 的两个投影，试完成它的投影图（图 2-39）。

解：作图步骤如图 2-39 所示。

（三）两交叉直线

两交叉直线既不平行，也不相交。虽然两交叉直线的某一个同面投影可能平行，但其他

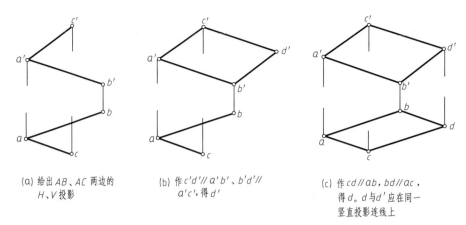

(a) 给出 AB、AC 两边的 H、V 投影   (b) 作 c'd' // a'b'、b'd' // a'c',得 d'   (c) 作 cd // ab, bd // ac,得 d。d 与 d' 应在同一竖直投影连线上

图 2-39　作平行四边形的投影

同面投影不可能相互平行，如图 2-40（b）所示。两交叉直线的同面投影也可能相交，如图 2-40（b）的 W 投影，但这个投影的交点只是两直线的一对重影点的重合投影。图 2-40 有一对交叉直线 AB 和 CD，它们 V 投影的交点 $g'(j')$，只是 CD 线上的点 G 和 AB 线上的点 J 这对重影点在 V 面的重合投影。AB 和 CD 的 H 投影的交点 $e(f)$，也只是 AB 线上的点 E 和 CD 线上的点 F 在 H 面的重合投影。在投影图上，V 投影的交点和 H 投影的交点不在同一竖直投影连线上，说明空间两直线不是相交而是交叉。

两交叉直线存在重影点的可见性问题。判别可见性时，可在投影图［图 2-40（b）］中，从两直线 H 投影的重合投影 $e(f)$ 处向上引一竖直投影连线，先遇 $c'd'$ 于 f'，后遇 $a'b'$ 于 e'，说明向 H 面投射时，AB 上的点 E 在上，CD 上的点 F 在下，点 E 可见，点 F 不可见。同理，向 V 面投射时，CD 在点 G 处挡住 AB 上的点 J，在 V 投影，点 G 可见，点 J 不可见。

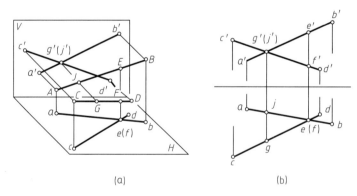

图 2-40　两交叉直线

【例 2-10】　给出三棱锥 ABCD 各侧棱的 H、V 投影，试判断轮廓线内两交叉侧棱的可见性（图 2-41）。

解：三棱锥锥底的每一边与所对的侧棱，组成一对交叉直线。如图 2-41（a）所示，BC 与 AD、CD 与 AB、BD 与 AC 都是两交叉直线。作三棱锥的各投影时，常有一对交叉直线的投影落在轮廓线之内［如图 2-41（b）中的 AD 与 BC］，需要确定它们的可见性问题。

从 ad 与 bc 两投影的交点 1 向上引投影连线，先遇 $b'c'$，后遇 $a'd'$，说明该重合投影处

AD 在上，BC 在下。向 H 投射时，ad 可见，应画实线；bc 不可见，应画虚线［图 2-41 (c)］。再从 b'c' 与 a'd' 两投影的交点 2 向下引投影连线，先遇 ad，后遇 bc，说明该重合投影处 BC 在前，AD 在后。向 V 投射时，b'c' 可见，应画实线；a'd' 不可见，应画虚线［图 2-41 (d)］。

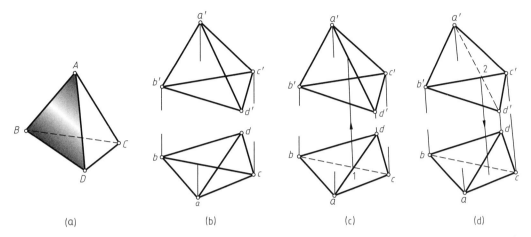

图 2-41　三棱锥的可见性问题

（四）两相互垂直的直线

两直线夹角的投影有如下三种情况：

（1）当两直线都平行于同一投影面时，在该投影面上的投影反映其夹角的实际大小。

（2）当两直线都不平行于同一投影面时，在该投影面上的投影一般不反映其夹角的实际大小。

（3）当两直线中有一直线平行于某一投影面时，如果夹角是直角，则它在该投影面上的投影仍然是直角。

如图 2-42（a）所示，直线 AB 是水平线，AB 垂直于 BC，同时垂直于投射线 Bb，因而垂直于 BC 和 Bb 所决定的平面 BCcb。H 投影 ab 平行于 AB，所以必垂直于平面 BCcb，因而垂直于平面内的直线 bc（BC 的 H 投影），即 $\angle abc = 90°$ ［图 2-42（b）］。同理，直角 DEF 有一边 DE 是正平线，所以直角的 V 投影 $\angle d'e'f'$ 仍是直角［图 2-42（c）］。

和两相交垂直直线一样，两交叉垂直直线中，只要有一直线平行于某投影面，则在该投影面上的投影仍是直角。如图 2-42（a）中，DE 平行于 AB，DE 与 BC 是相互垂直的两交

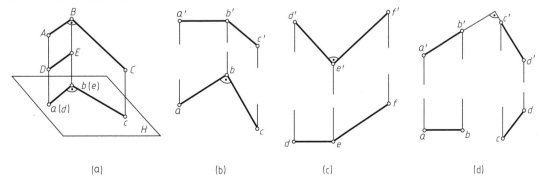

图 2-42　两相互垂直的直线

叉直线，它们在 H 面上的投影相互垂直。在图 2-42（d）中，正平线 AB 与一般线 CD 是两交叉直线，延长 $a'b'$ 和 $c'd'$，如果它们的夹角是直角，则 $AB \perp CD$。

【例 2-11】 求点 A 到水平线 BC 的距离 [图 2-43（a）]。

解： 一点到一直线的距离，就是该点到该直线所引的垂线之长，因此解题应分两步进行，先过已知点 A 向水平线 BC 引一垂线，再求垂线的实长。作图步骤如图 2-43 所示。

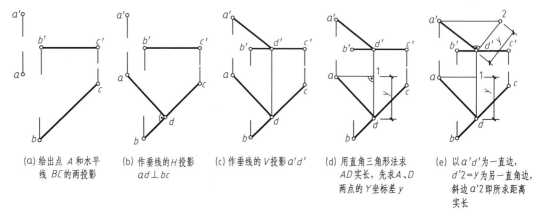

(a) 给出点 A 和水平线 BC 的两投影

(b) 作垂线的 H 投影 $ad \perp bc$

(c) 作垂线的 V 投影 $a'd'$

(d) 用直角三角形法求 AD 实长，先求 A、D 两点的 Y 坐标差 y

(e) 以 $a'd'$ 为一直边，$d'2=y$ 为另一直角边，斜边 $a'2$ 即所求距离实长

图 2-43 求一点到水平线的距离

─────○ **思考与练习** ○─────

1. 直线与投影面的位置关系有哪几种？
2. 按直线与投影面的相对位置不同，直线分为哪几种？它们各自的投影特性是什么？
3. 空间两直线的位置关系有哪几种？如何判定空间两直线的位置关系？

≫ 第五节　平面的投影

○ 【学习目标】

1. 熟悉平面的五种表示方法。
2. 熟悉平面上的点的确定方法。
3. 掌握平面的三种空间位置及其投影特性。
4. 掌握各种位置平面投影图的识读规律。

一、平面的表示方法

平面的空间位置可用下列的几何元素来确定和表示。

（1）不在同一直线的 3 个点，如图 2-44（a）所示的点 A、B、C。

（2）一直线及线外一点，如图 2-44（b）所示的点 A 和直线 BC。

（3）相交两直线，如图 2-44（c）所示的直线 AB 和 AC。

（4）平行两直线，如图 2-44（d）所示的直线 AB 和 CD。

（5）平面图形，如图 2-44（e）所示的三角形 ABC。

通过上述每一组元素，只能作出唯一的一个平面。为了明显起见，通常用一个平面图形来表示平面，如果说平面图形 ABC，则是指在三角形 ABC 范围内的那一部分平面。如果说平面 ABC 则应理解为通过三角形 ABC 的一个无限广阔的平面。

平面通常是由点、线或线和线所围成。因此，求作平面的投影，实质上也是求作点和线的投影。

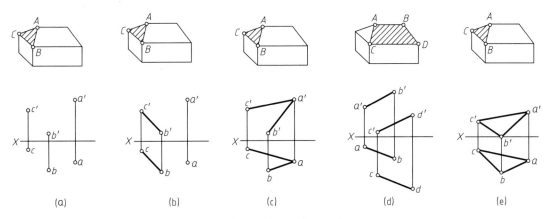

图 2-44　平面的表示方法

二、平面的 3 种空间位置

（一）投影面平行面

1. 空间位置

平行于一个投影面，而垂直于另外两个投影面的平面，称为投影面平行面。投影面平行面有以下 3 种位置。

（1）水平面——平行于 H 面，垂直于 V、W 面，见表 2-3 中平面 P。

（2）正平面——平行于 V 面，垂直于 H、W 面，见表 2-3 中平面 Q。

（3）侧平面——平行于 W 面，垂直于 H、V 面，见表 2-3 中平面 R。

表 2-3　投影面平行面

名称	水平面（//H 面）	正平面（//V 面）	侧平面（//W 面）
直观图			

47

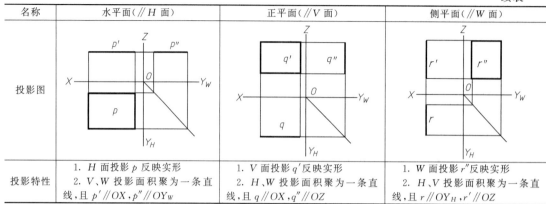

名称	水平面（∥H 面）	正平面（∥V 面）	侧平面（∥W 面）
投影图			
投影特性	1. H 面投影 p 反映实形 2. V、W 投影面积聚为一条直线，且 p′∥OX，p″∥OY_W	1. V 面投影 q′ 反映实形 2. H、W 投影面积聚为一条直线，且 q∥OX，q″∥OZ	1. W 面投影 r″ 反映实形 2. H、V 投影面积聚为一条直线，且 r∥OY_H，r′∥OZ

2. 投影特性

（1）平面在所平行的投影面上的投影反映实形。

（2）在另两个投影面上的投影积聚为一直线，且分别平行于平行投影面所包含的两个投影轴。

（二）投影面垂直面

1. 空间位置

垂直于一个投影面，而倾斜于另外两个投影面的平面，称为投影面垂直面。投影面垂直面有以下 3 种位置。

（1）铅垂面——垂直于 H 面，倾斜于 V、W 面，见表 2-4 中平面 P。

（2）正垂面——垂直于 V 面，倾斜于 H、W 面，见表 2-4 中平面 Q。

（3）侧垂面——垂直于 W 面，倾斜于 H、V 面，见表 2-4 中平面 R。

表 2-4　投影面垂直面

名称	铅垂面（⊥H 面）	正垂面（⊥V 面）	侧垂面（⊥W 面）
直观图			
投影图			
投影特性	1. H 面投影 p 积聚为一倾斜直线 2. V 面、W 面投影为原平面图形的几何类似形，且小于实形	1. V 面投影 q′ 积聚为一倾斜直线 2. H 面、W 面投影为原平面图形的几何类似形，且小于实形	1. W 面投影 r″ 积聚为一倾斜直线 2. H 面、V 面投影为原平面图形的几何类似形，且小于实形

2. 投影特性

（1）平面在所垂直的投影面上的投影积聚为一条倾斜于投影轴的直线，该直线与投影轴的夹角反映空间平面对另外两个投影面的倾角。

（2）在另外两个投影面上的投影为原平面图形的几何类似形，且小于实形。

（三）一般位置平面

1. 空间位置

对三个投影面都倾斜的平面，如图 2-45 所示，称为一般位置平面。

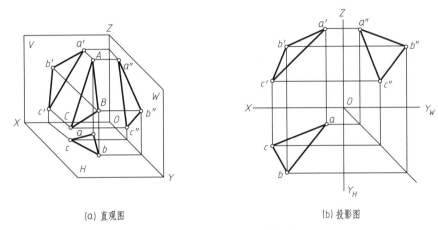

(a) 直观图　　　　　　　　　　　　　　(b) 投影图

图 2-45　一般位置平面的投影

2. 投影特性

各个投影都没有积聚性，均为原平面图形的几何类似形，且小于实形。

三、各种位置平面投影图的识读

根据上述各种位置平面的投影特性，可判别出平面与投影面的相对位置。

（1）投影面平行面的识读在平面的 3 个投影中，有 1 个投影积聚为平行于投影轴的直线，即可判别该平面为投影面平行面，且平行于非积聚投影所在的投影面。可归纳为"一框两线，框在哪面，平行哪面"。

（2）投影面垂直面的识读在平面的 3 个投影中，有 1 个投影积聚为倾斜于投影轴的直线，即可判别该平面为投影面垂直面，且垂直于积聚投影所在的投影面。可归纳为"一线两框，线在哪面，垂直哪面"。

（3）一般位置平面的识读在平面的 3 个投影中，3 个投影均为平面图形，即可判别该平面为一般位置平面。可归纳为"三框定是一般面"。

四、平面上点和线的投影

1. 平面上的点

点在平面上的几何条件是若点在平面内的任一条直线上，则此点一定在该平面上。

2. 平面上的直线

直线在平面上的几何条件如下。

（1）一条直线若通过平面上的两个点，则此直线必定在该平面上。

（2）一条直线若通过平面上的一个点且平行该平面上的另一条直线，则此直线必定在该平面上。

在平面上取点必先取线，而在平面上取线又离不开在平面上取点，因此在平面上取点、取线互为作图条件。利用在平面上取点、取线作图，可以解决3类问题：判别已知点、线是否在已知平面上；完成已知平面上点和线的投影；完成多边形的投影。

【例 2-12】 已知△ABC 及其平面上点 K 的投影 k'，求作点 K 的 H 面投影 k，如图 2-46（a）所示。

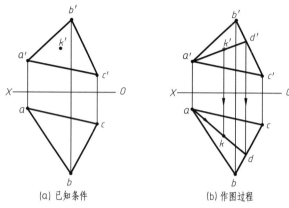

(a) 已知条件 　　(b) 作图过程

图 2-46　求作平面上点的投影

解：作图步骤如下。

（1）过 a'、k' 作辅助线交 $b'c'$ 于 d'点，由 d'' 向下作垂直线，于 bc 相交的 d 点。

（2）连接 ad，由 k' 向下作垂直线，与 ad 相交的 k 点，k 点即为所求，如图 2-46（b）所示。

【例 2-13】 在△ABC 上作一水平线，距 H 面 12mm，如图 2-47（a）所示。

解：作图步骤如下。

（1）在 V 面作一直线距 OX 轴 12mm，分别交 $a'b'$ 于点 m'、交 $a'c'$ 于点 n'。

（2）自 m' 向下作垂直线交 ab 于点 m，自 n' 向下作垂直线交 ac 于点 n，连接 mn，则水平线 MN 对的投影即为所求，如图 2-47（b）所示。

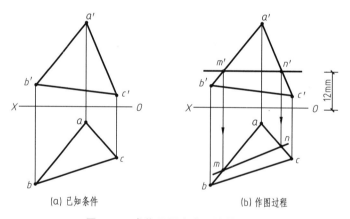

(a) 已知条件 　　　　(b) 作图过程

图 2-47　求作平面上水平线的投影

思考与练习

1. 按平面与投影面的相对位置不同，平面分为哪几种？它们各自的投影特性是什么？

2. 已知直线或平面的两面投影，怎样判定直线或平面属于哪一种直线或平面？

第三章
形体的投影和内部构造表达

图 3-1 是某大厦的透视图。这座雄伟、高大建筑物的形体虽然较为复杂，但经仔细分析，不难看出整座建筑是由许多棱柱、棱锥、圆柱、圆锥台和球等基本形体按一定方式组合而成。因此，在画建筑形体的投影图时，可将一个复杂的建筑形体"分解"为若干个基本形体，通过分析它们的组合形式和相对位置，根据正投影图的绘制要求进行绘图。

图 3-1 某大厦

第一节　基本形体的投影图

○【学习目标】

1. 熟悉基本体的分类。
2. 掌握长方体、斜面体、曲面体的投影规律。

分析一般的建筑物，不难看出，它们都是由一些几何体组成。图 3-2 所示的台阶、两坡顶房子、杯形基础是由棱柱、棱锥、棱台组成，这些组成建筑形体的简单而又规则的几何体，如棱柱、棱锥、圆柱、圆锥、球等称为基本形体。

根据表面性质的不同，基本形体分为平面立体与曲面立体两类。

表面都是由平画所构成的立体，称为平面立体。平面立体的三视图就是各平面投影集合或平面与平面的交线的投影的集合。常见的平面立体有长方体、棱柱、棱锥与棱台。

一、长方体的投影

（一）长方体

长方体是房屋最基本的组成形体。长方体的表面是由六个长方形（包括正方形）平面组成的，它的棱线之间都互相垂直或平行（相邻的互相垂直，相对的互相平行）。

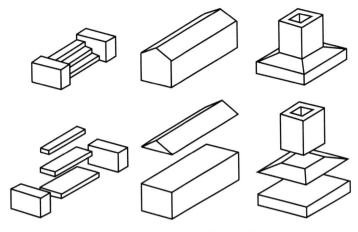

图 3-2　建筑常见形体的分析

建筑工程中的各种梁、板、柱和图 3-2 中的台阶等，大部分都是长方体的组合体，如图 3-3 所示。

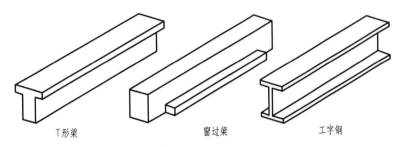

T形梁　　　　　　窗过梁　　　　　　工字钢

图 3-3　长方体的组合体

（二）长方体的投影

把长方体放在三投影面体系中，使长方体的各个面分别和各投影面平行或垂直，如长方体的前、后面与 V 面平行；左、右面与 W 面平行；上、下面与 H 面平行。凡平行于一个投影面的平面，必定在该投影面上反映出实际形状和大小，而对另外两个投影面是垂直关系，它们的投影都积聚成一条直线。这样所得到的长方体的三面正投影图，就反映了长方体的三个方向的实际形状和大小，如图 3-4 所示。

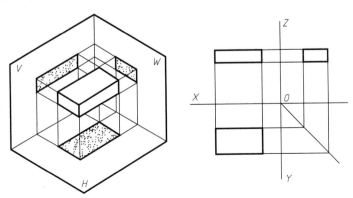

图 3-4　长方体的三面投影图

（三）长方体上点、线、面的投影分析

1. 面的投影分析

以长方体的前面即 P 面为例，P 面平行于 V 面，垂直于 H 面和 W 面。其正立投影 p' 反映 P 面的实形（形状、大小均相同）。其水平投影和侧投影都积聚成直线，如图 3-5（a）所示。长方体上其他各面和投影面的关系，也都平行于一个投影面，垂直于另外两个投影面。各个面的三个投影图都有一个反映实形，两个积聚成直线，如图 3-5 所示。

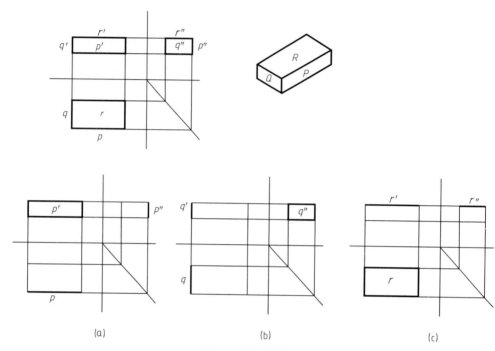

(a) (b) (c)

图 3-5 面的投影分析

2. 直线的投影分析

长方体上有三组方向不同的棱线，每组四条棱线互相平行，各组棱线之间又互相垂直。当长方体在三个投影面之间的方向位置放正时，每条棱线都垂直于一个投影面，平行于另外两个投影面。以棱线 AB 为例，它平行于 V 面和 H 面，垂直于 W 面，所以这条棱线的侧投影积聚为一点，而正立投影和水平投影为直线，并反映棱线实长，如图 3-6 所示。同时可以看出，互相平行的直线其投影也互相平行。

3. 点的投影分析

长方体上的每一个棱角都可以看作是一个点，从图 3-7 可以看出每一个点在三个投影图中都有它对应的三个投影。例如 A 点的三个投影为 a、a'、a''。

A 点的正立投影 a' 和侧投影 a''，共同反映 A 点在物体上的上下位置（高、低）以及 A 点与 H 面的垂直距离（Z 轴坐标），所以 a' 和 a'' 一定在同一条水平线上。

A 点的正立投影 a' 和水平投影 a，共同反映 A 点在物体上的左右位置以及 A 点与 W 面的垂直距离（X 轴坐标），所以 a 和 a'' 一定在同一条铅垂线上。

A 点的水平投影 a 和侧投影 a''，共同反映 A 点在物体上的前后位置以及 A 点与 V 面的垂直距离（Y 轴坐标），所以 a 和 a'' 一定互相对应。

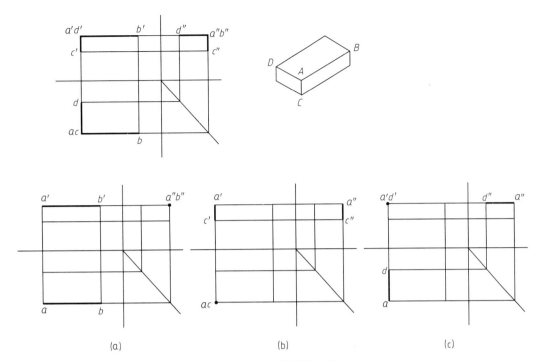

图 3-6　直线的投影分析

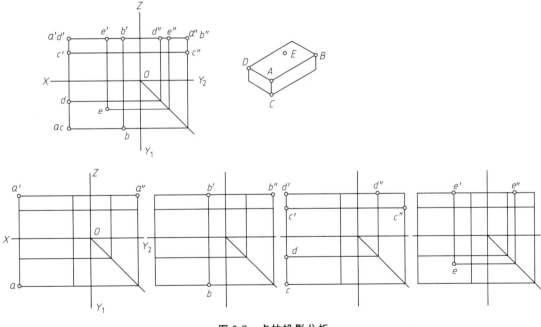

图 3-7　点的投影分析

二、斜面体的投影

（一）棱柱

有两个平面互相平行，其余各平面都是四边形，并且每相邻两个四边形的公共边都互相平行，由这些平面所围成的基本形体称为棱柱。

图 3-8（a）所示是一个三棱柱，上下底面是水平面（三角形），后面是正平面（长方形），左、右两个侧面是铅垂面（长方形）。将棱柱向 3 个投影面进行正投影，得到的三面投影图如图 3-8（b）所示。

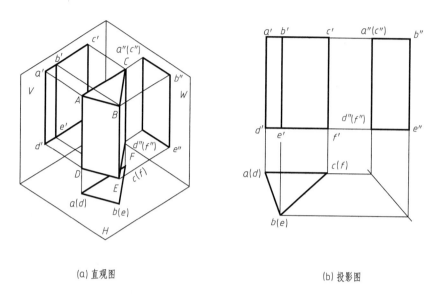

（a）直观图   （b）投影图

图 3-8 三棱柱的投影

在画基本形体的投影图时，由于投影轴是假想的，因此投影轴不需要画出。

分析三面投影图可知，水平面投影是一个三角形，从形体的平面投影的角度看，它可以看作是上下底面的重合投影（上底面可见、下底面不可见），并反映实形。也可以看作 3 个垂直于 H 面的 3 个侧面的积聚投影。从形体的棱线投影的角度看，可看作上底面的 3 条棱线和下底面的 3 条棱线的重合投影，3 条侧棱的投影积聚在三角形的 3 个顶点上。

正面投影是两个长方形，可看作是左右两个侧面的投影，但均不反映实形。两个长方形的外围线框构成一个大的长方形，是后侧面的投影（不可见），反映实形。上下底面的积聚投影是最上和最下面的两条横线。3 条竖线是 3 条棱线的投影，反映实长。

侧面投影是一个长方形，它是左右两个侧面的重合投影（左面可见、右面不可见），均不反映实形。上下底面的积聚投影是最上和最下的两条横线，后侧面的投影积聚在长方形的左边上，它同时也是左右两条侧棱的投影。前面的侧棱的投影是长方形的右边。

由上面的分析可以发现，由于棱柱摆放的位置、朝向不同，投影三面投影图将有所不同。

（二）棱锥

如果一个平面立体的一个面是多边形，其余各面是有一个公共顶点的三角形，那么这个多面体称为棱锥，如图 3-9（a）所示。本书所示的三棱锥中，底面是水平面（△ABC），后侧面是侧垂面（△SAC），左、右两个侧面是一般位置平面（△SAB 和 △SBC）。把三棱锥向 3 个投影面作正投影，得三面投影图，如图 3-9（b）所示。

从三面投影图中可以看出：水平投影由 4 个三角形组成，分别是三棱锥的 4 个面形成的，其中△sab 是左侧面 SAB 的投影，△sbc 是右侧面 SBC 的投影，△sac 是后侧面 SAC

投影，△abc 是底面 ABC 的投影。底面由于是水平面，所以其投影△abc 反映实形，其他 3 个侧面的水平投影都不反映实形。

正面投影由 3 个三角形组成，△s'a'b' 是左侧面 SAB 的投影，△s'b'c' 是右侧面 SBC 的投影，△s'a'c' 是后侧面 SAC 的投影，它们均不反映实形。下面的一条横线 a'b'c' 是底面 ABC 的投影（有积聚性）。

侧面投影是一个三角形，它是左、右两个侧面的投影（左右重影），不反映实形，后侧面的投影积聚为一条线 s''a''(c'')，底面的投影积聚为线 a''(c'')b''。

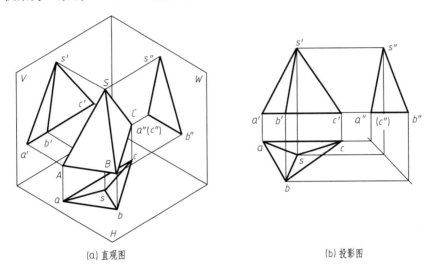

(a) 直观图　　　　　　　　　(b) 投影图

图 3-9　三棱柱的投影

三、曲面立体的投影

曲面立体是由曲面或由曲面与平面包围而成的立体。工程中应用较多的是回转体，如圆柱、圆锥和球等。

回转面是由一根动线（曲线或直线）绕一固定轴线旋转一周所形成的曲面，该动线称为母线，母线在回转面上的任意位置称为素线，母线上任意一点的轨迹称为纬线圆，垂直于轴线。

（一）圆柱

圆柱是由上、下底面和圆柱面组成的。圆柱面可以看成是一条直线（母线）和一条与其平行的直线（轴线）旋转一周而成。圆柱面上任意平行于轴线的直线都称为素线。

如图 3-10（a）所示，直立的圆柱轴线是铅垂线，上下底面是水平面，向 3 个投影面作投影，得到的投影如图 3-10（b）所示。

水平投影是一个圆，它是上下底面的重合投影，反映实形。同时，圆周也是圆柱面的投影（积聚投影）。

正面投影是一个矩形，它是前半个圆柱面和后半个圆柱面的重合投影，上下两条横线是上、下两个底面的积聚投影，左、右两条竖线是圆柱面上最左和最右两条轮廓素线 AB 和 CD 的投影，两条素线的水平投影分别积聚为两个点 a(b) 和 c(d)，在侧面投影中与轴线的投影重合。

　　侧面投影也是一个矩形，它是左半个圆柱面和右半个圆柱面的重合投影，上下两条横线是上、下两个底面的积聚投影，左、右两条竖线是圆柱面上最后和最前两条轮廓素线 GH 和 EF 的投影，两条素线的水平投影分别积聚为两个点 g（h）和 e（f），在正面投影中与轴线的投影重合。

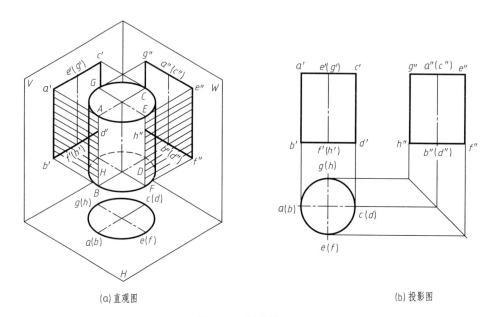

（a）直观图　　　　　　　　　　　　　　　（b）投影图

图 3-10　圆柱的投影

（二）圆锥

　　圆锥是由底面和圆锥面组成的。圆锥面可看成是由一条直线（母线）绕与其相交的轴线回转而成。

　　当圆锥如图 3-11（a）所示放置时，圆锥的轴线是铅垂线，底面是水平面，其三面投影如图 3-11（b）所示。

　　水平投影是一个圆，它是圆锥面和底面的重合投影，反映底面的实形，圆心是锥顶的投影。

　　正面投影是一个三角形，它是前半个圆锥面和后半个圆锥面的重合投影。三角形的左右两边 $s'a'$、$s'b'$ 是圆锥最左和最右两条轮廓素线 SA 和 SB 的投影，这两条轮廓素线在侧面投影中与中轴线的投影重合。三角形底边是圆锥底面的积聚投影。

　　侧面投影也是一个三角形，它是左半个圆锥面和右半个圆锥面的重合投影，三角形的左右两边 $s''c''$、$s''d''$ 是圆锥最前和最后两条轮廓素线 SC 和 SD 的投影，这两条轮廓素线在正面投影中与中轴线的投影重合。三角形底边是圆锥底面的积聚投影。

（三）球

　　球是球面围成的，球面可看作是圆或半圆围绕一条直径（轴线）回转而成的。

　　如图 3-12 所示，三面投影体系中有一个球，其 3 个投影为 3 个圆，这 3 个圆实际上是球面上 3 个轮廓圆的投影。其中正面投影是球面上平行于 V 面的最大的正平圆（它是前、后半球的分界线）的投影；水平投影是平行于 H 面的最大的水平圆（它是上、下半球的分

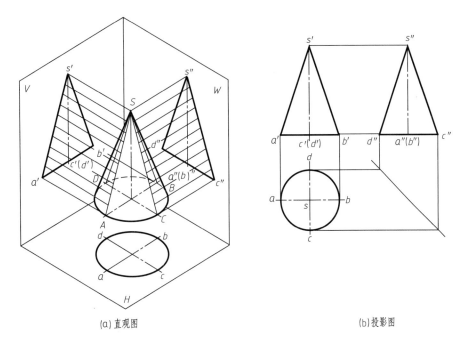

(a)直观图　　　　　　　　　　　　(b)投影图

图 3-11　圆锥的投影

界线）的投影；侧面投影是平行于 W 面的最大的侧平圆（它是左、右半球的分界线）的投影。它们所在的平面均经过球心，在其他两个面投影与对称中心线重合，它们的圆心与球心的投影（对称中心的交点）重合。

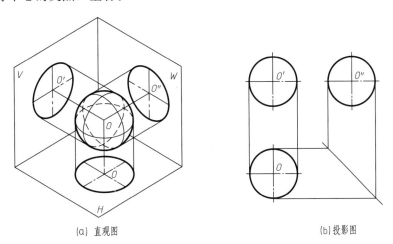

(a)直观图　　　　　　　　　　　　(b)投影图

图 3-12　球的投影

○ **思考与练习** ○

1. 长方体上面、直线、点的投影规律是什么？
2. 斜面体、曲面体的三面投影规律是什么？

第二节 组合体的投影

【学习目标】

1. 熟悉组合体的投影特点。
2. 熟悉组合体投影图的选择要求。
3. 掌握组合体投影图的绘制步骤、方法。

任何复杂的形体都可以看成是由一些基本形体组合而成的，如图3-13所示。由基本形体组合而成的形体称为组合体。

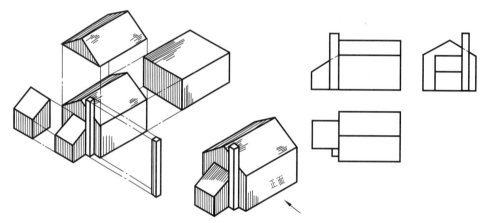

图 3-13 房屋的形体分析及三面投影图

看起来很复杂的建筑，其实也可以看作是由很多基本形体组合而成的复杂的组合体。因此，学习组合体投影是为学习建筑物的投影图做最后的准备。

如何将组合体的投影准确画出？怎样在读组合体平面投影图时想象出它的三维形象？

一、组合体的投影

三面投影体是由水平投影面、正立投影面和侧立投影面组成，所作形体的投影图分别是水平投影图、正立投影图和侧立投影图，在工程图中分别称为平面图、正立面图和侧立面图。

在很多情况下，仅采用三视图难以表达清楚整个形体，比如一个建筑物，通常正面和背面是不同的。因此，有必要将三视图增加到6个方向进行投影，从而形成6个视图，如图3-14所示。在水平投影对面增加投影面 H_1，其上投影称为底面图；在正立投影面对面增加投影面 V_1，其上投影图称为背立面图；在侧立投影面对面增加投影面 W_1，其上的投影图称为右立面图。

得到的6个视图称为基本视图，基本视图所在的投影面称为基本投影面。将6个视图以展开的方法如图3-15所示。

6 个视图展开后的排列位置如图 3-16 所示。在这种情况下，为合理利用图纸，可以不标注视图名称。

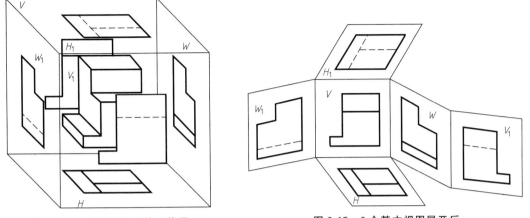

图 3-14　6 个基本视图的立体图　　　　图 3-15　6 个基本视图展开后

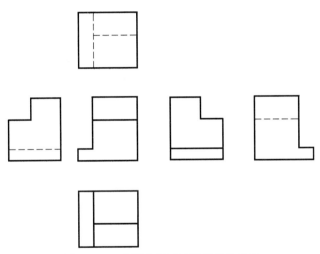

图 3-16　6 个基本视图的展开后的投影

由图 3-16 可知：

（1）6 个基本视图仍然满足"长对正，宽相等，高平齐"的投影规律。即正立面图、平面图、底面图、背立面图"长对正"；正立面图、左侧立面图、右侧立面图、背立面图"高平齐"；平面图、左侧立面图、右侧立面图、底面图"宽相等"。

（2）实际画图时，通常无需全部将 6 个视图都画出，应根据建筑形体特点和复杂程度，具体进行分析，选择其中几个基本视图，能完整、清晰地表达形体的形状和结构就行。

各视图的位置也可按主次关系从左至右依次排列，如图 3-17 所示。但在这种情况下，必须注写视图名称。视图名称注写在图的下方为宜，并在名称下面一条粗横线，其长度应以视图名称所占长度为准。

二、投影图的选择

（一）正立面图的选择

对于一个组合体，可以画出它的 6 个基本视图或一些辅助视图，究竟采用哪些视图表达

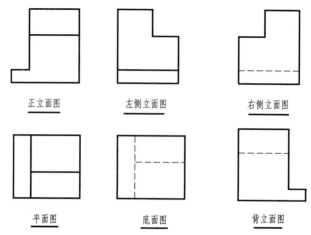

正立面图 左侧立面图 右侧立面图

平面图 底面图 背立面图

图 3-17   6 个基本视图按主次关系排列

组合体最简单、最清楚、最准确而且数量最少？关键是对视图的选择。

在工程图样中，正立面图是基本图样。通过阅读正立面图，可以对组合体的长、高面有个初步的认识，然后再选择其他必要的视图来认识组合体，通常的组合体用三视图可表示清楚，根据形体的复杂程度，可能会多需要一些视图或少需要一些视图。一般情况先确定正立面图，根据情况再考虑其他视图，因此正立面图的选择起主导作用。

选择立面图应遵循以下原则。

1. 组合体的自然状态的位置

组合体在通常状态或使用状态下所处的位置称为自然状态位置。例如，桌椅和床在通常状态或使用状态下腿总是朝下的。当通常状态与使用状态不同时，以人们的习惯为准。如有些床在不使用时为节省用地可能立着放，但人们在用床时还是习惯平着放，所以平放是它的自然状态。画正立面图时要使组合体处于自然状态位置。

2. 形状特征明显

确定好组合体的自然位置，还要选择一个面作为主视面，一般选择一个能反映形体主要轮廓特征的一面作为主视面来绘制正立面图。如图 3-18 所示，箭头所指的一面不仅反映了砖的外形轮廓特征，同时也反映了花格部分的轮廓特征，因此选择该面绘制正立面是恰当的、合理的。

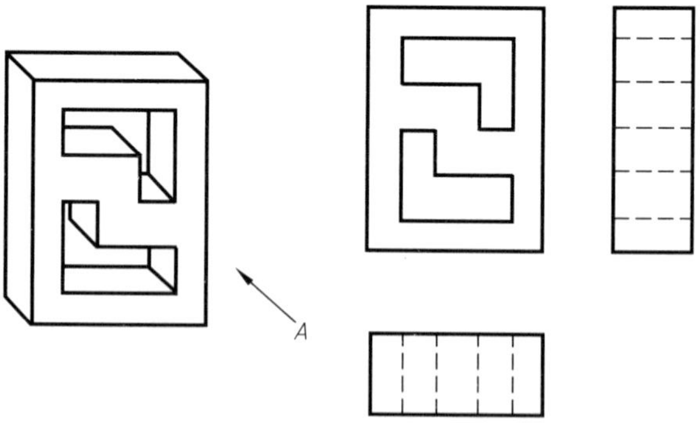

图 3-18   特征面的选择

3. 视图中要减少虚线

如果在视图中的虚线过多，则会增加读图的难度，影响对形体的认识，因此要选择合适的正立面，以得到虚线相对较少的投影图。如图 3-19（b）所示，以 A 方向画正立面图，左侧投影图中无虚线。而以 B 方向画正立面图，如图 3-19（c）所示，则左侧投影图中出现虚线。显然以 A 方向画立面图为佳。

4. 图面布置要合理

除以上因素外，还要考虑图面布置是否合理。图 3-20 所示为薄腹梁，一般选择较长的

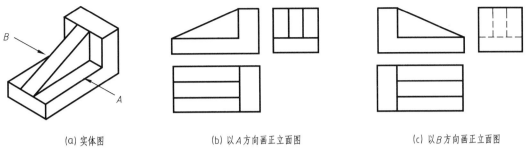

(a) 实体图　　　　　　(b) 以A方向画正立面图　　　　　　(c) 以B方向画正立面图

图 3-19　主视方向的选择

一面作为正立面，如图 3-20（a）所示。这样视图占用图幅较小，整体图形匀称、协调。如果考虑用梁的端部作为正立面图，如图 3-20（b）所示，则所画的整个图形就显得不协调，占用图幅较大。

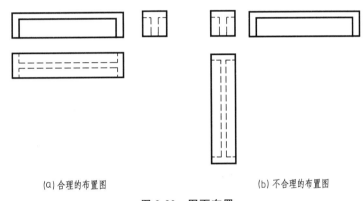

(a) 合理的布置图　　　　　　　　(b) 不合理的布置图

图 3-20　图面布置

（二）视图数量的选择

在能把形体表达清楚的前提下，视图的数量越少越好。对于常见的组合体，通常画出正立面图、平面图和左侧立面图即可表达清楚。对于复杂的形体，还要增加其他的视图。

三、画组合体投影图的方法和步骤

正确的画图方法和步骤是保证绘图质量的关键。在画组合体时，应分清主次，先画主要部分，后画次要部分。在画每一部分时，要先画反映该部分形状特征的视图，后画其他视图。要严格按照投影关系，3 个视图配合起来画出每个组成部分的投影。

（一）画图方法

画组合体投影图的方法有叠加法、切割法、混合法等。

1. 叠加法

叠加法是根据叠加式组合体中基本形体的叠加顺序，由下而上或由上而下地画出各基本体的三面投影，进而画出整体投影图的方法。

2. 切割法

当形体分析为切割式组合体时，先画出形体未被切割前的三面投影，然后按分析的切割顺序，画出切去部分的三面投影，最后画出组合体整体投影的方法称为切割法。

3. 混合法

混合法是指上述两种方法的综合应用。

（二）画图步骤

作组合体投影图时，一般应按以下步骤进行。

（1）对组合体进行形体分析。

（2）选择摆放位置，确定投影图数量。

（3）作投影图。

① 画底稿。画底稿的顺序以形体分析的结果进行。一般为先主体后局部、先外形后内部、先曲线后直线，从主到次，从大到小，从可见到不可见（注意分清虚、实线），先画有积聚性的投影，后画其他主视图，最后完成全部轮廓线。

② 加深加粗图线，完成所作投影图。

③ 检查视图，加粗图线。

四、由立体模型画投影图

【例3-1】画出图3-21（a）所示挡土墙的三面投影图。

作图步骤如图3-22所示。

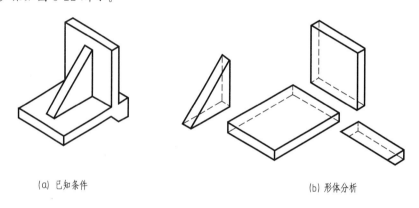

（a）已知条件　　　　　　　　　　　（b）形体分析

图3-21　挡土墙的单体图

（1）逐个画出3部分的三面投影，如图3-22（a）、（b）、（c）所示。

（2）检查投影图是否正确。

（3）加深。因该投影图均为可见轮廓线，应全部用粗实线加深，如图3-22（d）所示。如果分解的方式不同，画图过程可能不同，但结果应相同。

（a）画底板投影

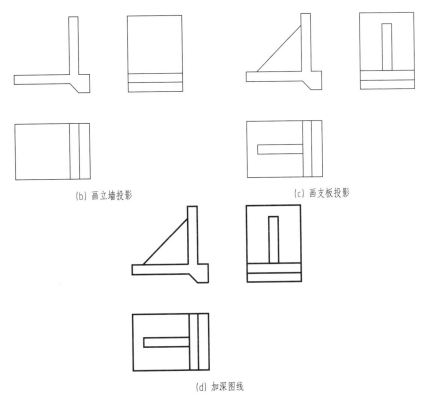

(b) 画立墙投影

(c) 画支板投影

(d) 加深图线

图 3-22　叠加法画挡土墙的投影图

【例 3-2】　已知形体，求作三面正投影图。

切割法画组合体的投影图如图 3-23 所示。

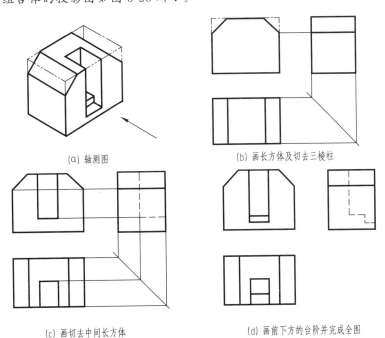

(a) 轴测图

(b) 画长方体及切去三棱柱

(c) 画切去中间长方体

(d) 画前下方的台阶并完成全图

图 3-23　切割法画组合体的投影图

1. 组合体的投影特点是什么？
2. 组合体投影图的选择要求有哪些？
3. 作组合体的投影图应按怎样的步骤绘制？

第三节 组合形体投影图的识读

【学习目标】

1. 熟悉组合体的组合方式。
2. 熟悉组合体投影图的读图方法。
3. 掌握读正投影图的步骤。

一、对投影图的分析

（一）组合体的组合方式

组合体按构形方式可分为 3 种类型，即叠加式、挖切式和综合式。叠加如同积木的堆积，挖切包括穿孔和切割，综合式是指组合体由叠加和挖切两种方法形成的。

1. 叠加

叠加是将若干基本形体按一定方式堆积起来组成一个整体，如图 3-24 所示。

2. 挖切

挖切是在某一基本形体上去掉某些基本形体而形成一个新的形体。如图 3-25 所示，一个水池可以看作是一个大的长方体从上下各挖去一个小长方体而成。

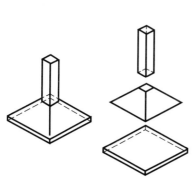

图 3-24 叠加式组合体图

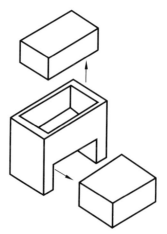

图 3-25 挖切式组合体

3. 叠加与挖切的综合

叠加与挖切的综合是有几个基本形体的叠加，又有几个基本形体挖切而形成的一个形体。如图 3-26 所示，一个房屋的前门部分，可以看作若干长方体综合组合而成，在墙体上挖切门和窗，再叠加上底板和雨篷。

（二）组合体的表面连接关系及其视图特征

在组合体上，各形体相邻表面之间按其表面形状和相对位置不同，连接关系可分为平齐、不平齐、相切和相交 4 种情况。连接关系不同，连接处投影的画法也不同。

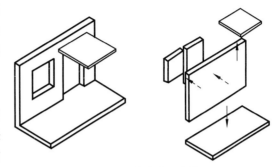

图 3-26　综合式组合体

1. 平齐

两个基本形体几何体上的两个平面互相平齐地连接成一个平面，则它们在连接处是共面关系而不再存在分界线。因此在画出它的主视图时不应该再画它们的分界线，如图 3-27 所示。

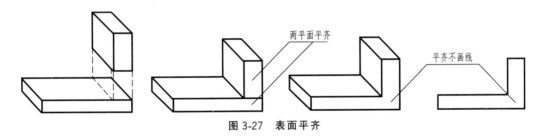

图 3-27　表面平齐

2. 不平齐

当相邻两个基本体的表面在某方向不平齐时，说明它们在相互连接处不存在共面情况，在视图上不同表面之间应有分界线隔开，如图 3-28 所示。

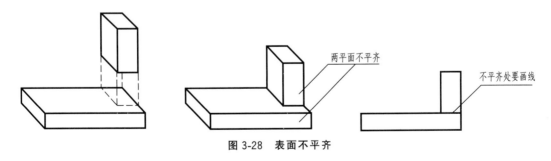

图 3-28　表面不平齐

3. 相切

如果两个基本几何体的表面相切时，则称为相切关系。只有平面与曲线相切的平面之间才会出现相切情况。如图 3-29 所示，在相切处两表面似乎是光滑过渡的，故该处的投影不应该画出分界线。

4. 相交

如果两个基本几何体的表面彼此相交，则称为相交关系。表面交线是它们的表面分界线，图上必须画出它们交线的投影，如图 3-30 所示。

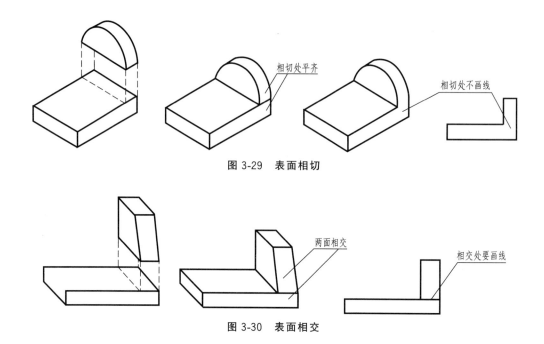

图 3-29 表面相切

图 3-30 表面相交

二、读图方法

读图的基本方法，可概括为形体分析法、线面分析法和画轴测图法等方法。

（一）形体分析法

形体分析法就是以上面前三点为基础，根据基本体投影图的特点，将建筑形体投影图分解成若干个基本体的投影图，分析各基本体的形状，根据三面投影规律了解各基本体相对位置，最后综合起来想出形体的整体形状。

形体分析的步骤：

（1）了解建筑形体的大致形状。要分析视图，以主视图为主，配合其他视图，进行初步的投影分析和空间分析。同时要抓住，组成物体的各基本形体间相对位置的特征，找出反映物体的形状特征，对物体的形状有大概的了解。

（2）分解投影图。根据基本形体投影图的基本特点，将三面投影图中的一个投影图进行分解，首先分解的投影图，应使分解后的每一部分能具体反映基本形体形状。

（3）分析各基本形体。利用"长对正、高平齐、宽相等"的三投影规律，分析分解后各投影图的具体形状。

（4）想整体。利用三面投影图中的上下、左右、前后关系，分析各基本体的相对位置。

如图 3-31（a）所示，特征比较明显的是 V 面投影，结合 W、H 面投影进行分解，分为 3 个形体，上面形体是一个矩形和一个半圆柱组合而成，下面左、右各有一个矩形，同时通过 W、H 面投影还可以分析出它们的前后关系，最后将 3 个部分再综合成一个整体，就容易想象出图 3-31（b）所示组合体的空间形状。

（二）线面分析法

形体分析法主要用于以叠加方式形成的组合体，或挖切比较明显时组合体。对于一些挖切后的形体不完整、形体特征又不明显，并形成了一些挖切面与挖切面的交线，难以用

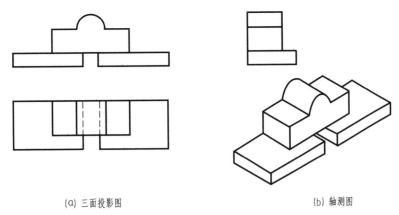

(a) 三面投影图　　　　　　　　　　　　　　(b) 轴测图

图 3-31　形体分析法

形体分析法读图时，需要对其局部作进一步细化分析，具体是对某条线或某个线框进行逐个分析，想象其局部的空间形状，直到最后联想出组合体整体形状，这种方法称为线面分析法。

1. 投影图中直线的意义

（1）可表示形体上一条棱线的投影，图 3-32 中直线 AB，是六棱柱的一根棱线，在 V 面的投影为 $a'b'$。

（2）可表示形体上一个面的积聚投影，图 3-32 中 V 面投影 $1'$ 是平面六边形的投影。

（3）可表示曲面立体上一条轮廓素线的投影，图 3-32 中轮廓线 $c'd'$ 是底座中右边半圆柱的最右边轮廓素线。

2. 投影图中线框的意义

（1）表示物体的一个表面（平面、曲面或复合面）的投影，图 3-33 中 $1'$ 所指的线框表示底座圆柱的表面。

（2）相邻的两个线框，表示物体上位置不同的两个面的投影，图 3-33 中 $1'$ 和 $2'$ 所指的两个线框表示了两个圆柱表面的投影。

（3）在一个大的线框内所包含的各个小线框，表示在大的平面（或曲面）体上凸出或凹下的各个小平面（或曲面）体的投影，图 3-33 中 3 和 4 所指的两个线框表示圆柱中挖空了一个长方体。

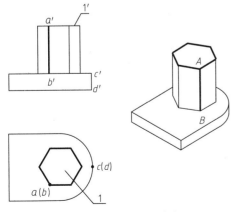

图 3-32　投影图中线和线框的意义（一）

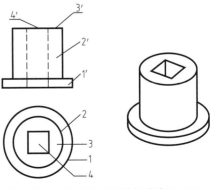

图 3-33　投影图中线和线框的意义（二）

例如，分析图 3-34 中投影图，利用线面分析法分析具体形状。

首先分析直线 $1'$，根据三等关系，找到对应关系在 W 面投影为 $1''$，也是一条直线在 H 面投影是一个线框 1，得到图 3-35 中加粗部分。综合 3 个面投影，很容易可以分析出直线 $1'$ 是表示一个位置偏左靠上的水平面，与之相似，$3'$ 也是表示一个水平面，位置偏右靠上的一个水平面。再来看直线 $2'$，在 W 面对应的是虚线，在 H 面对应的是中间的框，分析一下，也是一个水平面，位置居中。

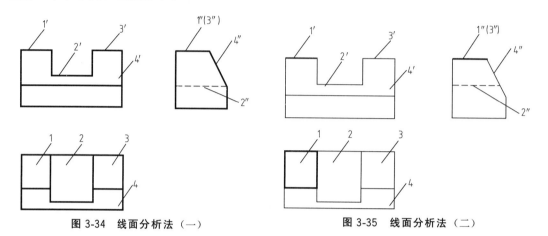

图 3-34　线面分析法（一）　　　　　　　图 3-35　线面分析法（二）

其次分析一下线框 4，根据"高平齐"，与之相对应的 W 面投影为一直线 $4''$，再根据三等关系，与之相对应的 H 面投影是线框 4，如图 3-36（a）所示加粗的部分，可以分析出是一个形状为"凹"形侧垂面。对于其余不清楚的部分可再依次对相应的直线和线框进行分析，最终综合得出图 3-36（b）所示的形状。

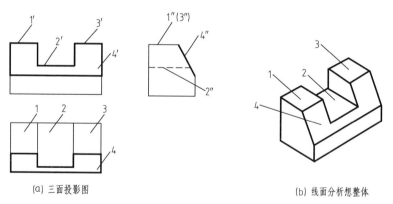

(a) 三面投影图　　　　　　　　　　　　(b) 线面分析想整体

图 3-36　线面分析法（三）

形体分析法是从整体上把握组合体，线面分析法是一种基本的、针对细节的分析方法，一般针对较难的局部进行分析，两种方法宜配合使用。

读图应以形体分析法为主，而线面分析法用来分析投影图中难以看懂的图线或线框。

（三）画轴测图法

画轴测图法是指利用画出正投影图的轴测图，来想象和确定组合体的空间形状的方法。实践证明，此法是初学者容易掌握的辅助识图方法，同时也是一种常用的图示形式。

在进行读图时还需要注意以下两点。

（1）要联系各个投影进行想象，不能只凭一、两个视图臆断组合体的确切形状。图 3-37 中正立面图、水平投影图完全相同，看到两个矩形不能就断定它是长方体，必须将正立面图、水平投影图和侧面投影图联系起来才能得到正确的答案。

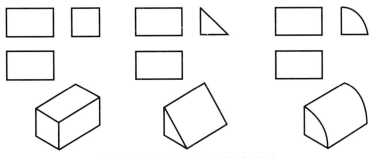

图 3-37　将已知投影图联系起来看

（2）注意找出特征投影。所谓特征投影，就是把物体的形状特征及相对位置反映的最充分的那个视图。在几个视图中，总有一个视图能比较充分地反映组合体的形状特征，找到这个视图，再配合其他视图，就能比较快而准确地辨认形体。在图 3-37 中，W 面的投影是特征投影，在图 3-38 中，特征投影分别在 H 面、V 面和 W 面上。

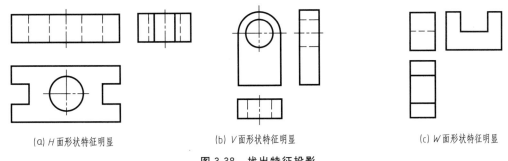

(a) H 面形状特征明显　　　　(b) V 面形状特征明显　　　　(c) W 面形状特征明显

图 3-38　找出特征投影

但是，由于组合体的组成方式不同，物体的形状特征及相对位置并非总是集中在一个视图上，有时是组合体中不同组成部件的形状特征可能分散于各个视图上，这时要根据各个组成部件分别分析、灵活掌握。

三、读正投影图的步骤

一般以形体分析法为主，线面分析法为辅，这两种方法在读图过程中不能截然分开，根据不同的组合体，灵活运用。对于叠加式组合体较多采用形体分析法，对挖切式组合体较多采用线面分析法。通常先用形体分析法获得组合体粗略的大体形象后，对于图中个别较复杂的局部，再辅以线面分析法进行较详细分析，有时还可以利用所注尺寸帮助分析。

正投影图的读图步骤如下。

1. 认识投影抓特征

首先要清楚各投影的对应关系，这是看图的基本前提。"抓特征"即抓特征投影。从反映特征最多的投影入手，就能最快速地了解物体的组成和大致形状。

2. 分析形体对投影

注意到特征投影后，就可以进行形体分析了，关注组合体中可以分解为哪些组成部分，各个组成部分之间的表面连接如何，结合三等关系进行分析和检查判断结果。

3. 综合起来想整体

将上两步的结果进行综合，如果形体比较简单，或以叠加为主，基本上就可以想象出整体结果了。如比较复杂，较难理解，就需要加入线面分析法进行分析。

4. 线面分析攻难点

用线面分析法对组合体中较为难以理解的直线和线框进行分析。对于线的分析，依次按照棱线—平面的积聚投影—曲面立体的转向轮廓线3个方面进行分析。对于线框，则按照平面投影—曲面投影—孔洞、槽或凸出体进行分析。将所有局部难点分析完，再合成想象出整体。

四、练习读图的几种方法

【例3-3】 对图3-39所示组合体进行分析。

（1）认识投影抓特征 图3-39中V、W面投影有斜直线，所以估计形体有斜平面，在V面和W而投影的中间和下方都有长方形的线框，则估计有叠加在一起的长方体，而H面上反映的两个矩形，与上画所分析的两个长方体能够对应。

（2）分析形体对投影 再进一步分析，V、W面上的三角形所对的H面上投影为小矩形，实际对应空间形体应为三棱柱，H面上还有4个矩形线框，说明有4个三棱柱。H面上的两个矩形线框，对应V、W面投影也是长方形线框，所以对应的有长方体，下方的长方体的长度、宽度较大，高度较小，上方的长方体的长度、宽度较小，高度较大。4个小三棱柱在下方长方体之上，围绕上方长方体四周对称放置。

（3）综合起来想象出整体 由以上分析，可以得出该形体是由底面长方体、中间长方体和4个小三棱柱叠加而成，如图3-40所示。

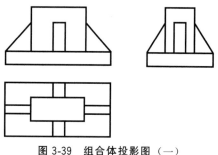

图3-39 组合体投影图（一）

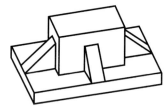

图3-40 组合体的立体图

【例3-4】 分析图3-41所示组合体。

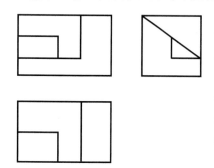

图3-41 组合体投影图（二）

（1）认识投影抓特征 从三面投影来看，整体上都没有明显的特征投影，三面投影外轮廓都是矩形。因此推测其整体是一个长方体，内部进行了挖切。

（2）形体分析对投影 由于外轮廓线框是平整的线框，没有凸出的部分，内部也有一些同形状的线框，由这些特征进行判断：这是一个挖切式组合体，是由一个和方体进行多次挖切而成。

（3）线面分析攻难点 分析整个投影图时线条较多，对应关系比较复杂，而分析线框则线条比较少，对应关系比较明确,因此不妨从线框入手。其实从侧面的投影中有一斜线分析入手最佳,但其实解题中未必一下子就能抓到要点,所以就需要按一般思路进行分析,进而抓到要点,最后突破整体。

第一个线框的分析图:首先分析正面投影(可从任意投影面开始)的线框,共有3个线框,先分析左边线框(加阴影部分的投影),如图3-42所示。通过"三等"对应关系的分析,得到图3-42中加粗和加阴影部分相对应。根据投影规律分析,这是一个正平面。

第二个线框的分析图:通过"三等"对应关系的分析,得到图3-43中加粗和加阴影部分相对应。这是一个倒L形的侧垂面。它作为组合体一个表面,由于在正面投影中和水平投影中均为实线,所以可以判定它的上方和前方是空的,而下方和后方是实的,由此判断长方体被第二个线框所在的平面作了挖切,平面的上方和前方被切去了。

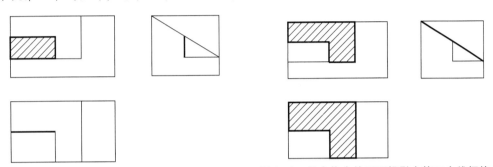

图 3-42　组合体中的正面投影中第一个线框的分析　　图 3-43　组合体中的正面投影中第二个线框的分析

第三个线框的分析图:同样再分析第三个线框,得到图3-44所示的加粗和加阴影部分的对应关系,这是反L形正平面。

通过对这3个线框的分析,在长方体内可以想象出这3个面的位置,如图3-45所示。

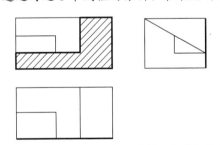
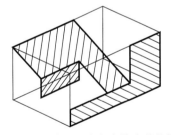

图 3-44　组合体中的正面投影中第三个线框的分析　　　　图 3-45　3 个平面在长方体中的位置

(4)综合起来想整体　对于长方体右侧,可以结合对水平投影图中右边的线框的分析,得到如图3-46所示的分析结果。

最后将组合体的左前方进行分析,通过对水平投影图左前方的线框进行分析,不难得出组合体的轴测图,如图3-47所示。

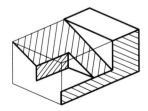
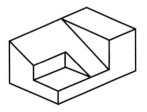

图 3-46　组合体的局部分析　　　　　　　　图 3-47　组合体的轴测图

┄┄┄┄┄┄┄┄┄┄┄○ 思考与练习 ○┄┄┄┄┄┄┄┄┄┄┄

1. 组合体的组合方式有哪些？
2. 组合体投影图的读图方法有哪些？
3. 读正投影图按什么步骤进行？

》》 第四节　形体的尺寸标注

○ 【学习目标】

1. 了解组合体的尺寸标注的基本要求。
2. 熟悉组合体尺寸标注的各类注意事项。
3. 掌握组合体尺寸标注的方法。

一、尺寸标注的要求

（一）平面体的尺寸要求

长方体一股应标注出其长、宽、高 3 个方向的尺寸，棱柱、棱锥以及棱台的尺寸，除了应标注高度尺寸外，还要标出决定其顶面和底面形状的尺寸，但可根据需要有不同的注法，对于底面呈现规则形状的立体，可以省去一个或两个尺寸。

（二）回转体的尺寸要求

圆柱和圆锥应标注出直径和高度尺寸，圆台标注顶圆和底圆的直径及高度尺寸，圆球在直径数字前加注"$S\phi$"。

二、尺寸标注示例

尺寸标注示例如图 3-48 所示。

三、组合体的尺寸配置及标注

（一）组合体的尺寸种类

1. 定形尺寸
确定组合体中各基本形体形状和大小的尺寸，称为定形尺寸。

2. 定位尺寸
确定组合体中各基本形体之间相对位置的尺寸，称为定位尺寸。标注定位尺寸的起点称为尺寸的基准。在组合体的长、宽、高 3 个方向上标注的尺寸都要有基准。通常把合体的底面、侧面、对称线、轴线、中心线等作为尺寸的基准。

图 3-49 所示为各种定位尺寸的示例。

图 3-49（a）所示组合体由两个长方体组合而成，两长方体共有共同的底面，高度方向需要定位，但是应标出前后方向和左右方向的定位尺寸 a 和 b。标注尺寸 a 和 b 选择左后方的一个长方体的后面和左面为基准。

图 3-49（b）所示组合体是由两个长方体组合而成，两个长方体有一个重叠的水平面，因此高度方向不需要定位。但是应标出前后方向和左右方向的定位尺寸 a 和 b，其基准是下方

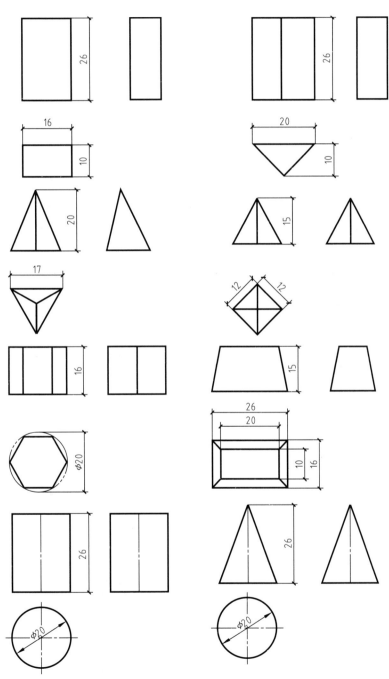

图 3-48

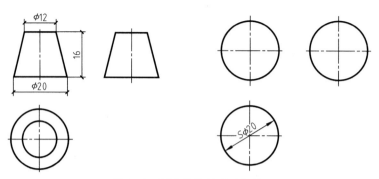

图 3-48 基本形体的尺寸标注

长方体的后面和右面（用前面和左面也可以作为定位基准）。

图 3-49（c）所示组合体是由两个长方体组合而成，两个长方体有一个重叠的水平面，因此高度方向不需要定位。由于两个长方体的位置前后对称，因此它们的前后位置由对称线确定，可以省略前后方向的定位尺寸。只需要标注出左右方向的定位尺寸 *b* 即可，其基准是下方长方体的右面。

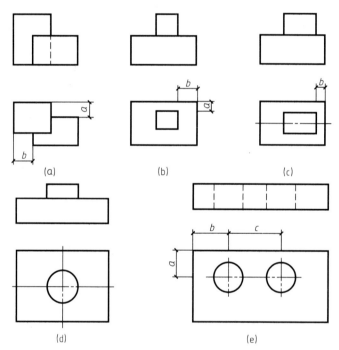

图 3-49 组合体的定位尺寸

图 3-49（d）所示组合体由圆柱和长方体组合而成。叠加时前后对称、左右对称，上下有一个重叠的水平面，所以它们的相互位置可以由两条对称线来确定，3 个方向的定位尺寸都可以省略。

图 3-49（e）所示组合体是在长方体的钢板上切割出两个圆孔而成，两圆孔的定量尺寸为已知（圆中没有标出）。为确定这两个圆孔在钢板上位置，必须标注出它们的圆心的定位尺寸，在前后方向上，定位尺寸 *a* 是以钢板的后面为基准，在左右方向上，以钢板的左边为基准标出左边圆孔的定位尺寸 *b*，然后再以左边圆孔的垂直轴线为基准继续标出右边圆孔的

定位尺寸 c。

3. 总体尺寸

确定组合体外形总长、总宽、总高的尺寸称为总体尺寸。

（二）组合体的尺寸标注

（1）组合体尺寸标注前需进行形体分析，弄清反映在投影图上的有哪些基本形体，然后注意这些基本形体的尺寸标注要求，做到简洁合理。

（2）各基本形体之间的定位尺寸一定要先选好定位基准，再进行标注，做到心中有数，不遗漏。

（3）由于组合体形状变化多，定形、定位和总体尺寸有时可以相互兼代。组合体各项尺寸一般只标注一次。

（三）组合体尺寸标注中的注意事项

（1）尺寸一般应标注在图形外，以免影响图形清晰度。

（2）尺寸排列要注意大尺寸在外、小尺寸在内，并在不出现尺寸重复的前提下，使尺寸构成封闭的尺寸链。

（3）反映某一形体的尺寸，最好集中标注在反映这一基本形体特征轮廓的投影图上。

（4）两投影图相关的尺寸，应尽量标注在两图之间，以便对照识读。

（5）尽量不在虚线图形上标注尺寸。

【例 3-5】　对前面所画的挡土墙进行尺寸标注，如图 3-50 所示。

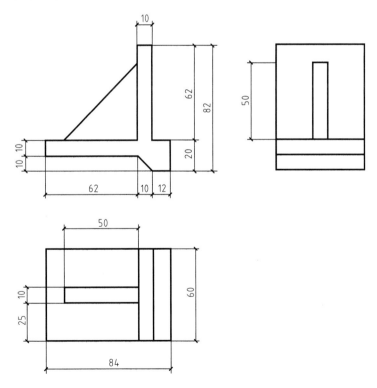

图 3-50　挡土墙的尺寸标注

【例 3-6】　对肋式杯形基础行尺寸标注，如图 3-51 所示。

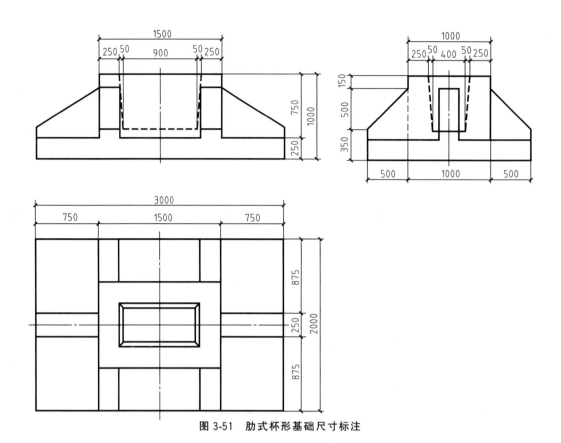

图 3-51 肋式杯形基础尺寸标注

同一个组合体由于分解的方式不同，可能得出不同的基本形体组合，相应的标注也可能不同。

○ 思考与练习 ○

1. 组合体的尺寸标注的基本要求是什么？

2. 组合体尺寸标注的各类有哪些？

3. 组合体尺寸标注的注意事项有哪些？

4. 按照形体尺寸标注的要求对三面投影进行尺寸标注，形体的尺寸在图样上量取，读数取整数。

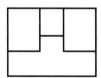

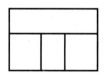

第五节 剖面图

【学习目标】

1. 了解剖面图的形成及概念。
2. 熟悉剖面图的分类。
3. 掌握剖面图的投影规律。

在建筑工程图中，形体的可见轮廓线用粗实线表示，不可见轮廓线用虚线表示，当建筑形体内部构造和形状比较复杂时，如采用一般视图进行表达，在投影图中会有很多虚线与实线重叠，难以分清，这样不能清晰地表达形体，建筑材料的性质也无法表达清楚，也不利于标注尺寸和识读，为了解决形体内部的表达问题，就是假想将形体剖切开，让它的内部构造显露出来，然后作投影，则可用实线画出这些内部构造。

一、剖面图的概念

假想用一个特殊的平面（剖切面）将物体剖开，然后移去观察者和剖切面之间的部分，把原来形体内部不可见的部分变为可见，用正投影的方法把留下来的形体进行投影所得到的正投影图，称为剖面图。

如图 3-52（b）所示独立基础内槽的投影在正面投影中看不到，为虚线，这样图面表达不清楚，给读图带来困难。为了清楚表示图中的内槽，用一假想的通过基础前后对称面的平面将基础剖开，如图 3-52（c）所示的剖切过程，把观察者和假想平面之间的部分移开，图 3-52（c）所示内部基槽可见，用正投影的方法向 V 面进行投影，这样得到的正视图就是剖面图。这时杯形基础的内部形状表达得非常清楚，如图 3-52（d）所示。

二、剖面图的画图步骤

（一）确定剖切平面的位置和数量

在对形体进行剖切作剖面图时，首先要确定剖切平面的位置，剖切平面的位置应使形体在剖切后投影的图形能准确、清晰、完整地反映所要表达形体的真实形状。因此，在选择剖切平面的位置时应注意以下方面。

（1）剖切平面应平行于投影面，使断面在投影图中反映真实形状，如图 3-52（b）所示。

（2）剖切平面应过形体的对称面，或过孔、洞、槽的对称线或中心线，或过有代表性的位置，如图 3-52（b）所示。

有时要表达一个形体时，一个剖面图并不能很好、完整地表达形体，这时就需要几个剖面图。剖面图的数量与形体本身的复杂程度有关，形体越复杂，需要的剖面图越多，简单的形体，一个或两个剖面图就够了，有些形体不需要画剖面图，只要投影图就够了，在实际作

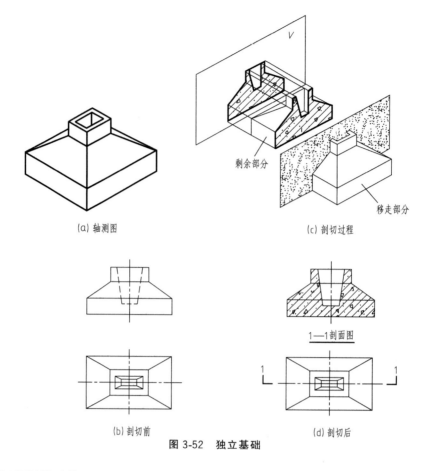

(a) 轴测图　　　　　　　　　　　　　　(c) 剖切过程

(b) 剖切前　　　　　　　　　　　　　　(d) 剖切后

图 3-52　独立基础

图时具体问题具体对待。

（二）确定投影方向

确定投影方向以后，画出剩余形体的投影。但在绘制剖面图时应注意到：

（1）由于剖切平面是假想的，其物体并没有被真切去，因此当构件的一个视图画成剖面图后，其他看到的部分仍应完整地画出，不受剖面图的影响。并且，除剖面图外，其他视图仍应画出它的全部投影。

（2）为了区分形体中被剖切平面剖到的部分和未被剖到的部分，在形体剖面图中被剖切平面剖到的轮廓线用粗实线绘制，未被剖切平面剖到、但沿投射方向可以看到的部分，用中实线绘制。

（3）各剖面图应按正投影法绘制。

（三）画剖切符号

因为剖面图本身不能反映清楚剖切平面的位置，并且剖切平面位置和投影方向不同，所得到的投影图也不同。所以，必须在其他投影图上标出剖切平面的位置和投影方向，需要用剖切符号来表示。《房屋建筑制图统一标准》（GB/T 50001—2010）规定剖切符号由剖切位置线、剖视方向线和编号组成。

1. 剖切位置线

剖切位置线表示剖切平面的位置。用两段长度为 6～10mm 的粗实线表示（其延长线为剖切平面的积聚投影）。

2. 剖视方向线

剖视方向线用 4～6mm 的粗实线表示，剖视方向线与剖切位置线垂直相交，剖视方向线表示了投影方向，如画在剖切位置线的右边表示向右进行投影。

3. 编号

剖切符号的编号采用阿拉伯数字从小到大连续编写，按剖切顺序由左至右、由下至上连续编排，并注写在剖视方向线的端部。

建（构）筑物剖面图的剖切符号应注在±0.000 标高的平面图或首层平面图上。

剖面图的剖切符号如图 3-53 所示。

（四）剖面图的名称标注

在剖面图的下方应标注剖面图的名称，如

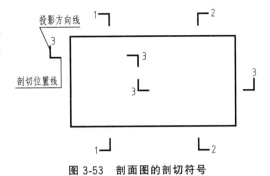

图 3-53　剖面图的剖切符号

"X—X 剖面图"，并在图名的正下方画一条粗实线，长度以图名所占长度为准，如图 3-52（d）所示。

三、剖面图的分类

在画剖面图时，根据形体内部和外部结构不同，剖切平面的位置、数量、剖切方法也不同。一般情况下剖面图分为全剖面图、半剖面图、阶梯剖面图、局部剖面图、展开剖面图。

（一）全剖面图

假想用单一平面将形体全部剖开后所得到的投影图，称为全剖面图。它多用于在某个方向上视图形状不对称或外形虽对称、但形状却较简单的物体。

【例 3-7】 将图 3-54 所示台阶的左侧立面图改画成剖面图。

解析：如图 3-54（a）、（b）所示台阶的投影图和直观图，可以看出台阶外形简单，左侧立面图不对称，并且出现虚线，为了更好地表达形体的特征，把其左侧立面图改为全剖面图，如图 3-54（c）所示。

作图步骤如下：

（1）如图 3-54（b）所示，选择一个假想的平面 P，确定其位置，把 P 与观察者之间的部分拿走；

（2）根据投影规律，作出楼梯间剩余部分的投影；

（3）在断面内画出材料的图例；

（4）在正立面图中标注剖切符号；

（5）在正立面图下标注剖面图的名称。

（二）半剖面图

当形体左右对称或前后对称，而外形比较复杂时，常把投影图一半画成正投影图，一半画成剖面图，这样组合的投影图称为半剖面图。这样作图可以同时表达形体的外形和内部结构，并且可以节省投影图的数量，如图 3-55 所示。

绘制半剖面图时需要注意：

（1）在半剖面图中，半个投影图与半个剖面图之间应以中心线——单点长画线为界，不

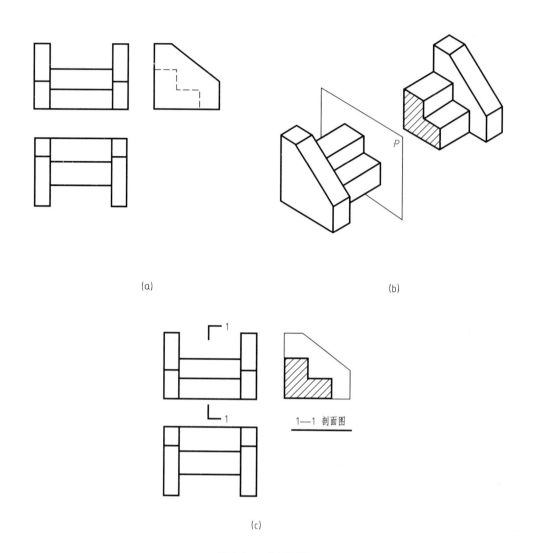

(a)

(b)

(c)

图 3-54　全剖面图

应画成粗实线。

（2）半剖面图可以不画剖切符号。

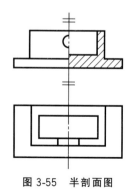

图 3-55　半剖面图

（3）半个剖面图一般应画在水平对称轴线的下侧或竖直对称轴线的右侧。

（三）阶梯剖面图

当形体内部结构层次较多，用一个剖切平面不能将形体内部结构全部表达出来，这时，可以用几个互相平行的平面剖切形体，这几个互相平行的平面可以是一个剖切面转折成几个互相平行的平面，这样得到的剖面图称为阶梯剖面图，如图 3-56 所示。

绘制阶梯剖面图时需要注意：

（1）因为剖切平面是假想的，所以剖切平面的转折处不画分界线；

（2）阶梯剖面图的剖切位置，除了在两端标注外，还应在两平面的转折处画出剖切符号；

（3）阶梯剖面图的几个剖切平面应平行于某个基本投影面。

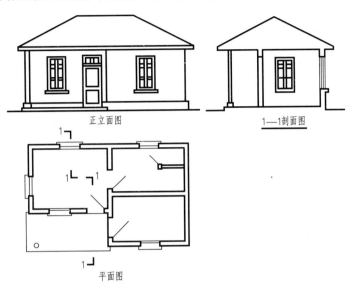

正立面图　　　　　　　　1—1剖面图

平面图

图 3-56　阶梯剖面图

（四）局部剖面图

当只需要表达形体某局部的内部构造时，用剖切平面局部地剖开形体，只作该部分的剖面图，称为局部剖面图。如图 3-57 所示为独立基础的局部剖面图。

绘制局部剖面图时需要注意：

（1）在工程图样中，正面投影中主要是表达钢筋的配置情况，所以图中未画钢筋混凝土图例。

（2）作局部剖面图时，剖切平面的位置与范围应根据形体需要而定，剖面图与原投影图用波浪线分开，波浪线表示形体断裂痕迹的投影，因此波浪线应画在形体的实体部分，波浪线既不能超出轮廓线，也不能与图形中其他图线重合。

（3）局部剖面图画在形体的视图内，所以通常无需标注。

（五）分层剖面图

在建筑工程和装饰工程中，常使用分层

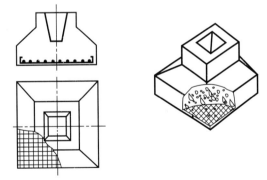

图 3-57　局部剖面图

剖切的剖面图来表达屋面、楼面、地面、墙面等的构造和所用材料。分层剖切的剖面图是用几个互相平行的剖切平面分别将物体局部剖开，把几个局部剖面图重叠画在一个投影图上。如图 3-58 所示为楼面各层所用材料及构造做法。

绘制分层剖面图时需要注意：

（1）分层剖切一般不标注剖切符号。

（2）在画分层剖面图时，应按层次以波浪线将各层分开。

（3）波浪线不应与任何图形重合。

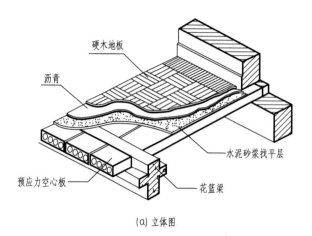

(a) 立体图   (b) 平面图

图 3-58   分层剖切的剖面图

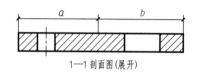

1—1 剖面图（展开）

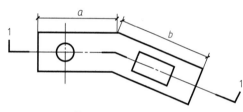

图 3-59   展开剖面图

（六）展开剖面图

用两个相交的剖切平面剖切形体，剖切后将剖切平面后的形体绕交线旋转到与基本投影面平行的位置后再投影，所得到的投影图称为展开剖面图，应在图名后注写"展开"字样，如图 3-59 所示。

绘制展开剖面图时需要注意：

（1）剖切平面的交线垂直于某一投影面。

（2）画图时，应先旋转后作投影图，

【例 3-8】 如图 3-60 所示的是剖面图在建

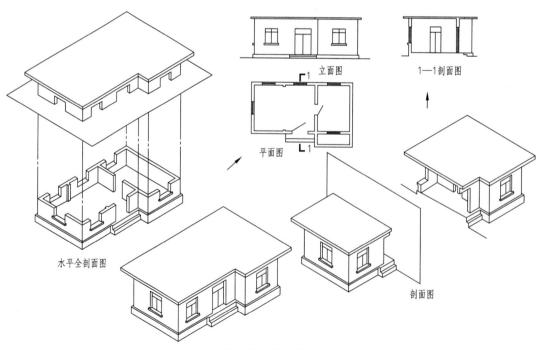

图 3-60   运用案例

筑工程中的实际应用。其中平面图是一个全剖面图，用来表示房屋的平面布置；1—1 剖面图也是一个全剖面图，其剖切平面为侧平面，并且过门和后端的窗洞口。

○ **思考与练习** ○

1. 剖面图是如何形成的？
2. 剖面图有哪些种类？
3. 各类剖面图的投影要求是什么

》》 第六节　断面图

●【学习目标】

1. 了解断面图的形成及概念。
2. 熟悉断面图的标注要求。
3. 熟悉断面图与剖面图的异同。
4. 掌握断面图的分类。
5. 掌握断面图的绘制要求。

一、断面图的基本概念

断面图是用假想的剖切平面将形体断开，移开剖切平面与观察者之间的部分，用正投影的方法，仅画出形体与剖切平面接触部分的平面图形，而剖切后按投影方向可能见到形体的其他部分的投影不画，并在图形内画上相应的材料图例的投影图，如图 3-61 所示。

断面图常用来表示物体局部断面形状。

二、断面图的标注

（1）用剖切位置线表示剖切平面的位置，用长度为 6~10mm 的粗实线绘制。

（2）在剖切位置线的一侧标注剖切符号的编号，按顺序连续编排，编号所在的一侧应为该断面剖切后的投影方向。

（3）在断面图下方标注断面图的名称，如 X—X，并在图名下画一粗实线，长度以图名所占

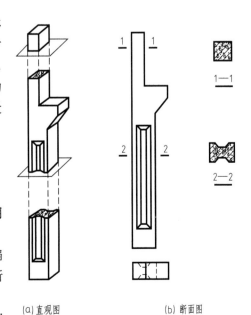

(a)直观图　　　　(b)断面图

图 3-61　断面图

长度为准。如图 3-61 （b） 所示。

三、断面图与剖面图的区别与联系

断面图与剖面图的对比，如图 3-62 所示。

（1） 在画法上，断面图只画出形体被剖开后断面的投影，而剖面图除了要画出断面的投影，还要画出形体被剖开后剩余部分全部的投影。

（2） 断面图是断面的面的投影，剖面图是形体被剖开后体的投影。

（3） 剖切符号不同。剖面图用剖切位置线、剖视方向线和编号来表示，断面图则只画剖切位置线与编号，用编号的注写位置来代表剖视方向。

（4） 剖面图的剖切平面可以转折，断面图的剖切平面不能转折。

（5） 剖面图是为了表达形体的内部形状和结构，断面图常用来表达形体中某一个局部的断面形状。

（6） 剖面图中包含断面图，断面图是剖面图的一部分。

（7） 在形体剖面图和断面图中被剖切平面剖到的轮廓线都用粗实线绘制。

（8） 剖面图或断面图，如与被剖图样不在同一张图内，应在剖切位置线的另一侧注明其所在图纸的编号，也可在图上集中说明，如图 3-63 所示。

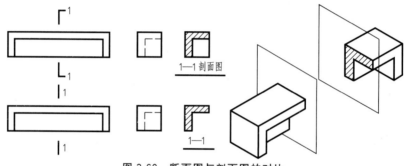

图 3-62 断面图与剖面图的对比

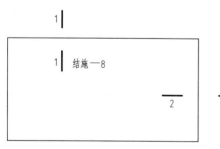

图 3-63 剖面图与断面图与被剖图样不在同一张图内的表示

四、断面图的分类

根据断面图所在的位置不同，断面图分为移出断面图、中断断面图和重合断面图 3 处形式。

（一） 移出断面图

把断面图画在形体投影图的轮廓线之外的断面图称为移出断面图，如图 3-64 所示。

特别提示：

（1） 断面图应尽可能地放在投影图的附近，以便于识图。

（2） 断面图也可以适当地放大比例，以便于标注尺寸和清晰地表达内部结构。

（3） 在实际施工图中，如梁、基础等都用移出断面表达其形状和内部结构。

（二） 中断断面图

把断面图直接画在视图中断处的断面图称为中断断面图，如图 3-65 所示。

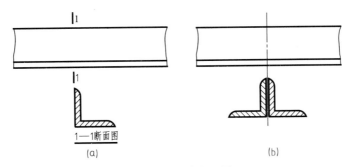

图 3-64　移出断面图

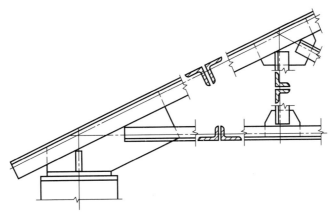

图 3-65　中断断面图

绘制断面图时需要注意：

（1）断面轮廓线用粗实线。

（2）中断断面图不需要标注。

（3）中断断面图适用于表达较长并且只有单一断面的杆件及型钢。

（三）重合断面图

把断面图直接画在投影图轮廓线之内，使断面图与投影图重合在一起的断面图称为重合断面图，如图 3-66 所示。

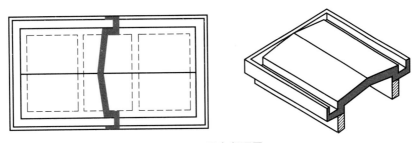

图 3-66　重合断面图

特别提示：

（1）重合断面图的比例必须和原投影图的比例一致。

（2）重合断面图，不需标注。

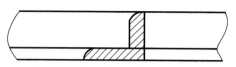

图 3-67　轮廓线闭合的重合断面图

（3）断面图的轮廓线可能闭合，如图 3-67 所示，也可能不闭合，如图 3-68 所示。当断面图不闭合时，应在断面图的轮廓线之内沿着轮廓线边缘加画 45°细实线。

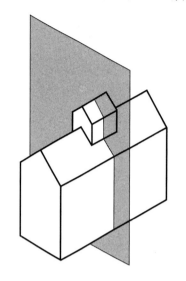
(a) 剖削切平面切屋顶直观图

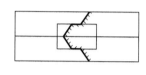
(b) 重合断面图

图 3-68　轮廓线不闭合的重合断面图

○ 思考与练习 ○

1. 断面图与剖面图有哪些区别与联系？
2. 断面图与剖面图有哪些种类？

》》第七节　简化画法

◉ 【学习目标】

熟悉工程图样常用的三种简化画法。

为了读图和绘图方便，制图标准规定了以下在工程图样常用的简化画法。

一、对称简化画法

构配件的视图有一条对称线，可只画该视图的一半视图，有两条对称线，可只画该图的 1/4，并画出对称符号，如图 3-69 所示。对称符号用两段长度约为 6～10mm、间距 2～3mm

的平行线表示，对称线垂直平分于两对平行线，两端超出平行线 2～3mm 为宜，用实线绘制，图形也可稍超出其对称线，此时可不画对称符号，如图 3-70 所示。

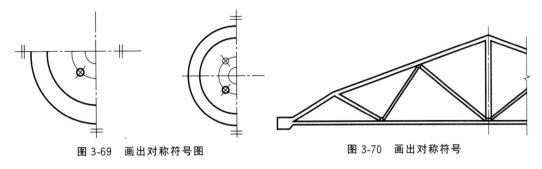

图 3-69　画出对称符号图　　　　　　　　　　图 3-70　画出对称符号

二、相同要素画法

当构配件内有多个完全相同而连续排列的构造要素时，可仅在两端或适当位置画出其完整形状，其余部分以中心线或中心线交点表示，如图 3-71 所示。

三、折断画法

较长的构件，如沿长度方向的形状相同或按一定规律变化，可断开，省略绘制，断开处应以折断线表示，如图 3-72 所示。

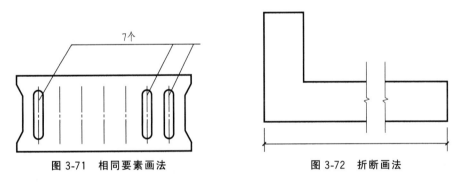

图 3-71　相同要素画法　　　　　　　　　　图 3-72　折断画法

思考与练习

工程图样常用的三种简化画法分别是什么？

第四章
建筑施工图

第一节　建筑施工图概述

【学习目标】

1. 了解一般民用建筑的主要组成部分及其作用。
2. 熟悉建筑施工图的组成和图示内容。
3. 掌握建筑工程施工图的常用比例，以及识读建筑施工图的要点；建筑工程施工图中常用的符号、图例等。

"建筑"的含义，通常认为是建筑物和构筑物的总称。建筑物又称为"建筑"。一般是把供人们生活居住、工作学习、娱乐和从事生产的建筑称为建筑物，如住宅、学校、办公楼、影剧院、体育馆等。所谓构筑物就是不具备、不包含或不提供人类居住功能的建筑，如水塔、蓄水池、烟囱、贮油罐等。建筑的建造是国家基本建设任务的一项重要内容。对于从事消防工程和消防管理的人员来说，无论从事建筑审核、火灾原因调查、防火管理、火灾指挥等消防业务，都需要掌握一定的绘图和识图能力，能够绘制和阅读一般建筑工程图纸是消防员的一项基本的技能要求。

一、建筑的主要组成部分

建筑物按其使用功能通常可分为工业建筑、农业建筑及民用建筑，工业建筑包括各类厂房、仓库、发电站等；农业建筑包括谷仓、饲养场、农机站等。在民用建筑中，一般又分为居住建筑和公共建筑两种。住宅、宿舍、公寓等属于居住建筑；而学校、宾馆、博物馆以及车站、码头、飞机场和运动场则属于公共建筑。

各种不同的建筑物，尽管它们在使用要求、空间组合、外形处理、结构形式、构造方式及规模大小等各自有着种种特点，但构成建筑物的主要部分是基础、墙（或柱）、楼（地）面、屋顶、楼梯和门、窗等。此外，一般建筑物尚有台阶（坡道）、雨篷、阳台、雨水管、明沟（或散水）以及其他各种构配件和装饰等等。这些构件、配件和装修构造，有些起着直接或间接地支承风、雪、人、物和建筑本身重量等荷载的作用，如屋面、楼板、梁、柱、墙、基础等；有些起着防止风、沙、雨、雪和阳光的侵蚀和干扰作用，如屋面、雨篷和外墙等；有些起着沟通建筑内外或上下交通的作用，如门、走廊、楼梯、台阶等；有些起着通风、采光的作用，如窗等；有些起着排水的作用，如天沟、雨水管、散水、明沟等；有些起着保护墙身的作用，如勒脚、防潮层等。

图4-1、图4-2是一幢四层楼招待所的一部分示意图，图中采用了水平剖切和垂直剖切后的轴测图表示了该招待所的内部组成部分和主要构造形式，但不表明详细构造。

该建筑是由钢筋混凝土构件和承重砖墙组成的混合结构。其中钢筋混凝土基础承受上部建筑的荷载并传递到地基；内外墙起着承重、围护（挡风雨、隔热、保温）和分隔作用；分隔上下层的有预应力多孔板及其面层所组成的楼面（又称楼盖）和担负垂直交通联系的现浇钢筋混凝土楼梯；还有用多孔板上加设保温、隔热和防水层组成的上部围护结构的屋顶层（又称屋盖）；并为了使室内具有良好的采光和通风，以及造型上的不同要求，在建筑的内、外墙上设有各种不同型号的门和窗。此外，该建筑的东南端设有阳台、西南端底层主要出入口处设有台阶和转角雨篷；各内外墙上均设有保护墙身和墙脚的墙裙、踢脚和勒脚等；还有花台、雨水管、明沟和内外装饰性的花饰和花格等。在该建筑的顶部还设有水箱。

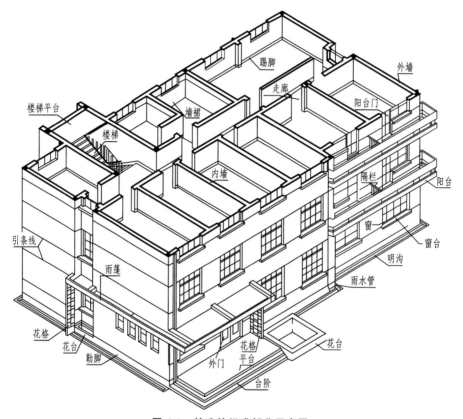

图 4-1　某建筑组成部分示意图

1. 基础

基础位于墙或柱的下部，作用是承受上部荷载（重量），并将荷载传递给地基。

2. 柱、墙

柱、墙的作用是承受梁或板传来荷载，并将荷载传递给基础，它是建筑的竖向传力构件。墙还起组成建筑空间和内部水平分隔的作用。墙按受力情况分为承重墙和非承重墙（也称隔墙）。

3. 梁

梁的作用是承受板传来荷载，并将荷载传递给柱或墙，它是建筑的水平传力构件。

4. 楼板和屋面板

楼板和屋面板是划分建筑内部空间的水平构件，同时又承受板上荷载作用，并把荷载传递给梁。

5. 门、窗

门的主要功能是交通和分隔房间，窗的主要功能是通风和采光，同时还具有分隔和维护的作用。

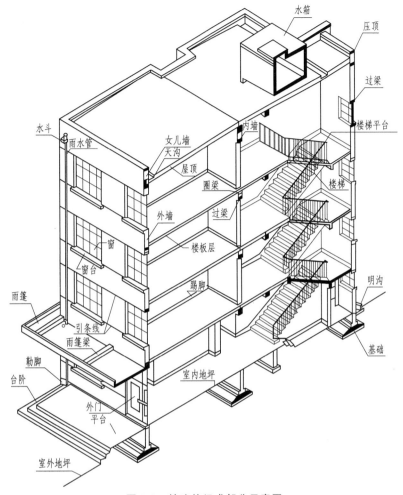

水箱
压顶
过梁
楼梯平台
内墙
水斗
雨水管
女儿墙
天沟
屋顶
圈梁
楼梯
外墙
过梁
楼板层
窗
踢脚
窗台
引条线
雨篷
明沟
雨篷梁
基础
勒脚
台阶
室内地坪
外门
平台
室外地坪

图 4-2　某建筑组成部分示意图

6. 楼梯

楼梯是各楼层之间垂直交通设施，为上下楼层用。

7. 其他建筑配件

其他建筑配件包括地面、走道、台阶、花池、散水、勒脚、屋檐、雨篷。

二、建筑工程图内容和用途

建造建筑要经过两个过程：一是设计；二是施工。而设计也可分成两个阶段。第一阶段的设计需要把想象中的建筑用图形表示出来，这个阶段称为初步设计阶段。设计过程用来研究、比较、审批等反映建筑功能组合、建筑内外概貌和设计意图的图样，称为建筑初步设计图，简称设计图。第二阶段的设计是在初步设计的基础上，增加技术设计，协调各工种的矛盾，这个阶段称为施工图设计，为施工服务的图样，称为建筑工程图。

建筑工程图由于专业分工的不同，可分为建筑施工图（简称建施）、结构施工图（简称结施）和设备施工图（如给排水、采暖通风、电气等，简称设施）。

一套建筑施工图一般由图纸目录、施工总说明、建筑施工图、结构施工图、设备施工图等组成。具体内容见表 4-1，本章仅概括地叙述建筑施工图的内容和绘制方法。

建筑施工图是在确定了建筑平、立、剖面初步设计的基础上绘制的，它必须满足施工建造的要求。建筑施工图是表示建筑物的总体布局、外部造型、内部布置、细部构造、内外装饰以及一些固定设施和施工要求的图样，它所表达的建筑构配件、材料、轴线、尺寸（包括标高）和固定设施等必须与结构、设备施工图取得一致，并互相配合与协调。

总之，建筑施工图主要用来作为施工放线、砌筑基础及墙身、铺设楼板、楼梯、屋顶、安装门窗、室内外装饰以及编制预算和施工组织计划等的依据。

表 4-1   建筑施工图所含内容

序号	名称	内容
1	图纸目录	列出新绘图纸、所选用的标准图纸或重复利用的图纸等的编号及名称
2	设计总说明	①施工图的设计依据； ②设计规模、建筑面积； ③相对标高与总图绝对标高的对应关系； ④室内室外的用料和施工要求说明，如砖和砂浆的强度等级、墙身防潮层、地下室防水、屋面、勒脚、散水、台阶、室内外装修等做法(可用文字说明或用表格说明，也可直接在图上引注或加注索引符号)，采用新技术、新材料或有特殊要求的做法说明，门窗表(如门窗类型和数量不多时可在建筑平面图上列出)
3	建筑施工图 （简称建施）	主要表示建筑的外部形状、内部布置、构造做法及施工要求。一般包含： ①总平面图； ②平面图； ③立面图； ④剖面图； ⑤构造详图
4	结构施工图(简称结施)	包括结构平面布置图和各构件的结构详图
5	设备施工图(简称设施)	包括给水排水、采暖通风、电气等设备的平面布置图和详图

建筑施工图一般包括施工总说明（有时包括结构总说明）、总平面图、门窗表、建筑平面图、建筑立面图、建筑剖面图和建筑详图等图纸。

本章以某招待所为实例来说明建筑施工图的图示方法、要求和内容的。

○ **思考与练习** ○

1. 建筑的主要组成部分及其作用是什么？
2. 一套完整的建筑工程图该包含哪几部分内容？
3. 一套建筑施工图包含哪些内容？

》第二节　建筑施工图中常用的建筑术语及符号

○ 【学习目标】

1. 了解建筑施工图中常用术语。
2. 熟悉建筑施工图中比例、图线、定位轴线、标高的用法。

3. 掌握建筑施工图的图示特点、建筑工程施工图的常用比例，以及识读建筑施工图的要点；建筑工程施工图中常用的符号、图例等。

一、建筑施工图有关规定及常用建筑术语

建筑施工图除了要符合一般的投影原理，以及视图、剖面和断面等的基本图示方法外，为了保证制图质量、提高效率、表达统一和便于识读，我国制定了国家标准《建筑制图标准》，在绘制施工图时，应严格遵守国家标准中的规定。绘制施工图时，除应符合第二章中的制图基本要求相关内容外，现选择比较重要的几项内容来说明其含义、规定和表示方法。

（1）开间：一间房屋的面宽，即两条横向轴线间的距离，如图4-3所示。

（2）进深：一间房屋的深度，即两条纵向轴线间的距离，如图4-3所示。

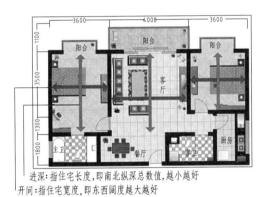
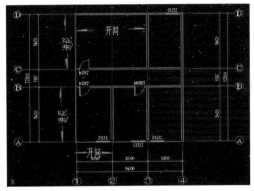

图 4-3　开间与进深

（3）层高：楼房本层地面到相应的上一层地面的竖向尺寸，如图4-4所示。

（4）构筑物：一般指附属的建筑设施，如烟囱、水塔等。

（5）预埋件：建筑物或构筑物中事先埋好作某种特殊用途的小构件。

（6）构造柱：楼房中为抗震而设置的柱子，如图4-5所示。

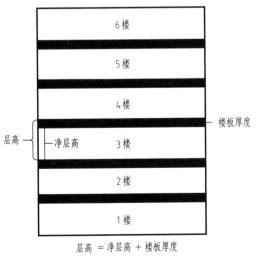

图 4-4　建筑层高与净高

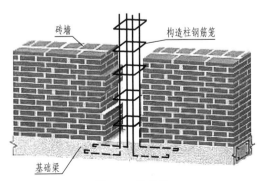

图 4-5　构造柱

（7）埋置深度：指室外地面到基础底面的距离，如图 4-6 所示。

（8）地物：地面上的建筑物、构筑物、河流、森林、道路、桥梁……

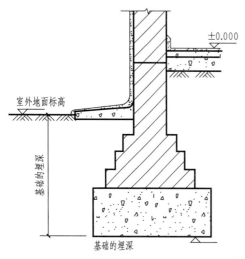

图 4-6 基础埋置深度

（9）地貌：地面上自然起伏的情况，如山地、平原、河谷等。

（10）地形：地球表面上地物和地貌的总称。

（11）地坪：多指室外自然地面。

（12）强度：材料或构建抵抗破坏力的能力。

（13）标号：材料每平方厘米上能承受的拉力或压力。

（14）中心线：对称形的物体一般都要画中心线，它与轴线都要用细点画线表示。

（15）红线：规划部门批给建设单位的占地面积，一般用红色粗点画线表示在图纸上，任何建筑物在设计施工时都不能超过此线，如图 4-7 所示。

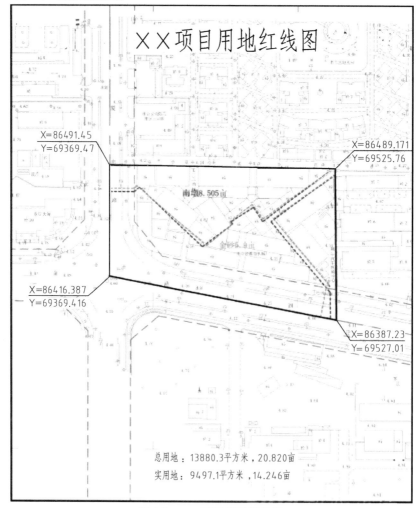

图 4-7 ××项目用地红线图

二、比例

建筑物是庞大的复杂形体，必须采用各种不同的比例来绘制，对于整幢建筑物、建筑物的局部和细部都分别予以缩小画出，特殊细小的线脚等优势不缩小，甚至需要放大画出，但是，建筑内部各部分构造情况，在小比例的平、立、剖面图中有的不可能表示清楚，因此对局部节点就要用较大比例将其内部构造详细绘制出来。因此绘制所用的比例，应该根据图样的用途与被绘对象的复杂程度，从表 1-6 中选取，并优先选用表中的常用比例。

三、图线

在建筑图中，为了表明不同的内容，可采用不同线型和宽度的图线来表达。

建筑施工图的图线线型、宽度仍须按照第二章有关说明来选用。绘图时，首先应按照需要绘制图样的具体情况，选定粗实线的宽度"b"，于是其他线型的宽度也就随之确定。粗实线的宽度"b"一般与所绘图形的比例和图形的复杂程度有关，建议参考表 1-4 所示，作为选择图线宽度时的参考。

四、定位轴线及其编号

建筑施工图中的定位轴线是施工定位、放线的重要依据。凡是承重墙、柱子等主要承重构件都应画上轴线来确定其位置。对于非承重的分隔墙、次要的局部的承重构件等，则有时用分轴线，有时也可注明其与附近轴线的有关尺寸来确定。

定位轴线采用细点画线表示，并予编号。轴线的端部画细实线圆圈（直径 8~10mm）。平面图上定位轴线的编号，宜标注在下方与左侧，横向编号采用阿拉伯数字，从左向右顺序编写，竖向编号采用大写拉丁字母，自下而上顺序编写，如图 4-8 所示。大写拉丁字母的 I，O 及 Z 三个字母不得用为轴线编号，以免与数字混淆，当字母数量不够时，可增用双字母或单字母加数字注脚，如 AB、BA、A1、B1 等，如图 4-8 所示。

定位轴线也可以采用分区编号，编号的注写形式应为"分区号—该区轴线号"，如图 4-9 所示。

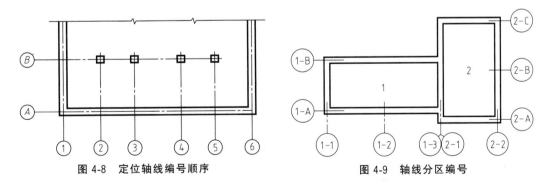

图 4-8　定位轴线编号顺序　　　　　　图 4-9　轴线分区编号

对于非承重的隔断墙、次要的承重构件等，有时可用分轴线来表示。分轴线就是在两个轴线之间所加的附加轴线。其编号用分数表示，分母表示前一轴线的编号，分子表示附加轴线的编号，编号用阿拉伯数字顺序编写，如：

⑴/⑵ 表示 2 号轴线后附加的第一根轴线；

⑴/Ⓑ 表示 C 号轴线后附加的第三根轴线，如图 4-10 所示。

五、标高

建筑工程中，各细致装饰部位的上下表面标注高度的方法称为标高。如室内地面、楼面、顶棚、窗台、门窗上沿、台阶上表面、墙裙上皮、门廊下皮、檐口下皮、女儿墙顶面等部位的高度注法。标高有绝对标高和相对标高两种，均以 m（米）为单位。

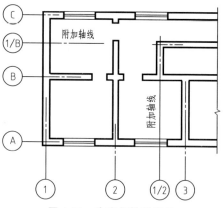

图 4-10　次定位轴线编号

绝对标高：以我国黄海的海平面为绝对标高的零点，其他各地标高都以它为基准。总平面图中的室外整平地面都采用绝对标高。例如图 4-19 所示的总平面图（一）中的室外地坪▼3.70 标高即为绝对标高。

相对标高：建筑施工图上要标注许多的标高，如果都用绝对标高，数字繁琐。除总平面图外都采用相对标高。即把首层地面的高度定为相对标高的零点。写作"±0.000"。负数标高数字前必须加注"－"；正数标高前不写"＋"；标高数字不到 1m 时，小数点前应加写"0"。在总平面图中，标高数字注写形式与上述相同。单体建筑工程的施工图中注写到小数点后第三位，在总平面图中则注写到小数点后两位。

标高是标注建筑物高度的一种尺寸形式。标高符号有▽、▽、△和▼等几种形式，前面三种符号用细实线画出，短的横线为需注高度的界线，长的横线之上或之下标注标高数字，例如在图 4-26、图 4-27 中的$\overset{4.50}{\triangledown}$、$\underset{6.300}{\triangledown}$。标高符号的三角形为一等腰直角三角形，接触短横线的角为 90°，三角形高约为 3mm。在同一图纸上的标高符号应大小相等、整齐划一、对齐画出，如图 4-26、图 4-27、图 4-28 以及图 4-29 所示。图 4-21 中的$\overset{+0.000}{\triangledown}$图 4-22 中$\underset{\overset{6.800}{3.600}}{\triangledown}$的都是用来表明平面图室内地面的标高，不画短横线。

总平面图中和底层平面图中的室外整平地面标高用符号"▼"，标高数字注写在涂黑三角形的右上方，例如▼$^{-0.450}$也可以注写在黑三角形的右面或上方。黑三角形亦为一直角等腰三角形，高约为 3mm，如图 4-11 所示。

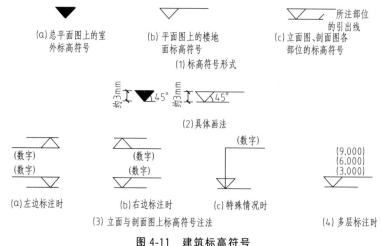

图 4-11　建筑标高符号

六、索引符号和详图符号

1. 索引符号

对于图样中的某一局部或某一部位需另见详图，构件和构件间的构造如需另见详图，应以索引符号索引，即在需要另画详图的部位编上索引符号，并在所画的详图上编上详图符号，两者必须对应一致，以便看图时查找相互有关的图纸。索引符号的圆和水平直径均以细实线绘制，圆的直径一般为 8～10mm 的圆和水平直径组成。当索引的详图与被索引的图在同一张图样内时，在上半圆用阿拉伯数字注出该详图的编号，在下半圆中间画一段水平细实线；当索引的详图与被索引的图不在同一张图样内时，在下半圆中用阿拉伯数字注出该详图所在图纸的编号；当索引的详图采用标准图集时，在圆的水平直径的延长线上加注标准图册的编号。如图 4-12 所示。

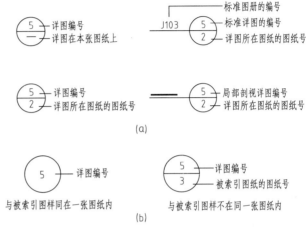

(a)

(b)

图 4-12 索引符号与详图符号

2. 详图符号

详图符号应根据详图位置或剖面详图位置来命名，采用同一名称进行表示。详图符号的圆圈应画成直径为 14mm 的粗实线圆。有关索引符号和详图符号的上述规定和编号方法均如图 4-12 所示。

索引符号和详图符号应严格按制图标准规定标注，有索引符号必须有详图符号，二者缺一不可。

七、引出线

引出线应以细实线绘制，宜采用水平方向的直线或与水平方向成 30°、45°、60°、90°的直线，或经上述角度再折为水平线。文字说明宜写在水平线的上方，也可注写在水平线的端部，如图 4-13 所示。

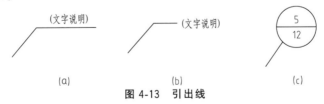

图 4-13 引出线

同时引出几个相同部分的引出线，宜互相平行，也可画成集中于一点的放射线，如图 4-14 所示。

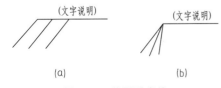

图 4-14 共同引出线

多层构造或多层管道共用引出线，应通过被引出的各层，并应用圆点示意对应各层次。文字说明注写在水平线的上方，或注写在水平线的端部，说明的顺序应由上至下，并应与被说明的层次相互一致，如图 4-15 所示。如层次为横向排序，则由上至下的说明应与由左至右的层次相互一致。

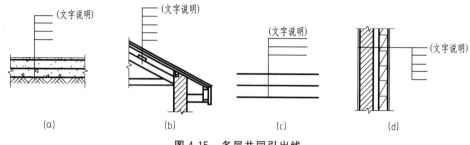

图 4-15　多层共同引出线

八、尺寸

尺寸单位除标高及建筑总平面图以 m（米）为单位外，其余一律以 mm（毫米）为单位。尺寸的基本注法见第一章。

表 4-2　材料图例

图例	名称	图例	名称
	自然土壤		耐火砖
	素土夯实		空心砖
	毛石		饰面砖
	钢筋混凝土		矿渣
	毛石混凝土		纤维材料
	木材		泡沫材料
	玻璃		木材
	普通砖、硬质砖		胶合板
	非承重的空心砖		金属
	砂灰土及粉刷材料		瓷砖或类似材料
	砂石乐石及碎砖三合土		多孔材料或耐火砖

注：1. 同一格图例中画有两个图例时，左图为立面，右图为剖面。仅有一个图例时为剖面。
2. 图例中的斜线、短斜线、交叉线等一律为45°角倾斜。
3. 详细说明见国家标准建筑工程制图基本规定。

九、字体

图纸上的字体，不论汉字、阿拉伯数字、汉语拼音字母或罗马数字，都应按照第一章中的规定执行。

十、图例及代号

建筑物和构筑物是按比例缩小绘制在图纸上的，对于有些建筑细部、构件形状以及建筑材料等，往往不能如实画出，也难以用文字注释来表达清楚，所以都按统一规定的图例和代号来表示，可以得到简单而明了的效果。因此，建筑工程制图规定有各种各样的图例。表4-2 为材料图例。常用的总平面图例如表4-3 所示、表4-4 为园林景观绿化图例，建筑图例如表4-5 所示。

十一、指北针及风向频率玫瑰图

1. 指北针

在底层建筑平面图上，均应画上指北针。单独的指北针，其细实线圆的直径一般为24mm，指针尾端的宽度为3mm，宜为圆直径的1/8。如图4-16 所示。

2. 风玫瑰图

在建筑总平面图上，为了表示一个地区在某一时间内的风频、风速、气流等实际情况，绘制风向频率玫瑰图，简称风玫瑰图。风玫瑰图在气象统计、城市规划、工业布局等方面有着十分广泛的应用。最常见的风玫瑰图是一个圆，圆上引出 8 条或 16 条放射线，它们代表不同的方向，在各方向线上按各方向风的出现频率，截取相应的长度，将相邻方向线上的截点用直线连接成闭合折线图形。如图 4-17 所示。全国各地主要城市风玫瑰图见《建筑设计资料集》。有的总平面图上也有只画上指北针而不画风玫瑰图的，因为不是每一城市都有风玫瑰图。

图 4-16 指北针

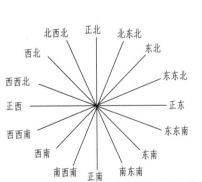
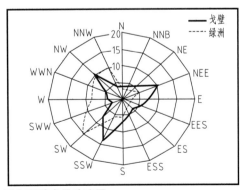

图 4-17 全国主要城市风玫瑰图

十二、坡度

在施工图中对倾斜部分的标注，通常用坡度（斜度）来表示，当坡度方向不明显时，在坡度的数字下面应加注坡度符号，坡度符号一般指向下坡方向。坡度的表示情况如图 4-18 所示。

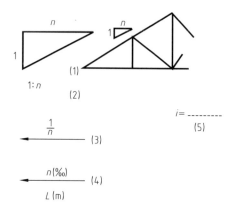

注：坡度较大时采用(1)；坡度一般时采用(2)；
坡度平坦且坡度方向不明显时采用(3)；
道路及路面的坡度标志本图适用于总图(4)；
管道的坡度标志(5)。

图 4-18 共同引出线

思考与练习

1. 建筑工程施工图常用的绘图比例有哪些？

2. 什么是定位轴线、附加定位轴线？平面定位轴线如何标注？

3. 索引符号和详图符号的意义是什么？

第三节 施工总说明及建筑总平面图

【学习目标】

1. 了解施工总说明的的内容。

2. 熟悉建筑总平面图的形成、用途、内容。

3. 掌握及识读总平面图的绘制步骤及常用方法。

一、施工总说明

施工总说明主要对图样上未能详细注写的用料和做法等的要求作出具体的文字说明。中小型建筑的施工总说明一般放在建筑施工图内。

某招待所工程施工总说明如下。

1. 放样

以北边原有仓库为放样依据，按总平面图所示尺寸放样。

102

2. 设计标高

室内地坪标高±0.000 为绝对标高 4.150m，室内外高差 0.450m。

3. 墙身

240 厚 MU75 机制砖，M5 混合砂浆砌筑，分隔墙用 120 厚砖墙。基础墙用 MU10 机制砖，M10 水泥砂浆砌筑。

（1）外粉刷及装饰

① 外墙用 1：1.6 混合砂浆打底后，做浅绿色水刷石面层（白水泥＋铬绿＋白石子＋绿玻璃屑），比例由现场做样板后定。

② 窗台、花格用 1：2.5 水泥砂浆粉后，白水泥加 107 胶刷白。

③ 主出入口雨篷用深绿色菱格瓷砖贴面。四层阳台雨篷用白色菱格瓷砖贴面。

④ 阳台分别用白色菱格瓷砖及深绿色菱格瓷砖贴面。

⑤ 用白水泥浆粉引条线和用 1：2 水泥砂浆粉勒脚、西山墙花台及出入口台阶。

⑥ 主出入口花台用灰黑色水磨石面层。

（2）内粉刷及装修

① 平顶：10 厚水泥、石灰、黄砂打底，纸筋灰粉平，刷白二度。

② 内墙：20 厚 1：2、5 石灰砂浆打底，纸筋灰粉面刷白二度，后加奶黄色涂料至窗上口标高处，做 50 宽栗色木挂镜线。底层用白色涂料，奶黄色挂镜线。楼层走廊、楼梯间也用白色涂料。

③ 踢脚线：底层除门厅、走廊、厕所、盥洗室外，其余用 25 厚 1：3 水泥砂浆打底，1：2 水泥砂浆粉面。二～四层除厕所、盥洗室及楼梯外，其余均做深暗红色踢脚线。

④ 厕所用 1200 高普通水磨石墙裙，盥洗室用 1200 高白瓷砖墙裙，底层女厕用 1000 高普通水磨石墙裙，门厅、走廊做 150 高黑色磨石子踢脚。

4. 室内地面

素土夯实＋70 厚道碴压实＋50 厚 150 号混凝土＋30 厚水泥石屑随捣随光。门厅、走廊、盥洗室、厕所部分上做 10 厚普通水磨石面层。基础防潮层做 60 厚 3φ8 钢筋混凝土。

5. 楼面

120 厚预应力多孔板上加 15 厚 1：3 水泥砂浆找平，加 20 厚细石混凝土＋7％氧化铁红随捣随光，踢脚部分做深暗红色。厕所、盥洗室用普通水磨石面层。

6. 屋盖

120 厚顶应力多孔板上加 40 厚 C20 细石混凝土，φ4 双向筋@200，上加 60 厚 1：6 水泥炉碴隔热层，加 20 厚水泥砂浆找平层，上刷冷底子油，再做二毡三油上洒绿豆砂。

7. 基础

70 厚 C10 混凝土垫层。条形基础用 C15 混凝土，柱基用 C20 混凝土。

8. 构件

预应力多孔板 YKB 为上海市混凝土制品厂生产的定型构件。现浇的梁、板、柱、楼梯等构件用 C20 混凝土。

9. 其他

（1）26 号白铁水落管 100×75，白铁水斗，铸铁弯头。

（2）φ150 半圆明沟。

（3）不露面铁件红丹防锈漆二度，露面铁件红丹防锈漆一度，调和漆二度，灰绿色。

（4）门窗五金等配件按标准图配齐。

（5）阳台、出入口平台在平、剖面图上的标高均为平均标高。

（6）楼梯做 30 厚普通水磨石面层，黑色磨石子踢脚，紫红马赛克防滑条。

二、建筑总平面图

建筑总平面图是表明新建建筑所在基地有关范围内的总体布置，它反映新建建筑、构筑物等的位置和朝向，室外场地、道路、绿化等的布置，地形、地貌、标高等以及与原有环境的关系和邻界情况等。

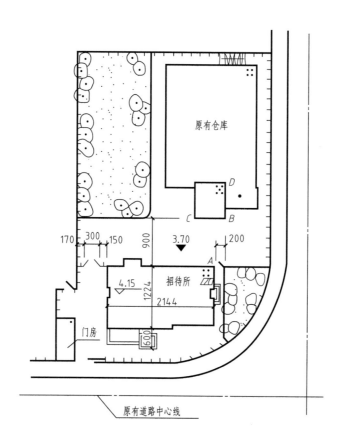

总平面图 1:500

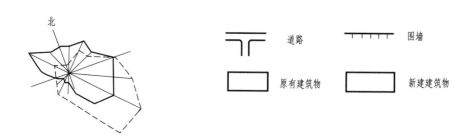

图 4-19 总平面图（一）

建筑总平面图也是建筑及其他设施施工的定位、土方施工以及绘制水、暖、电等管线总平面图和施工总平面图的依据。

1. 某招待所建筑总平面图

图 4-19 为某招待所的总平面图。图中用粗实线画出的图形，是新建招待所的底层平面轮廓，用中粗实线画出的是原有仓库和门房。各个平面图形内的小黑点数，表示建筑的层数。

新建招待所的定位和朝向，是按招待所的东墙面平行于原有仓库的东墙面，并在原有仓库的 BD 墙面之西 2.00m。北墙面位于原有仓库的 BC 墙面之南 9.00m。

基地的四周均设有围墙。

图中围墙外带有圆角的细实线，表示道路的边线，细点画线表示道路的中心线。新建的道路或硬地注有主要的宽度尺寸。

道路、硬地、围墙与建筑物之间为绿化地带。

2. 某疗养院局部建筑总平面图

如图 4-20 所示为某疗养院建筑总平面图的一部分，该基地的范围较大，且地形起伏明显，故画有地形等高线和坐标方格网。建筑总平面图中的建筑、广场和主要道路等是按坐标方格网来定位的。

在地形明显起伏的基地上布置建筑物和道路时，应注意尽量结合地形，以减少土石方工程。即使是同一幢房屋，也可以结合地形来设计，例如图 4-20 中，3 号疗养楼、4 号疗养楼和 5 号疗养楼的底层平面均不在同一标高上。图中每幢疗养楼都分段注出了各部分室内地面的绝对标高。在疗养院基地范围内的全部绿化，另有园林布置总平面图，故在该建筑总平面图中，不再表明绿化的配置。

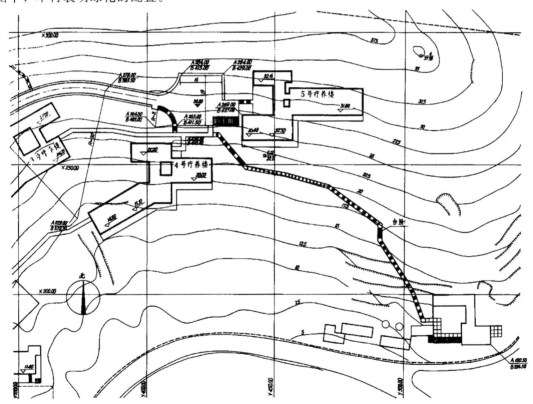

图 4-20　总平面图（二）

三、总平面图的内容

（1）图名、比例。

（2）应用图例来表明新建区、扩建区或改建区的总体布置，表明各建筑物和构筑物的位置，道路、广场、室外场地和绿化等的布置情况以及各建筑物的层数等。在总平面图上一般应画上所采用的主要图例及其名称。此外对于《建筑制图标准》中缺乏规定而需要自定的图例，必须在总平面图中绘制清楚，并注明其名称。

（3）确定新建或扩建工程的具体位置，一般根据原有建筑或道路来定位，并以米为单位标注出定位尺寸。当新建成片的建筑物和构筑物或较大的公共建筑或厂房时，往往用坐标来确定每一建筑物及道路转折点等的位置。当地形起伏较大的地区，还应画出地形等高线。

（4）注明新建建筑底层室内地面和室外整平地面的绝对标高。

（5）画上风向频率玫瑰图及指北针，来表示该地区的常年风向频率和建筑物、构筑物等的朝向，有时也可只画单独的指北针。

四、总平面图的识图注意事项

（1）看图名、比例及有关文字说明。总平面图包括的地面范围较大，所以绘制比例较小，其内容多数是用符号来表示的，所以要熟悉各种图示符号的意义。常见的总平面图图例符号见表 4-3，园林景观绿化图例符号见表 4-4。

表 4-3　总平面图图例

名称	图例	说明	名称	图例	说明
新建的建筑物	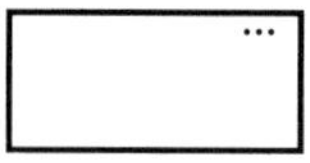	新设计的建筑右上角以点数表示层数(如果楼层较多,可用数字表示)	拆除的建筑物		用细实线表示
	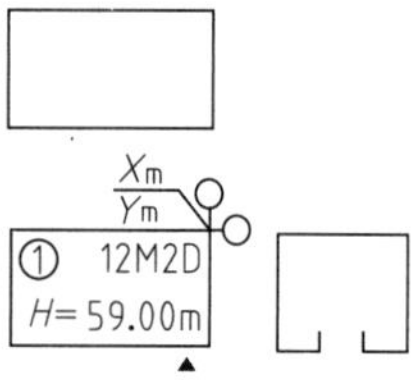 X_m Y_m ① 12M2D $H=59.00m$	新建建筑物以粗实线表示与室外地坪相接处±0.00外墙定位轮廓线	其他材料露天堆场或露天作业场	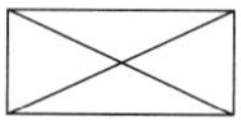	需要时可注明材料名称
		地下建筑用粗虚线表示	散状材料露天堆场	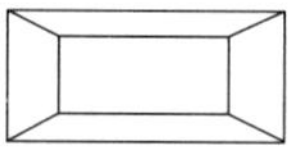	需要时可注明材料名称
		建筑物上部（±0.00以外）外挑建筑用细实线表示	围墙及大门	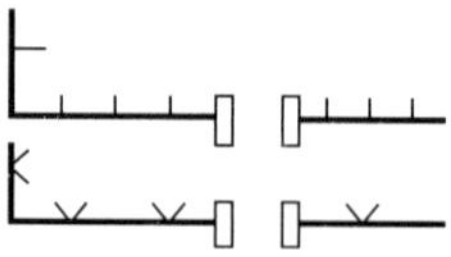	上图表示砖块、混凝土或金属材料围墙　下图表示镀锌铁丝网、篱笆等围墙,如仅表示围墙时不画大门
原有的建筑物		用细实线表示	建筑物下通道	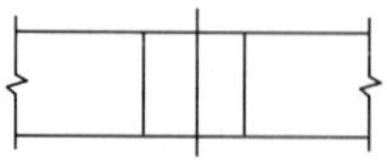	
计划扩建的预留地或建筑物		用中粗虚线表示	挡土墙	5.00 ▽ 1.50	被挡的土在"突出"的一侧　挡土墙根据设计阶段的需要标出墙顶标高墙底标高

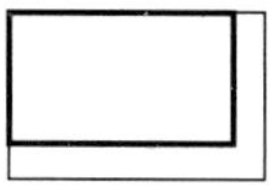

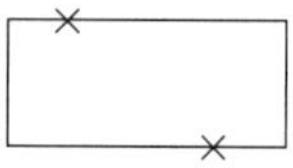

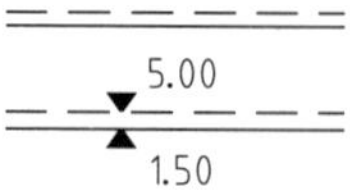

名称	图例	说明	名称	图例	说明
桥梁	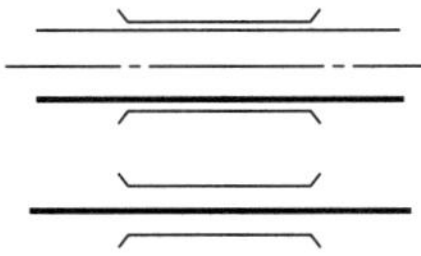	1. 上图表示公路桥 下图表示铁路桥 2. 用于旱桥时应注明	草坪		
铺砖场地			室内地坪标高	154.20	数字平行于建筑物书写
指北针	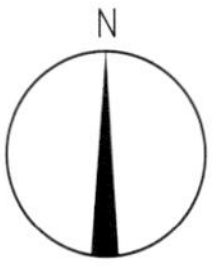 N		室外标高	143.00	室外标高也可采用等高线
			计划道路		用中虚线表示
			原有道路		细实线
敞篷或敞廊	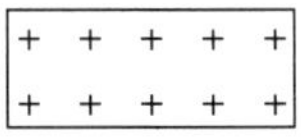	需要时可注明材料名称	拆除的道路		
跌水			烟囱		实线为烟囱下部直径,虚线为基础
消火栓♯			雨水口		
有盖排水沟	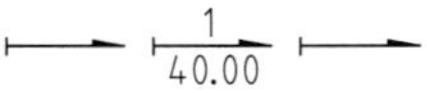 1/40.00		水池、坑槽		
新建的道路	 6 72.00 R9 47.50	新建的道路 "R9"表示道路转弯半径为9cm, "47.50"为路面中心标高,"6"表示6%为纵向坡度, "72.00"表示变坡点间距离	填挖边坡	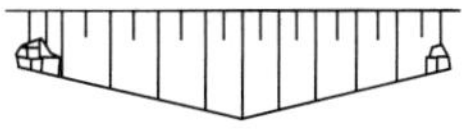	边坡较长时,可在一端或两端局部表示
			盲道	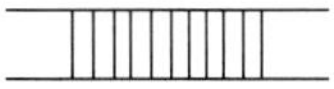	
架空索道	 I I	"I"为架空位置	地下车库入口	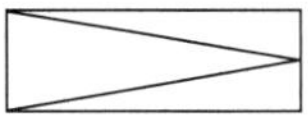	机动车停车场
人行道			方格网交叉点标高	 −0.50 77.85 78.35	"78.35"为原地面标高,"77.85"为设计标高,"−0.50"为施工高度,"−"表示挖方,"+"表示填方
洪水淹没线	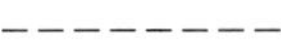	洪水最高水位以文字标识			
水塔、储罐	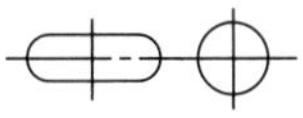	左图为卧式储罐;右图为水塔或立式储罐	高架式料仓	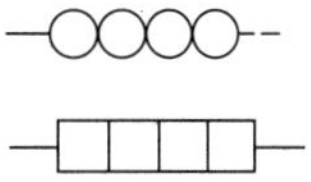	
			地面露天停车场	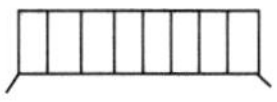	
分水脊线与谷线		表示脊线	露天机械停车场	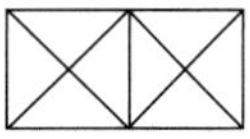	
		表示谷线			
地下建筑或构筑物			斜坡卷扬机道	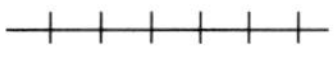	

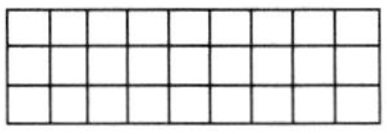

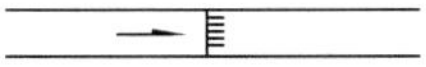

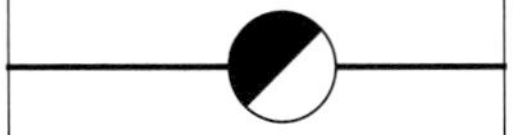

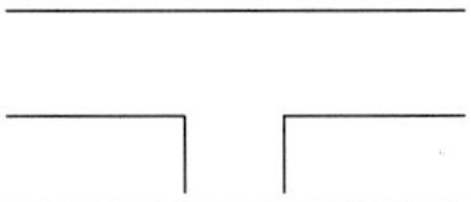

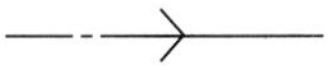

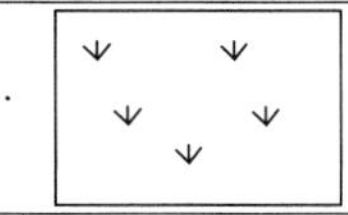

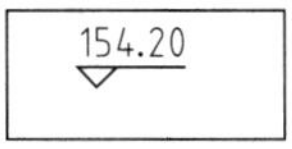

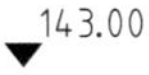

续表

名称	图例	说明	名称	图例	说明
坐标	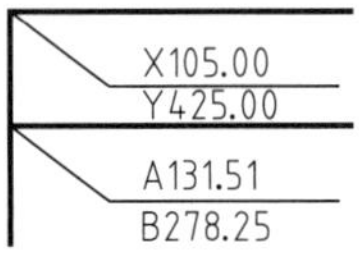 X105.00 Y425.00 A131.51 B278.25	1. 上图表示测量坐标，X 为南北向，Y 为东西方向； 2. 下图表示施工坐标，坐标数字平行于建筑，标注 A 为南北方向，B 为东西方向	斜坡栈桥 （皮带廊等）	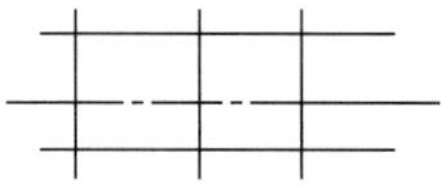	细实线表示支架中心线位置
			台阶及无障碍坡道	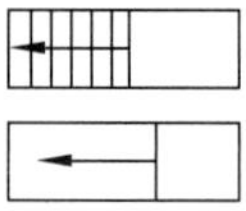	上图表示台阶（级数仅为示意），下图表示无障碍坡道
			冷却塔	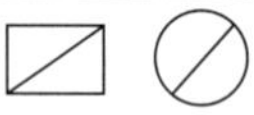	

表 4-4 园林景观绿化图例

常绿针叶乔木	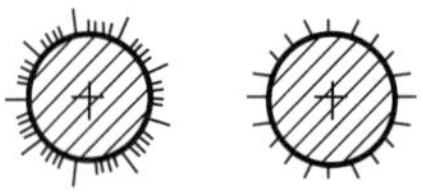	整叶绿篱	
落叶针叶乔木	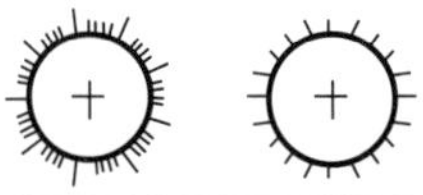	花卉	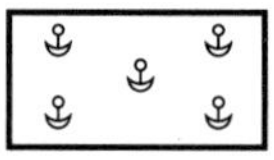
常绿阔叶乔木	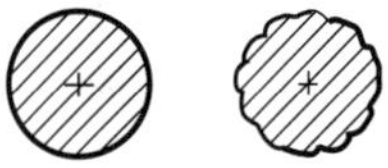	植草砖	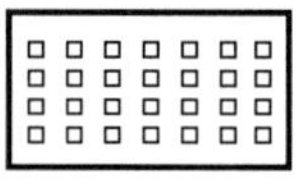
土石假山		独立景石	
一自然水体	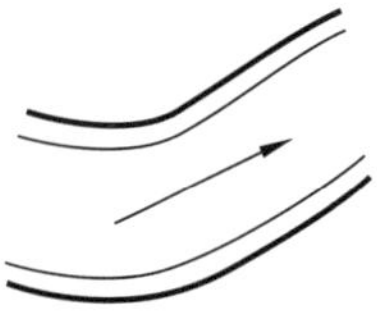	人工水体	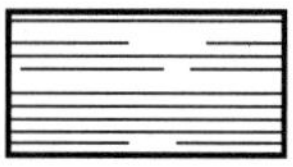
喷泉		针阔混交林	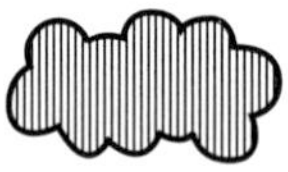

（2）了解新建工程的性质和总体布局。了解各建筑物及构筑物的位置、道路、场地和绿化等的布置情况和各建筑物的层数。

（3）明确新建工程或扩建工程的具体位置。新建工程或扩建工程一般根据原有建筑或道路来定位。当新建成片的建筑物或较大的建筑物时，可用坐标来确定每幢建筑物及道路转折点等的位置。

（4）看新建建筑底层室内地面和室外整平地面的绝对标高，可知室内外地面高差，及正负零与绝对标高的关系。

（5）看总平面图上的指北针或风向频率玫瑰图，可知新建建筑的朝向和常年风向频率。

（6）查看图中尺寸的表现形式，以便查清楚建筑物自身的占地尺寸及相对距离。

（7）总平面图上有时还画上给排水、采暖、电气等的管网布置图，一般与设备施工图配合使用。

---------------------------------○ **思考与练习** ○---------------------------------

1. 建筑总平面包括哪些内容？新建建筑和拟建建筑怎么表示？标高怎么标注？
2. 结合所学内容，绘制一幅学校总平面图。

》》 第四节　建筑平面图

○【学习目标】

1. 了解建筑平面图的形成。
2. 熟悉建筑平面图的组成、用途、内容。
3. 掌握建筑平面图的识图。

一、建筑平面图的形成

建筑平面图实际上是建筑的水平剖面图（除屋顶平面图外），也就是假想用水平的剖切平面在窗台上方把整幢建筑剖开，移去上面部分后的正投影图，习惯上称它为平面图。

建筑平面图主要表示建筑物的平面形状、水平方向各部分（如出入口、走廊、楼梯、房间阳台等）的布置和组合关系、门窗位置、墙和柱的布置以及其他建筑构配件的位置和大小等。底层平面如图 4-21 所示。

图 4-1 是某招待所在三层楼面的窗台上方用水平剖切平面剖开后的轴测图，若与图 4-22 所示的二（三）层平面图对照识读，可以清楚地看出它是一幢中间为走廊、两边为房间的内廊式建筑。

一般地说，多层建筑就应画出各层平面图。但当有些楼层的平面布置相同，或仅有局部不同时，则只需要画出一个共同的平面图（也称标准层平面图）。对于局部不同之处，只需另绘局部平面图。某招待所的二层和三层的内部平面布置完全相同，因此可以合画为"二（三）层平面图"。但在平面图的绘制方面，例如进口踏步、花台、雨水管、明沟等只在底层平面图上表示。进口处的雨篷等只在二层平面图上表示。二层以上的平面图就不再画上踏步、进口雨篷等位置的内容。图 4-22 所示的"二（三）层平面图"实际上是二层平面图，因为三层平面图是无需画上雨篷的顶面图形的。除了底层平面图和屋顶平面图与标准层平面图不会相同而必须另外画出外，该建筑的四层平面布置与二、三层平面布置也不同，所以还需要画出该四层平面图，如图 4-23 所示。

如果顶层的平面布置与标准层的平面布置完全相同，而顶层楼梯间的布置及其画法与标准层不会完全相同时，可以只画出局部的顶层楼梯间平面图。

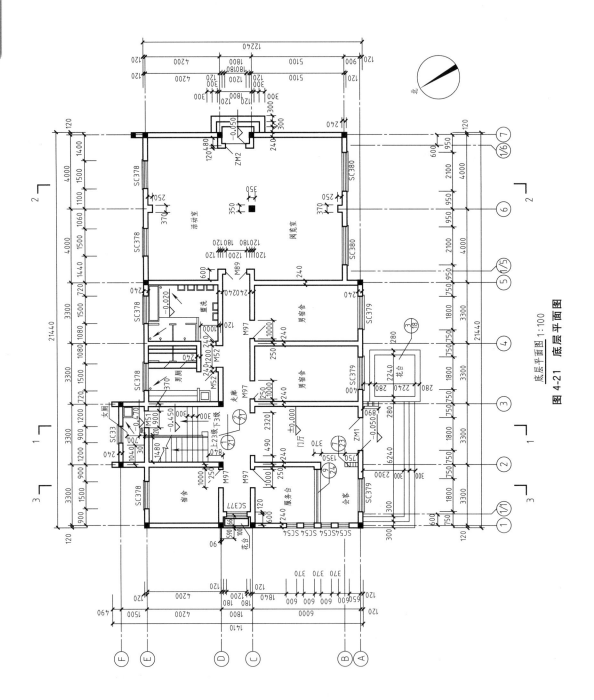

图 4-21　底层平面图

底层平面图 1:100

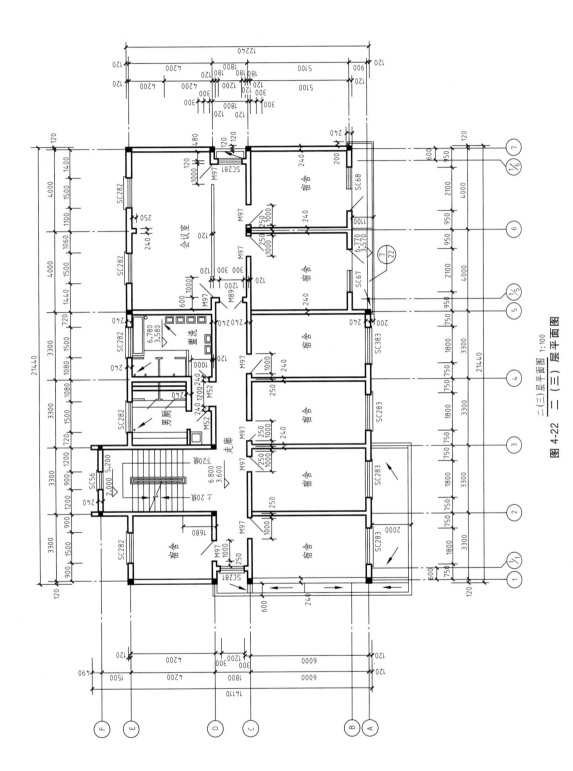

图 4-22 二(三)层平面图

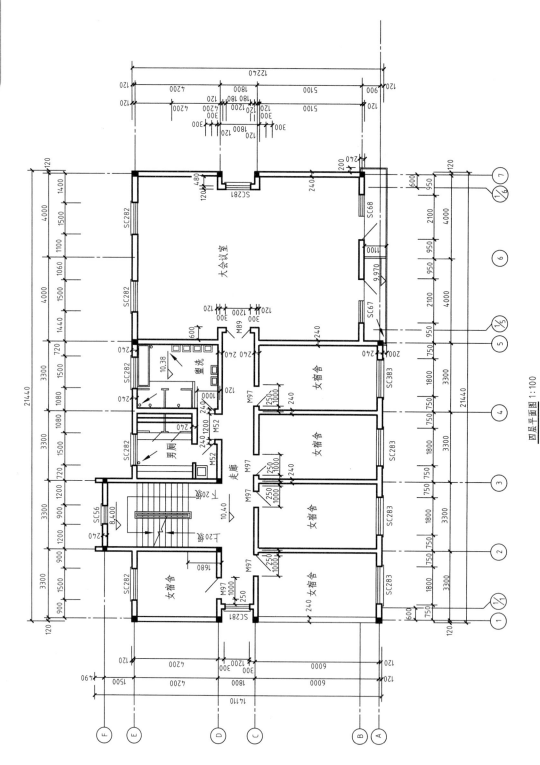

四层平面图 1:100

图 4-23　四层平面图

二、底层平面图的内容和要求

（一）内容

现以图 4-21 所示招待所的底层平面图为例来说明平面图所表达的内容和图示要求。

底层平面图表明了该招待所建筑的平面形状、底层的平面布置情况，即各房间的分隔和组合、房间名称、出入口、门厅、走廊、楼梯等的布置和相互关系，各种门、窗的布置，室外的台阶、花台、室内外装饰以及明沟和雨水管的布置等等。此外，还表明了厕所和盥洗室内的固定设施的布置，并且注写了轴线、尺寸及标高等。

由于底层平面图是底层窗台上方的一个水平剖面图，所以在楼梯间中只画出第一个梯段的下面部分，并按规定，折断线应画成倾斜方向。图中"上 23 级"是指底层到二层两个梯段共有 23 个梯级。梯段的东侧下 3 级通向女厕所。

底层的砖墙厚度均为 240mm，相当于一块标准砖（240mm×115mm×53mm）的长度，故通称一砖墙。图中所有墙身厚度均不包括粉刷层的厚度。底层的东端有较大的活动室和阅览室，中间设有一根断面为正方形的钢筋混凝土柱子。该柱在底层的断面尺寸为 350mm×350mm，在二、三层中的断面缩小为 250mm×250mm，四层则不设柱子。柱子的断面尺寸亦均不包括粉刷层的厚度。

（二）有关规定和要求

1. 定位轴线

定位轴线和分轴线的编号方法见本章第二节。

2. 图线

建筑图中的图线应粗细有别，层次分明。被剖切到的墙、柱的断面轮廓线用粗实线（b）画出。而粉刷层在 1∶100 的平面图中不必画出，在 1∶50 或比例更大的平面图中则用细实线画出。没有剖切到的可见轮廓线，如窗台、台阶、明沟、花台、梯段等用中粗线（0.5b）画出。尺寸线、标高符号、定位轴线的圆圈、轴线等用细实线（0.35b）和细点画线画出。表示剖切位置的剖切线则用粗实线表示。各种图线的宽度可参照表 1-4、表 1-5 的规定选用。

底层平面图中，可以只在墙角或外墙的局部，分段地画出明沟（或散水）的平面位置。实际上，除了台阶和花台下一般不设明沟外，所有外墙墙脚均设有明沟或散水。

3. 图例

平由于平面图一般采用 1∶100，1∶200 和 1∶50 的比例来绘制的，所以门、窗等均按规定的图例来绘制，详见表 4-5 建筑图例。其中用两条平行细实线表示窗框及窗扇，用 45°倾斜的中粗实线表示门及其开启方向。例如用 SC379、SC380 等表示窗的型号，M97、ZM1等表示门的型号（表 4-6 门窗表）。门窗的具体形式和大小可在有关的建筑立面图、剖面图及门窗通用图集中查阅。

门窗表的编制，是为了计算出每幢建筑不同类型的门窗数量，以供订货加工之用。中小型建筑的门窗表一般放在建筑施工图纸内。

在平面图中，凡是被剖切到的断面部分应画出材料图例，但在 1∶200 和 1∶100 的小比例的平面图中，剖到的砖墙一般不画材料图例（或在透明图纸的背面涂红表示），在 1∶50 的平面图中的砖墙往往也可不画图例，但在大于 1∶50 时，应该画上材料图例。剖到的钢筋混凝土构件的断面，一般当小于 1∶50 的比例时（或断面较窄，不易画出图例线时）可涂黑。

表 4-5　常用建筑图例

序号	名　称	图　例		说　明
1	墙体			1. 上图为外墙,下图为内墙 2. 外墙细线表示有保温层或有幕墙 3. 应加注文字或涂色或图案填充表示各种材料的墙体 4. 在各层平面图中防火墙宜着重以特殊图案填充表示
2	隔断			
3	玻璃幕墙			幕墙龙骨是否表示由项目设计决定
4	栏杆			用细实线表示
5	坡道	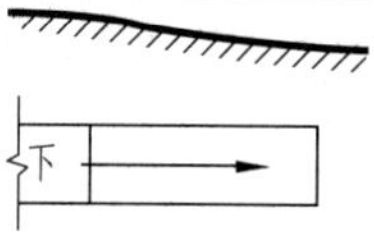		长坡道
6	楼梯	顶层	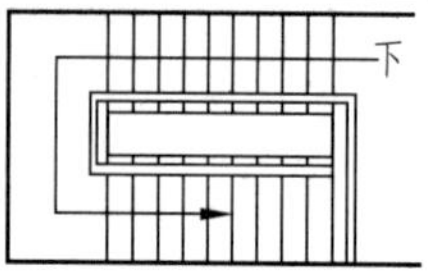	楼梯及栏杆扶手的形式和梯段踏步数按实际情况绘制
		标准层	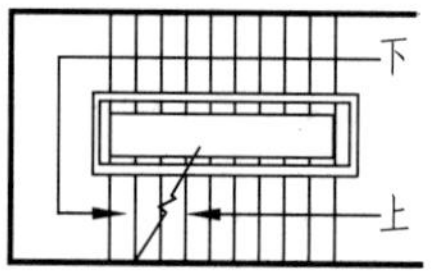	
		底层	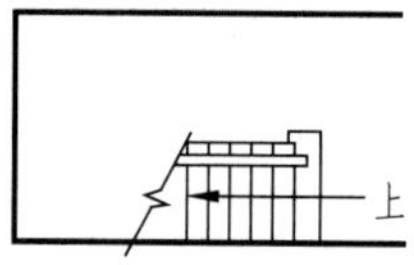	
7	坡道	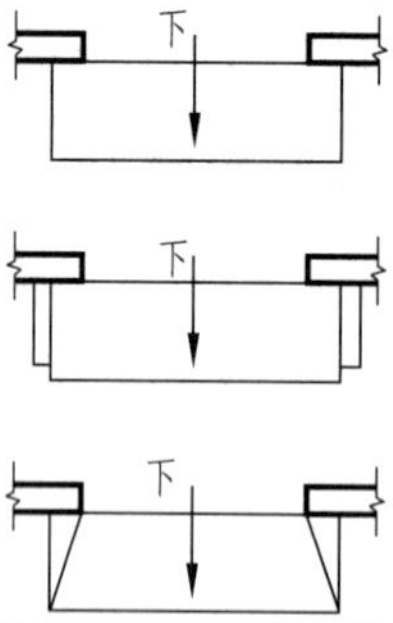		上图为两侧垂直的门口坡道,中图为有挡墙的门口坡道,下图为两侧找坡的门口坡道
8	台阶	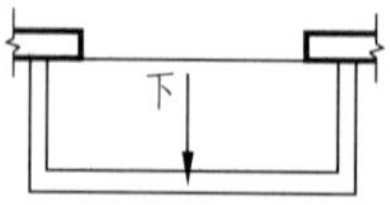		
9	平面高差	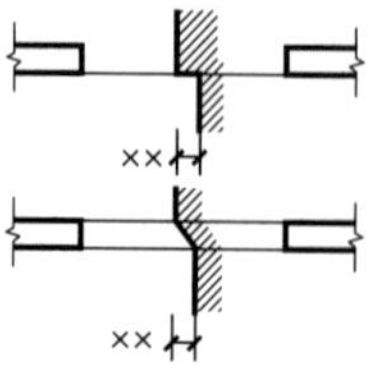		用于高差小的地面或楼面交接处,并应与开启方向协调

序号	名 称	图 例	说 明
10	检查口	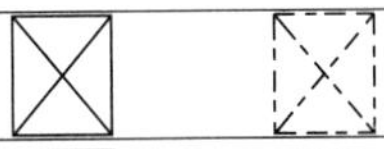	左图为可见检查口,右图为不可见检查口
11	孔洞		阴影部分亦可填充灰色或涂色代替
12	坑槽		
13	烟道	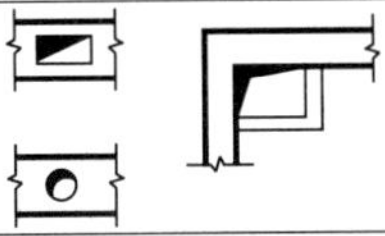	1. 阴影部分可以涂色代替 2. 烟道、风道与墙体为同一材料,其相接处墙身线应连通
14	通风道	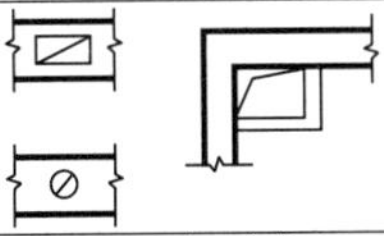	3. 烟道、风道根据需要增加不同材料的内衬
15	墙预留洞、槽	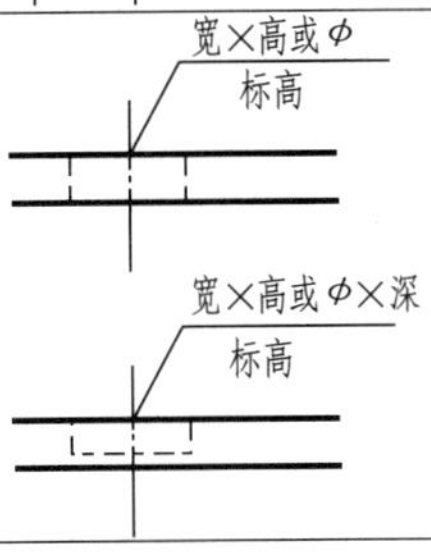 宽×高或φ 标高 宽×高或φ×深 标高	1. 上图为预留洞,下图为预留槽 2. 平面以洞(槽)中心定位 3. 标高以洞(槽)底或中心定位 4. 宜以涂色区别墙体和预留洞(槽)
16	新建的墙和窗	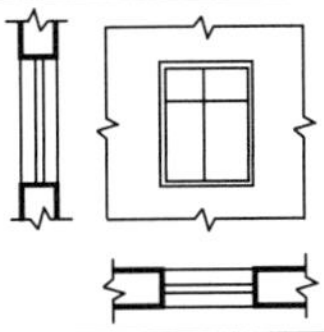	
17	改建时保留的墙和窗	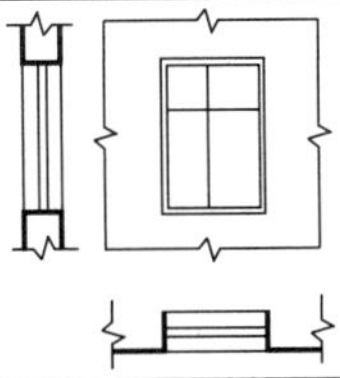	只更换,应加粗窗的轮廓线
18	拆除的墙	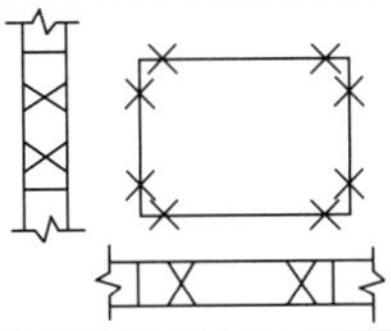	
19	改建时在原有墙或楼板新开的洞	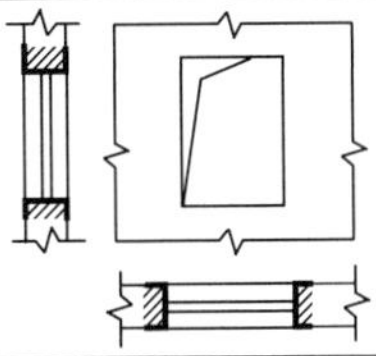	
20	在原有墙或楼板洞旁扩大的洞	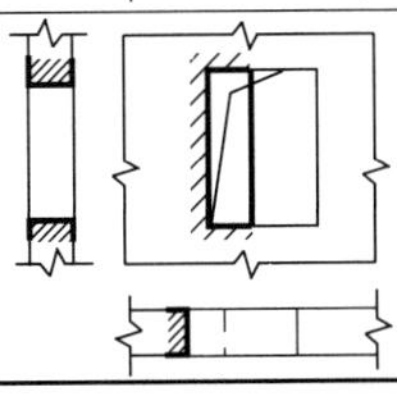	图示为洞口向左边扩大

序号	名　称	图　例	说　明
21	在原有墙或楼板上全部填塞的洞	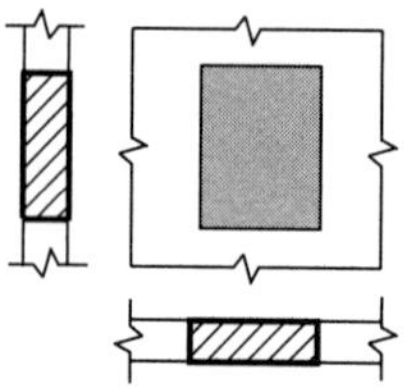	图中立面填灰色或涂色
22	在原有墙或楼板上局部填塞的洞	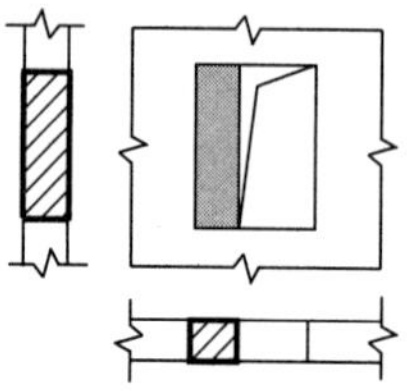	1. 左侧为局部填塞的洞 2. 图中立面图填充灰度或涂色
23	空门洞	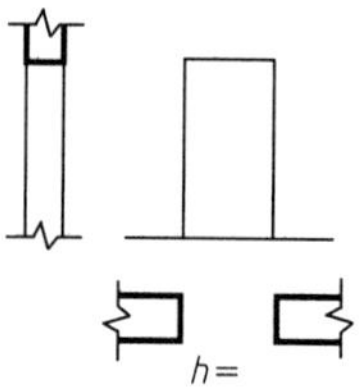 $h=$	h 为门洞高度
24	单扇平开或单向弹簧门	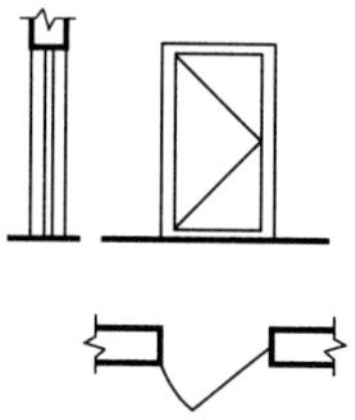	1. 门的名称代号用 M 表示 2. 平面图中,下为外,上为内。门开启线为 90°、60°或 45° 3. 立面图中,开启线实线为外开,虚线为内开。开启线交角的一侧为安装合页一侧。开启线在建筑立面中可不表示,在立面大样图中可根据需要绘出 4. 剖面图中,左为外,右为内 5. 附加纱扇应以文字说明,在平、立、剖面图中均不表示 6. 立面形式应按实际情况绘制
	单扇平开或双向弹簧门		
	双层单扇平开门		
25	单面开启双扇门（包括平开或单面弹簧）	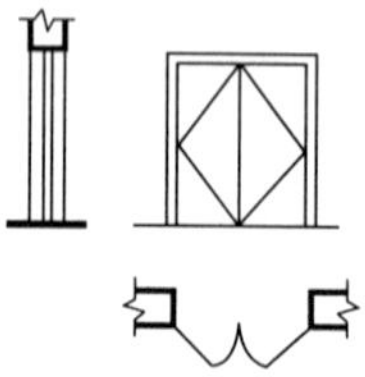	1. 门的名称代号用 M 表示 2. 平面图中,下为外,上为内。门开启线为 90°、60°或 45°

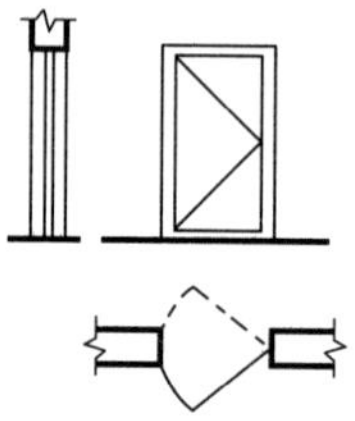

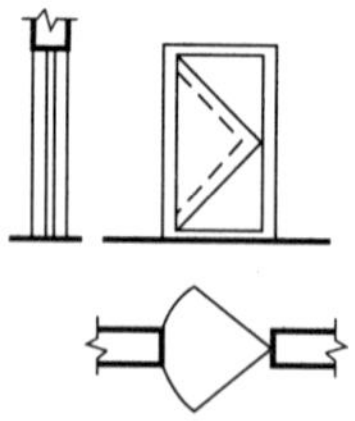

序号	名　称	图　例	说　明
25	双面开启双扇门（包括双面平开或双面弹簧）	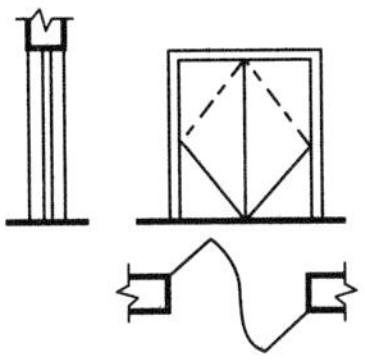	3. 立面图中,开启线实线为外开,虚线为内开。开启线交角的一侧为安装合页一侧。开启线在建筑立面中可不表示,在立面大样图中可根据需要绘出 4. 剖面图中,左为外,右为内 5. 附加纱扇应以文字说明,在平、立、剖面图中均不表示 6. 立面形式应按实际情况绘制
	双层双扇平开门	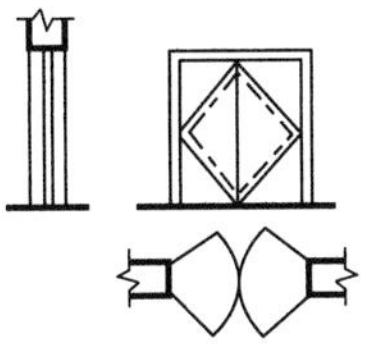	
26	旋转门	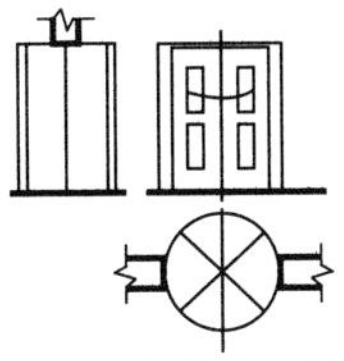	1. 门的名称代号用 M 表示 2. 立面形式应按实际情况绘制
	两翼职能旋转门	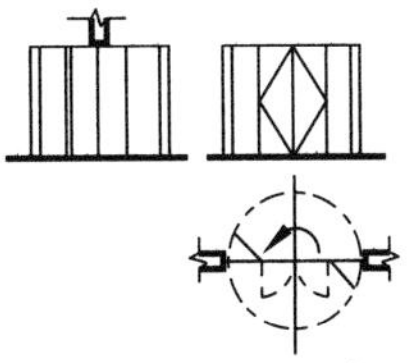	
27	折叠门	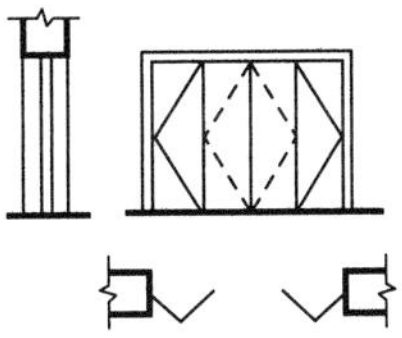	1. 门的名称代号用 M 表示 2. 平面图中,下为外,上为内 3. 立面图中,开启线实线为外开,虚线为内开。开启线交角的一侧为安装合页一侧。剖面图中,左为外,右为内 4. 剖面图中,左为外,右为内 5. 立面形式应按实际情况绘制
	推拉折叠门	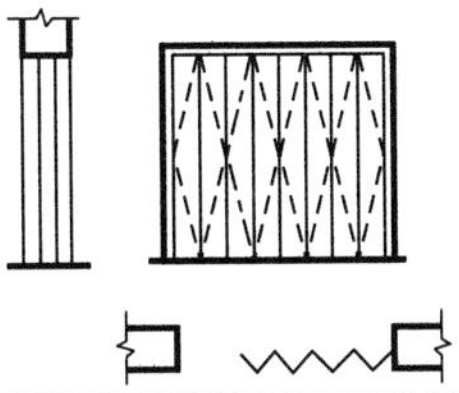	
28	墙洞外单扇推拉门	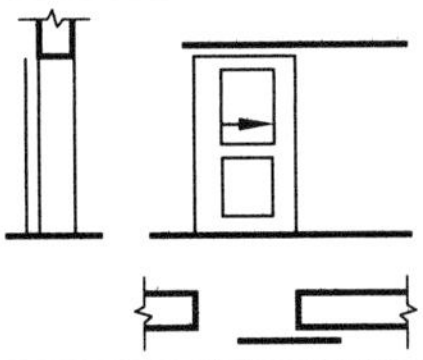	1. 门的名称代号用 M 表示 2. 平面图中,下为外,上为内 3. 剖面图中,左为外,右为内 4. 立面形式应按实际情况绘制
	墙洞外双扇推拉门	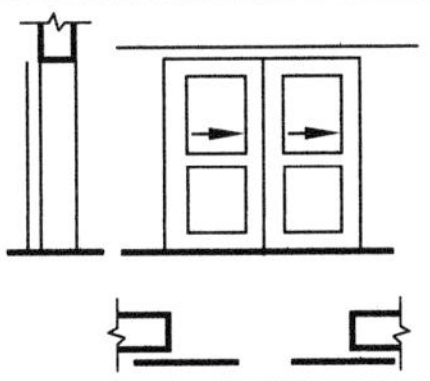	

序号	名　称	图　例	说　明
29	墙中单扇推拉门	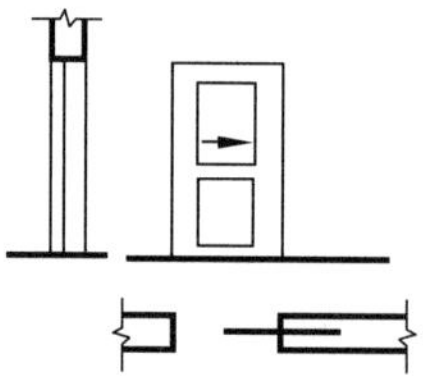	1. 门的名称代号用 M 表示 2. 立面形式应按实际情况绘制
	墙中双扇推拉门	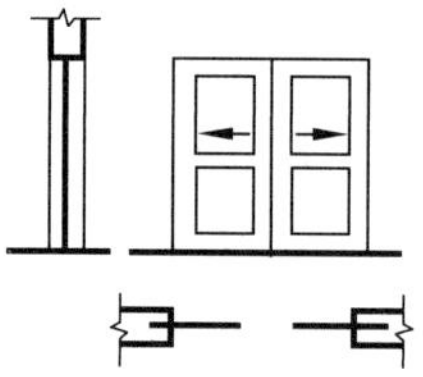	
30	门连窗	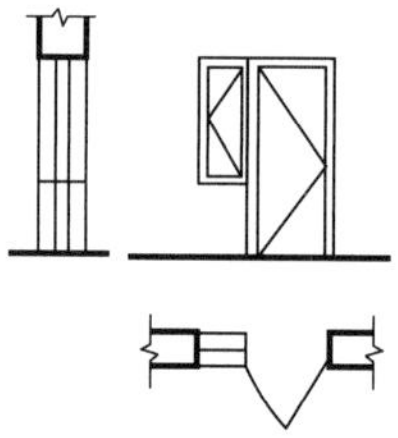	1. 门的名称代号用 M 表示 2. 平面图中,下为外,上为内。门开启线为 90°、60° 或 45° 3. 立面图中,开启线实线为外开,虚线为内开。开启线交角的一侧为安装合页一侧。开启线在建筑立面中可不表示,在立面大样图中可根据需要绘出 4. 剖面图中,左为外,右为内 5. 立面形式应按实际情况绘制
31	推杠门	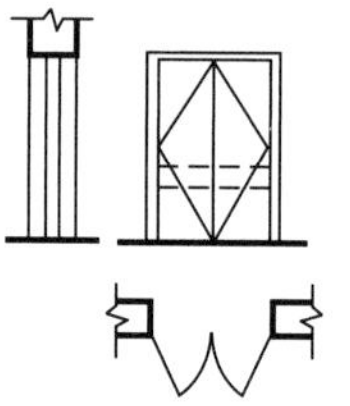	
32	自动门	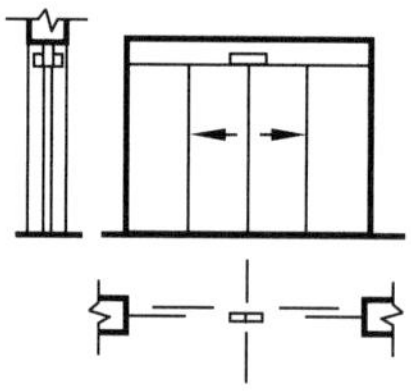	1. 门的名称代号用 M 表示 2. 立面形式应按实际情况绘制
33	折叠上翻门	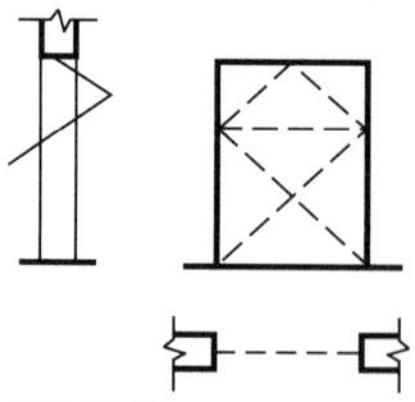	1. 门的名称代号用 M 表示 2. 平面图中,下为外,上为内 3. 剖面图中,左为外,右为内 4. 立面形式应按实际情况绘制
34	横向卷帘门	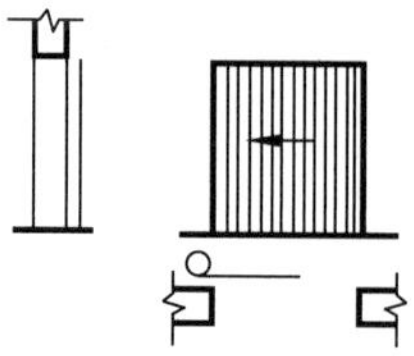	

序号	名　称	图　例	说　明
34	竖向卷帘门		
	单侧双层卷帘门		
	双侧双层卷帘门		
35	人防单扇防护密闭门		1. 门的名称代号用 M 表示 2. 立面形式应按实际情况绘制
	人防单扇密闭门		
36	人防双扇防护密闭门		1. 门的名称代号用 M 表示 2. 立面形式应按实际情况绘制
	人防双扇密闭门		

序号	名　称	图　例	说　明
37	提升门	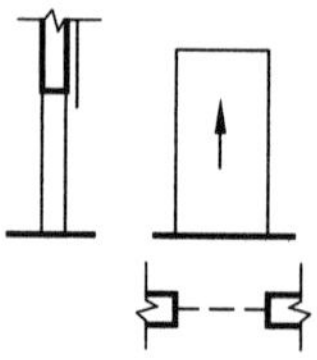	1. 门的名称代号用 M 表示 2. 立面形式应按实际情况绘制
38	分节提升门	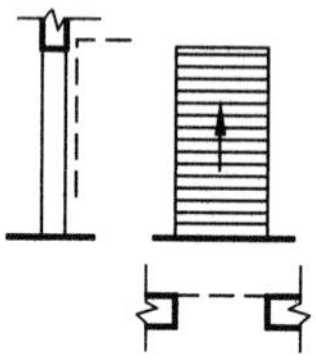	
39	固定窗	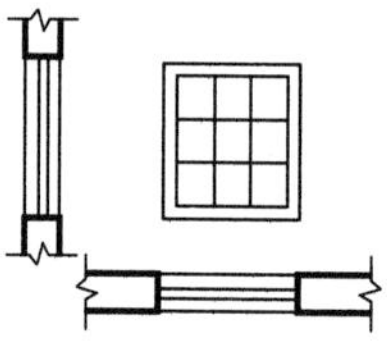	
40	上悬窗	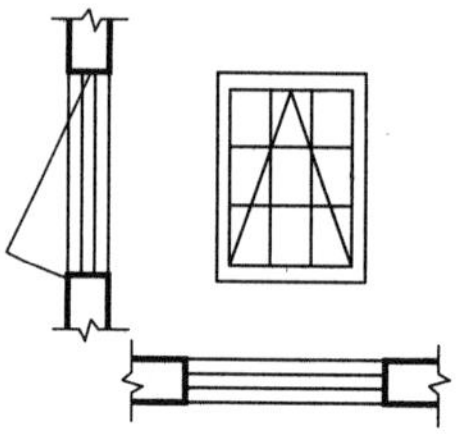	1. 窗的名称代号用 C 表示 2. 平面图中，下为外，上为内 3. 立面图中，开启线实线为外开，虚线为内开。开启线交角的一侧为安装合页一侧。开启线在建筑立面中可不表示，在门窗立面大样图中可根据需要绘出 4. 剖面图中，左为外，右为内，虚线仅代表开启方向，项目设计不表示 5. 附加纱窗应以文字说明，在平、立、剖面图中均不表示 6. 立面形式应按实际情况绘制
40	中悬窗	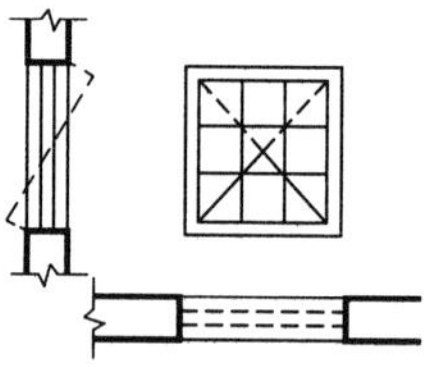	
40	下悬窗	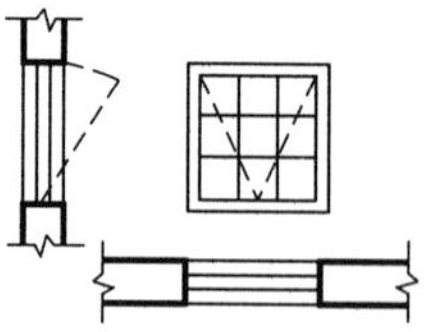	
41	立转窗	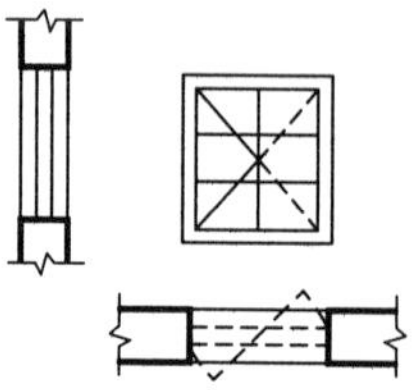	

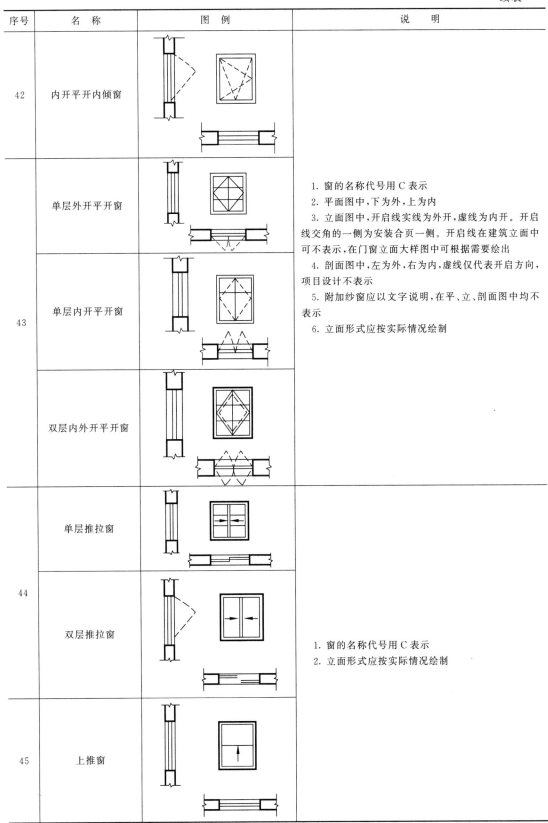

序号	名　称	图　例	说　明
42	内开平开内倾窗		
43	单层外开平开窗		1. 窗的名称代号用 C 表示 2. 平面图中,下为外,上为内 3. 立面图中,开启线实线为外开,虚线为内开。开启线交角的一侧为安装合页一侧。开启线在建筑立面中可不表示,在门窗立面大样图中可根据需要绘出 4. 剖面图中,左为外,右为内,虚线仅代表开启方向,项目设计不表示 5. 附加纱窗应以文字说明,在平、立、剖面图中均不表示 6. 立面形式应按实际情况绘制
	单层内开平开窗		
	双层内外开平开窗		
44	单层推拉窗		
	双层推拉窗		1. 窗的名称代号用 C 表示 2. 立面形式应按实际情况绘制
45	上推窗		

序号	名　称	图　例	说　明
46	百叶窗	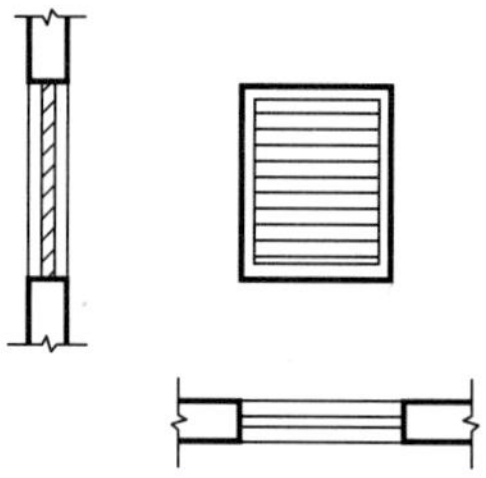	1. 窗的名称代号用 C 表示 2. 立面形式应按实际情况绘制
47	高窗	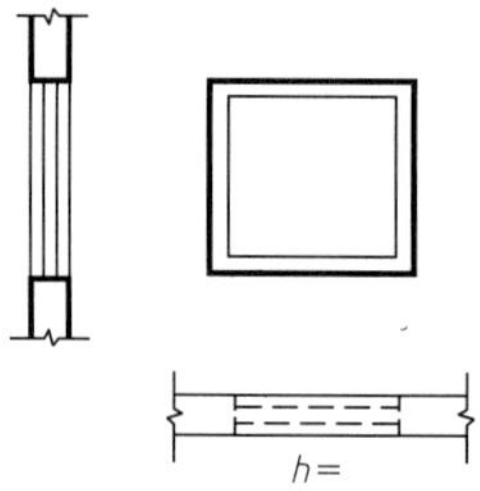 h=	1. 窗的名称代号用 C 表示 2. 立面图中，开启线实线为外开，虚线为内开。开启线交角的一侧为安装合页一侧。开启线在建筑立面中可不表示，在门窗立面大样图中可根据需要绘出 3. 剖面图中，左为外，右为内 4. 立面形式应按实际情况绘制 5. h 表示高窗底距本层地面标高 6. 高窗开启方式参考其他窗型
48	平推窗	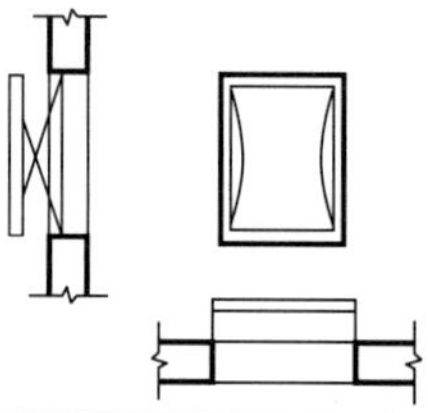	1. 窗的名称代号用 C 表示 2. 立面形式应按实际情况绘制
50	电梯	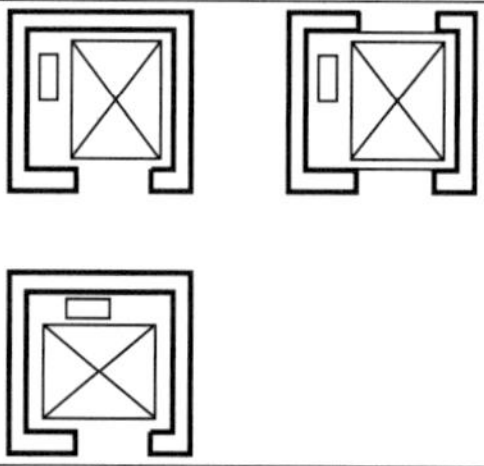	1. 电梯应注明类型，并应按实际绘出门和平衡锤或导轨的位置 2. 其他类型电梯应参照本图例按实际情况绘制
50	杂物梯、食梯	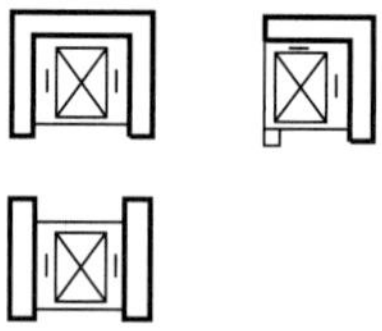	
51	自动扶梯	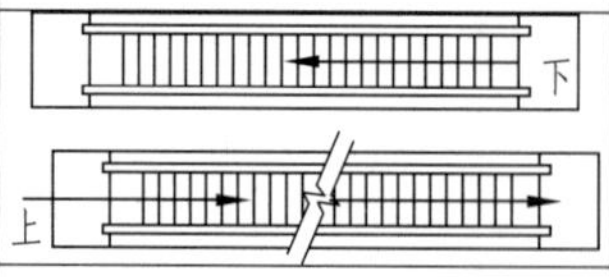	箭头方向为设计运行方向
52	自动人行道		箭头方向为设计运行方向
53	自动人性坡道		
54	污水池 洗脸盆		
55	蹲式大便器、小便槽		

表 4-6 门窗表

编号	洞口尺寸/mm		数量				合计	备注
	宽度	高度	一层	二层	三层	四层		
SC56	900	1200		1	1	1	3	
SC282	1500	1800		5	5	5	15	
SC281	1200	1800		2	2	2	6	
SC283	1800	1800		4	4	4	12	
SC33	900	900	1				1	
SC378	1500	2100	5				5	
SC379	1800	2100	3				3	
SC380	2100	2100	2				2	
SC54	600	1200	4				4	
SC377	1200	1200	1				1	
SM67	2100	2700		1	1	1	3	
SM68	2100	2700		1	1	1	3	
M97	1000	2600	4	9	9	5	27	
M52	1000	2100	2	2	2	2	8	
M89	1200	2600	1			1	2	
M51	900	2100	1			1	1	
ZM1	1800	3100	1			1	1	
ZM2	1200	3100	1			1	1	

4. 尺寸注法

在建筑平面图中，所有外墙一般应标注三道尺寸。最内侧的第一道尺寸是外墙的门、窗洞的宽度和洞间墙的尺寸（从轴线注起）；中间第二道尺寸是轴线间距的尺寸；最外侧的第三道尺寸是建筑两端外墙面之间的总尺寸。此外，还须注出某些局部尺寸，例如图 4-21 所示，各内、外墙厚度，各柱子和砖墩的断面尺寸，内墙上门、窗洞洞口尺寸及其定位尺寸，台阶与花台尺寸，底层楼梯起步尺寸，以及某些内外装饰的主要尺寸和某些主要固定设备的定位尺寸等等。所有上述尺寸，除了预制花饰等的装饰构件外，均不包括粉刷厚度。

平面图中还应注明楼地面、台阶地面、阳台、楼梯休息平台面以及室外地面等的标高。

在平面图中凡需绘制详图的部位，应画上详图索引符号。如前所述，因该招待所的施工图未设图标，无法注明图别和图号，使索引符号内的数字编号无法表达。现为了表达完整，采取了用教材中图的编号来代替图标内图纸编号的办法。

三、其他平面图

1. 楼层平面图

图 4-22、图 4-23 为招待所的二（三）层平面图和四层平面图，其图示方法与底层平面图相同，除在二层平面图上应画出底层的进门口的雨篷外，仅在楼梯间部分表达梯段的情况有所不同，二（三）层楼梯间平面图的西侧梯段，不但看到了上行梯段的部分踏级，也看到了下行梯段的部分踏级，它们中间以倾斜的折断线为界；四层楼梯间平面图因看到下行梯段的全部梯级以及四层楼面上的水平栏杆，因此画法不同。此外，在中间休息平台处，应分别注写各层休息平台的标高。

在二（三）层平面图中的阳台部位，画有详图索引符号，它表示阳台另有建筑详图。

2. 局部平面图

当某些楼层平面的布置基本相同，仅有局部不同时（包括楼梯间及其他房间等的分隔以及某些结构构件的尺寸有变化时），则某些不同部分就用局部平面图来表示；或者当某些局部布置由于比例较小而固定设备较多，或者内部组合比较复杂时，可以另画较大比例的局部平面图。例如，为了清楚地表达男、女厕所的固定设施的位置及其尺寸，另画了男厕、盥洗平面图，如图 4-24 所示。必要时，也可另画比例较之 1：50 更大的局部平面图。

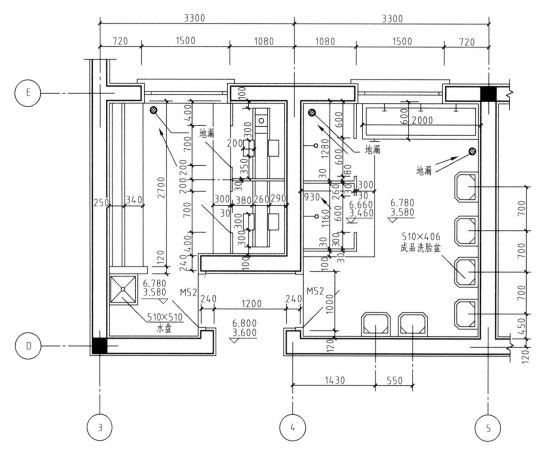

图 4-24　男厕、盥洗室平面图 1：50

3. 屋顶平面图

除了画出各层平面图和所需的局部平面图外，一般还画出屋顶平面图。如图 4-25 所示。由于屋顶平面图比较简单，可以用较小的比例（如 1：200，1：400）来绘制。在屋顶平面图中，一般表明：屋顶形状；屋顶水箱；屋面排水方向（用箭头表明）及坡度（有时以高差表示，如本例图称"泛水"）；天沟或檐沟的位置；女儿墙和屋脊线；雨水管的位置；建筑的避雷带或避雷针的位置（该招待所的避雷带图中未画出），等等。

四、平面图的主要内容

（1）层次、图名、比例；

（2）纵横定位轴线及其编号；

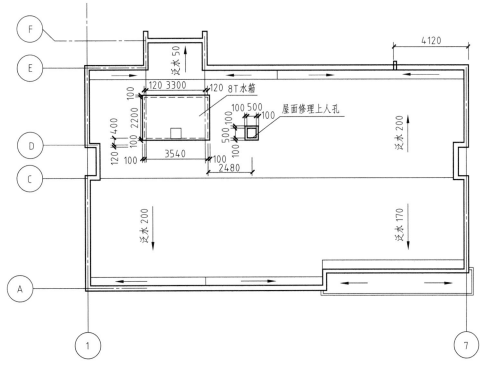

图 4-25 屋顶平面图 1:200

（3）各房间的组合和分隔，墙、柱的断面形状及尺寸等；

（4）门、窗布置及其型号；

（5）楼梯梯级的形状，梯段的走向和级数；

（6）其他构件如台阶、花台、雨篷、阳台以及各种装饰等的位置、形状和尺寸，厕所、盥洗、厨房等的固定设施的布置等；

（7）标注出平面图中应标注的尺寸和标高以及某些坡度及其下坡方向；

（8）底层平面图中应表明剖面图的剖切位置线和剖视方向及其编号；表示建筑朝向的指北针；

（9）屋顶平面图中应表示出屋顶形状，屋面排水方向、坡度或泛水，以及其他构配件的位置和某些轴线等；

（10）详图索引符号；

（11）各房间名称。

思考与练习

1. 建筑平面图如何形成的？

2. 如何绘制建筑剖面图？建筑平面图上的门窗怎么表示？应注出什么尺寸？是否需要标注高度尺寸？

3. 建筑平面图中能不能看到"高窗"？为什么？

4. 试绘制出你所居住或熟悉的楼房平面图草图，它们是怎样布置的？各房间的尺寸如何绘制？

第五节　建筑立面图

【学习目标】

1. 了解建筑立面图的形成。
2. 熟悉建筑立面图的组成、内容、分类、命名。
3. 掌握建筑立面图的识图。

建筑立面图，是平行于建筑物各方向外墙面的正投影图，简称（某向）立面图。建筑立面图用来表示建筑物的体型和外貌，并表明外墙面装饰要求等的图样。

建筑有多个立面，通常把建筑的主要出入口或反映建筑外貌主要特征的立面图称为正立面图，从而确定背立面图和左、右侧立面图。有时也可按建筑的朝向来定立面图的名称，例如南立面图、北立面图、东立面图和西立面图（如图 4-26～图 4-29 所示）。也可按立面图两端的轴线编号来定立面的名称，例如该招待所的南立面图也可称为①～⑦面图。当某些建筑的平面形状比较复杂，还需加画其他方向或其他部位的立面图。如果建筑的东西立面布置完全对称，则可合用而取名东（西）立面图。

一、立面图的图示内容和要求

该招待所需要从东、南、西、北四个方向分别绘制四个立面图，以反映该建筑的各个立面的不同情况和装饰等。

现以图 4-26 所示招待所的南立面图为例来说明立面图所应表达的主要内容和图示要求。

（一）图示内容

招待所的南立面是该建筑物的主要立面。南立面的西端有一主要出入口（大门），它的上部设有转角雨篷，转角雨篷下方两侧设有装饰花格，进口台阶的东侧设有花台［对照图 4-22 的二（三）层平面图和图 4-21 的底层平面图］。南立面东端的二、三、四层设有阳台，并在四层阳台上方设有雨篷［对照图 4-22 的二（三）层平面图、图 4-23 的四层平面图和图 4-25 的屋顶平面图］。南立面图中表明了南立面上的门窗形式、布置以及它们的开启方向，还表示出外墙勒脚、墙面引条线、雨水管以及东门进口踏步等的位置。屋顶部分表示出了女儿墙（又称压檐墙）包檐的形式和屋顶上水箱的位置和形状等。

立面面层装饰的主要做法，一般可在立面中注写文字来说明，例如南立面图中的外墙面、阳台、雨篷、窗台、引条线以及勒脚等的做法（包括用料和颜色），在图 4-26 中都有简要的文字注释。

（二）有关规定和要求

1. 定位轴线

在立面图中一般只画出两端的定位轴线及其编号，以便与平面图对照读图。如图 4-26

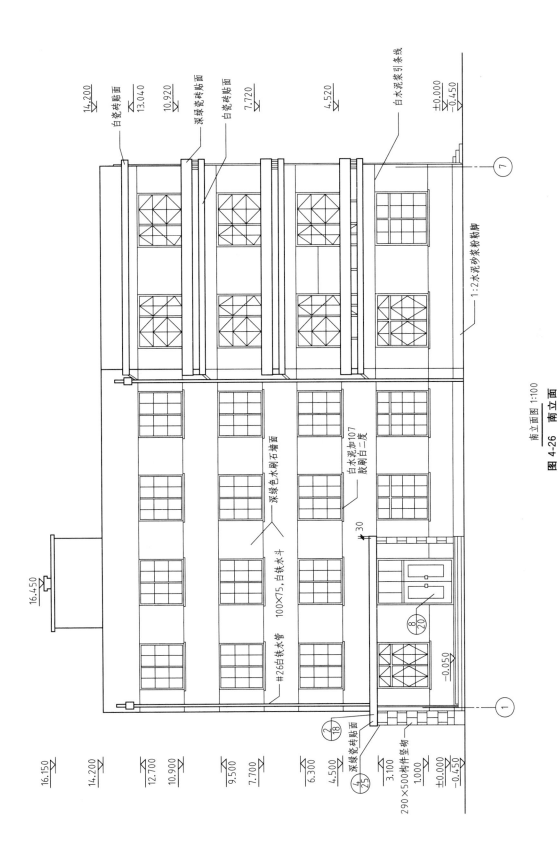

南立面图 1:100

图 4-26 南立面

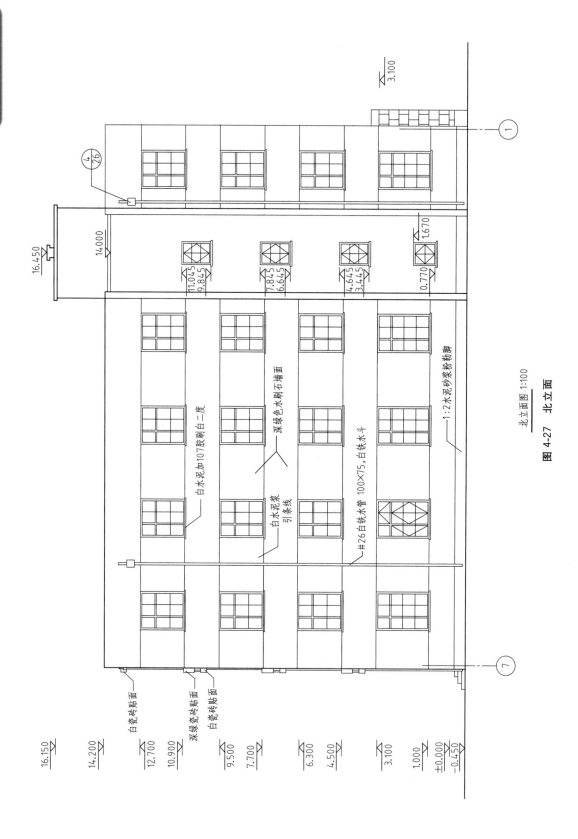

图 4-27 北立面

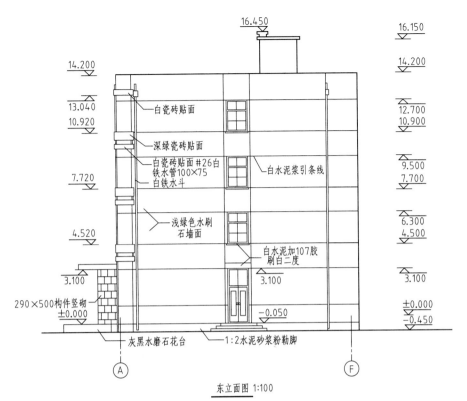

图 4-28　东立面 1：100

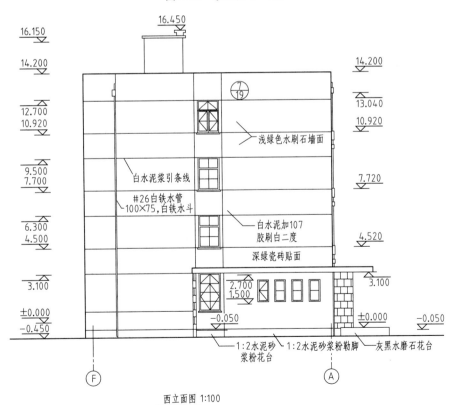

图 4-29　西立面 1：100

所示的南立面图，只需标注①和⑦两条定位轴线，这样可更确切地判明立面图的观看方向。

2. 图线

为了使立面图外形清晰，通常把建筑立面的最外轮廓线画得稍粗（粗线 b），室外地面线更粗（为 $1.4b$），门窗洞、台阶、花台等轮廓线画成中粗线（$0.5b$）。（凸出的雨篷、阳台和立面上其他凸出的线脚等轮廓线可以和门窗洞的轮廓线同等粗度，有时也可画成比门窗洞的轮廓线略粗一些）。门窗扇及其分格线、花饰、雨水管、墙面分格线（包括引条线）、外墙勒脚线以及用料注释引出线和标高符号等都画细实线（$0.35b$）。

3. 图例

立面图和平面图一样，由于选用的比例较小，所以门、窗也按规定图例绘制，见表 4-5 建筑图例。

立面图中的部分窗画有斜的细线，是开启方向符号。细实线表示向外开，细虚线表示向内开。一般无需把所有窗都画上开启符号，凡是窗的型号相同的，只要画其中一、二个即可（对照图 4-26～图 4-29）。例如，从图 4-26 南立面图中底层两个窗的上、下部分的开启线可以看出，下部是四扇向外开的窗，上部的亮子（又称腰窗）只有两扇，而且都是铰链在上、向外翻转的。又从阳台门的开启符号可以看出是铰链在一边向外的单扇门，门上亮子也是铰链在上、向外翻转的。除了联门窗外，一般在立面图中可不表示门的开启方向，因为门的开启方式和方向已用图例表明在平面图中。

4. 尺寸注法

立面图上的高度尺寸主要用标高的形式来标注。应标注出室内外地面、门窗洞口的上下口、女儿墙压顶面（如为挑檐屋顶，则注至檐口顶面）和水箱顶面、进口平台面、以及雨篷和阳台底面（或阳台栏杆顶面）等的标高。

标注标高时，除门、窗洞口（均不包括粉刷层）外，要注意有建筑标高和结构标高之分。如标注构件的上顶面标高时，应标注到包括粉刷层在内的装修完成后的建筑标高（如女儿墙顶面和阳台栏杆顶面等的标高），如标注构件的下底面标高时，应标注不包括粉刷层的结构底面的结构标高（如雨篷底面等的标高）。

除了标高外，有时还注出一些并无详图的局部尺寸，例如图 4-26 南立面图中标注了进门花格缩进雨篷外沿 30mm 的局部尺寸。

在立面图中，凡需绘制详图的部位，也应画上详图索引符号。

图 4-27～图 4-29 所示为该招待所的北立面图、东立面图和西立面图，其图示内容和要求与南立面图相同。

二、立面图和主要内容

（1）图名、比例；

（2）立面图两端的定位轴线及其编号；

（3）门、窗的形状、位置及其开启方向符号；

（4）屋顶外形；

（5）各外墙面、台阶、花台、雨篷、窗台、阳台、雨水管、水斗、外墙装饰及各种线脚等的位置、形状、用料和做法（包括颜色）等；

（6）标高及必须标注的局部尺寸；

（7）详图索引符号。

•••••••••••••••••••••••••• ○ 思考与练习 ○ ••••••••••••••••••••••••••

1. 立面图是如何形成的?
2. 建筑立面图中看到的墙的长度是三道尺寸线中的第几道?
3. 建筑立面图要求表示建筑物的哪些部位及内容?

》》 第六节 建筑剖面图

○ 【学习目标】

1. 了解建筑剖面图的形成。
2. 熟悉建筑剖面图的组成、命名、内容。
3. 掌握建筑剖面图的识图。

建筑剖面图一般是指建筑物的垂直剖面图,也就是假想用一个竖直平面去剖切建筑,移去靠近观察者视线的部分后的正投影图,简称剖面图。

建筑剖面图表示建筑物内部垂直方向的高度、楼层分层、垂直空间的利用以及简要的结构形式和构造方式等情况的图样,例如屋顶形式、屋顶坡度、檐口形式、楼板搁置方式、楼梯的形式及其简要的结构、构造等。

剖面图的剖切位置,应选择在内部结构和构造比较复杂或有变化以及有代表性的部位,其数量视建筑物的复杂程度和实际情况而定。如图 4-21 底层平面图中剖切线 1—1 和 2—2 所示,1—1 剖面图(见图 4-30)的剖切位置是通过建筑的主要出入口(大门)、门厅和楼梯等部分,也是建筑内部的结构、构造比较复杂以及变化较多的部位。2—2 剖面图(见图 4-31)的剖切位置,则是通过该招待所各层房间分隔有变化和有代表性的宿舍部位。绘制了 1—1、2—2 两剖面图后,能反映出该招待所在竖直方向的全貌、基本结构形式和构造方式。一般剖切平面位置都应通过门、窗洞,借此来表示门窗洞的高度和在竖直方向的位置和构造,以便施工。如果用一个剖切平面不能满足要求时,则允许将剖切平面转折后来绘制剖面图。

一、剖面图的图示内容和要求

现以图 4-30 的 1—1 剖面图为例来说明剖面图所需表达的内容和图示要求。

(一)图示内容

图 4-30 是按底层平面图中 1—1 剖切位置线所绘制的 1—1 剖面图(对照图 4-21)。它反映了该建筑通过门厅、楼梯间的竖直横剖面形状,进而表明该建筑在此部位的结构、构造、高度、分层以及竖直方向的空间组合情况。

在建筑剖面图中,除了具有地下室外,一般不画出室内外地面以下部分,而只把室内外地面以下的基础墙画上折断线(在基础墙处的涂黑层,是 60mm 厚的钢筋混凝土防潮层),

因为基础部分将由结构施工图中的基础图来表达。在1：100的剖面图中，室内外地面的层次和做法一般将由剖面节点详图或施工说明来表达（通常套用标准图或通用图），故在剖面图中只画一条加粗线（1.4b）来表达室内外地面线，并标注各部分不同高度的标高，例如±0.000，−0.050，−0.450，−0.470等。

各层楼面都设置楼板，屋面设置屋面板，它们搁置在砖墙或楼（屋）面梁上。为了屋面排水需要，屋面板铺设成一定的坡度（有时可将屋面板水平铺置，而将屋面面层材料做出坡度），并且在檐口处和其他部位设置天沟板（挑檐檐口则称为檐沟板），以便导流屋面上的雨水经天沟排向雨水管。楼板、屋面板、天沟的详细形式以及楼面层和屋顶层的层次和它们的做法，可另画剖面节点详图，也可在施工说明中表明，或套用标准图或通用图（须注明所套用图集的名称及图号），故在1：100的剖面图中也可以示意性地用两条线来表示楼面层和屋面层的总厚度。此外，在1：50的剖面图中，一般不但要表示出多孔板的分块线，并需要在楼板上加绘面层线。在1—1剖面图的屋面上，还画出了剖到的钢筋混凝土水箱剖面。

在墙身的门、窗洞顶、屋面板下和二、四层楼板下的涂黑矩形断面，为该建筑的钢筋混凝土门、窗过梁和圈梁，而三层楼板下方只设门、窗洞过梁。大门上方画出的涂黑断面为过梁连同雨篷板的断面，中间是看到的"倒翻"雨篷梁。如当圈梁的梁底标高与同层的门或窗的过梁底标高一致时，则可以只设一道梁，即圈梁同时起了门、窗过梁的作用。外墙顶部的涂黑梯形断面是女儿墙顶部的现浇钢筋混凝土压顶。

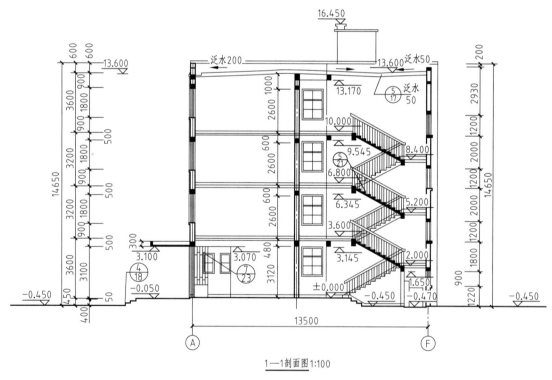

图 4-30　1—1 剖面图

由于1—1剖面的剖切平面是通过每层楼梯的上一梯段，每层楼梯的下一梯段则为未剖到而为可见的梯段，但各层之间的楼梯休息平台是被剖切到的。

在1—1剖面图中，除了必须画出被剖切到的构件（如墙身、室内外地面、楼面层、屋顶层各种梁、梯段及平台板、雨篷和水箱等）外，还应画出未剖切到的可见部分（如门厅的装饰及会客室和走廊中可见的西窗、可见的楼梯梯段和栏杆扶手、女儿墙的压顶、水斗和雨水管、厕所间的隔断、可见的内外墙轮廓线、可见的踢脚和勒脚等）。

（二）有关规定和要求

1. 定位轴线

在剖面图中通常也只需画出两端的轴线及其编号，以便与平面图对照。

2. 图线

室内外地坪线画加粗线（$1.4b$）。剖切到的房间、走廊、楼梯、平台等的楼面层和屋顶层在1∶100的剖面图中可只画两条粗实线作为结构层和面层的总厚度。在1∶50的剖面图中，则应在两条粗实线的上面加画一条细实线以表示面层。板底的粉刷层厚度一般均不表示。剖到的墙身轮廓线画粗实线，在1∶100的剖面图中不包括粉刷层厚度，在1∶50的剖面图中，应加绘细实线来表示粉刷层的厚度。其他可见的轮廓线如门窗洞、楼梯梯段及栏杆扶可见的女儿墙压顶、内外墙轮廓线、踢脚线、勒脚线等均画中粗实线（$0.5b$），门、窗扇及其分格线、水斗及雨水管、外墙分格线（包括引条线）等画细实线（$0.35b$），尺寸线、尺寸界线和标高符号均画细实线。

3. 图例

门、窗均按表4-5《建筑图例》中的规定绘制。

在剖面图中，砖墙和钢筋混凝土的材料图例画法与平面图相同。

4. 尺寸注法

建筑剖面图中应标注出剖到部分的必要尺寸，即竖直方向剖到部位的尺寸和标高。

外墙的竖向尺寸，一般也标注三道尺寸，如图4-30左方所示。第一道尺寸为门、窗洞及洞间墙的高度尺寸（将楼面以上及楼面以下分别标注）。第二道尺寸为层高尺寸，即底层地面至二层楼面、各层楼面至上一层楼面、顶层楼面至檐口处屋面顶面等。同时还需注出室内外地面的高差尺寸以及檐口至女儿墙压顶面等的尺寸。第三道尺寸为室外地面以上的总高尺寸，本例为女儿墙（又称压檐墙）包檐屋顶，则其总高尺寸应注到女儿墙的粉刷完成后的顶（如为挑檐平屋面，则注到挑檐檐口的粉刷完成面）。此外，还需注上某些局部尺寸，如内墙上的门、窗洞高度，窗台的高度，高引窗的窗洞和窗台高度以及有些不另画详图的如栏杆扶手的高度尺寸、屋檐和雨篷等的挑出尺寸以及剖面图上两轴线间的尺寸等。

建筑剖面图还须注明室内外各部分的地面、楼面、楼梯休息平台面、阳台面、屋顶檐口顶面等的标高和某些梁的底面、雨篷的底面以及必须标注的某些楼梯平台梁底面等的标高。

在建筑剖面图上，标高所注的高度位置与立面图一样，有建筑标高和结构标高之分，即当标注构件的上顶面标高时，应标注到粉刷完成后的顶面（如各层的楼面标高），而标注构件的底面标高时，应标注到不包括粉刷层的结构底面（如各梁底的标高）。但门、窗洞的上顶面和下底面均标注到不包括粉刷层的结构面。

在剖面图中，凡需绘制详图的部位，均应画上详图索引符号。

图4-31的2—2剖面图，其表达方法及要求与1—1剖面图相同。

二、剖面图的主要内容

（1）图名、比例；

（2）外墙（或柱）的定位轴线及其间距尺寸；

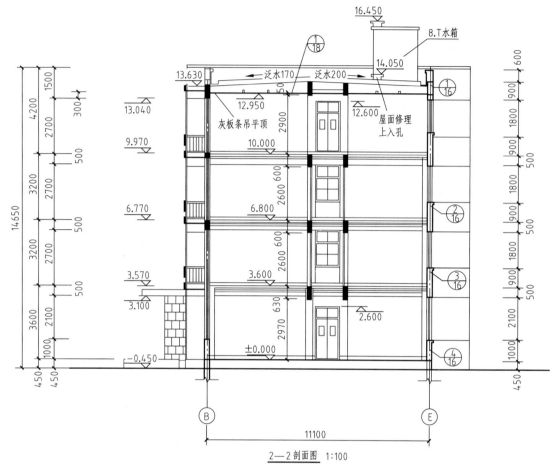

图 4-31 2—2 剖面图

（3）剖切到的室内外地面（包括台阶、明沟及散水等）、楼面层（包括吊天棚）、屋顶层（包括隔热通风防水层及吊天棚）、剖切到的内外墙及其门、窗（包括过梁、圈梁、防潮层、女儿墙及压顶）、剖切到的各种承重梁和联系梁、楼梯梯段及楼梯平台、雨篷、阳台以及剖切到的孔道、水箱等等的位置、形状及其图例；一般不画出地面以下的基础；

（4）未剖切到的可见部分，如看到的墙面及其凹凸轮廓、梁、柱、阳台、雨篷、门、窗、踢脚、勒脚、台阶（包括平台踏步）、水斗和雨水管，以及看到的楼梯段（包括栏杆扶手）和各种装饰等的位置的形状；

（5）竖直方向的尺寸和标高；

（6）详图索引符号；

（7）某些用料注释。

○─── 思考与练习 ───○

1. 剖面图如何形成的？剖面图中应包含哪些内容？

2. 如何表示剖切位置？

3. 在建筑立面图和剖面图中，标高如何标注？画图时有什么要求？其单位是什么？

第七节 建筑详图

◯ 【学习目标】

1. 了解形成详图的原因。
2. 熟悉建筑详图的内容。
3. 掌握建筑详图的识图。

建筑详图是建筑细部的施工图。因为建筑平、立、剖面图一般采用较小的比例，因而某些建筑构配件（如门、窗、楼梯、阳台、各种装饰等）和某些建筑剖面节点（如修口、窗台、明沟以及楼地面层和屋顶层等）的详细构造（包括式样、层次、做法、用料和详细尺寸等）都无法表达清楚。根据施工需要，必须另外绘制比例较大的图样，才能表达清楚，这种图样称为建筑详图（包括建筑构配件详图和剖面节点详图）。因此，建筑详图是建筑平、立、剖面图的补充。对于套用标准图或通用详图的建筑构配件和剖面节点，只要注明所套用图集的名称、编号或页次，则可不必再画详图。

如图 4-38 木门详图，因并不是套用定型设计而是自行设计的木门，故需详细地画出它的详图。又如图 4-37 所示的 SC28 钢窗，是套用定型设计的，本不必另画详图，但为了介绍钢窗详图的内容和画法，故仍予画出。

建筑详图所画的节点部位，除应在有关的建筑平、立、剖面图中绘注出索引符号外，并需在所画建筑详图上绘制详图符号和写明详图名称，以便查阅。如图 4-32 所示的外墙剖面节点详图是从 2—2 剖面图（图 4-31）中引出绘制的。

如图 4-32～图 4-44 所示，是某招待所的外墙剖面节点，天沟剖面节点，雨篷、花台、踏步、吊天棚剖面节点和钢窗、木门、楼梯、阳台、门厅装饰、服务台、花格构件以及水落系统的配件详图。

现仅就外墙剖面节点详图、门、窗和楼梯详图为例简述如下。

一、外墙剖面节点详图

如图 4-32 所示的外墙剖面节点详图是按照图 4-31 的 2—2 剖面图中轴线 E（该建筑的北外墙）的有关部位局部放大来绘制的。它表达了建筑的屋顶层、檐口、楼（地）面层的构造、尺寸、用料及其与墙身等其他构件的关系。并且还表明了女儿墙、窗顶、窗台、勒脚、明沟等的构造、细部尺寸和用料等。

（1）檐口剖面节点详图表示了该建筑的女儿墙（亦称包檐）外排水檐口的构造。从图 4-32 可以看出，该屋顶先铺设 120mm 厚的预应力钢筋混凝土多孔板和预制钢筋混凝土天沟，并将屋面板铺放成一定的排水坡度［如图 4-30、图 4-31 所示的泛水（高差）200、泛水 50、泛水 170 等］。然后在板上做 40 厚细石混凝土（内放钢筋网片）和 60 厚水泥炉渣隔热保温层，待水泥砂浆找平后，再做二毡三油的防水覆盖层（图中所示的油毡的"收头"固定

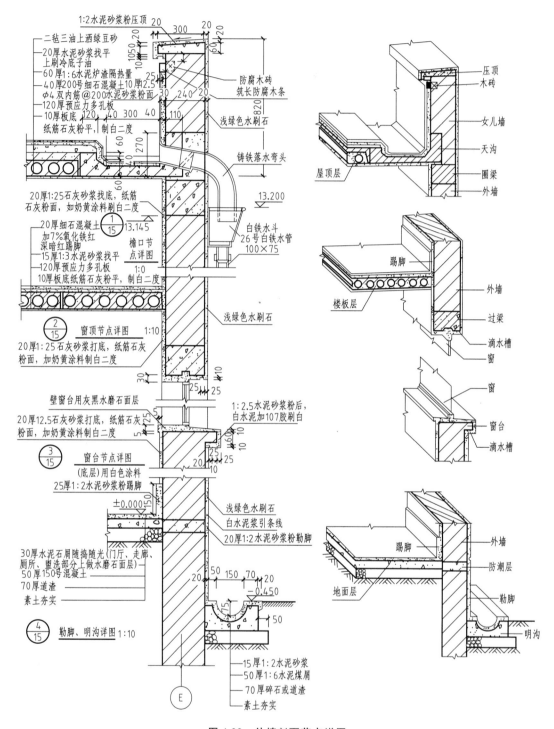

图 4-32　外墙剖面节点详图

在统长的防腐木条上）；砖砌的女儿墙上的钢筋混凝土压顶是外侧厚 60mm，内侧厚 50mm，粉刷时压顶内侧的底面做有滴水槽口（有时做出滴水斜口），以免雨水渗入下面的墙身。屋顶层底面用纸筋灰粉平后刷白二度。如屋顶层下做灰板条吊天棚（在该檐口剖面节点详图中没有画出）则其构造和做法如图 4-34 中的吊天棚、雨篷、花台、踏步详图。

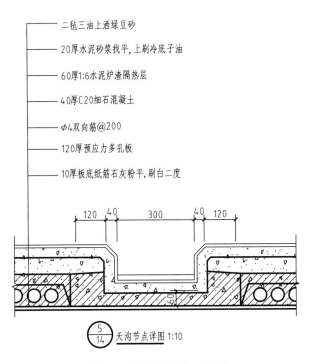

二毡三油上洒绿豆砂

20厚水泥砂浆找平，上刷冷底子油

60厚1:6水泥炉渣隔热层

40厚C20细石混凝土

φ4双向筋@200

120厚预应力多孔板

10厚板底纸筋石灰粉平，刷白二度

120 40 300 40 120

5/14 天沟节点详图 1:10

图 4-33　天沟剖面节点详图

（2）窗顶剖面节点详图主要表明了窗顶钢筋混凝土过梁处的做法。在过梁底的外侧也应粉出滴水槽（或滴水斜口），使外墙面上的雨水直接滴到做有斜坡的窗台上。在图中还表明了楼面层的做法及其分层情况的说明。

（3）窗台剖面节点详图表明了砖砌窗台的做法。除了窗台底面也同样做出滴水槽口（或滴水斜口）外，窗台面的外侧还须向外粉成一定的斜坡以利排水。

（4）勒脚、明沟剖面节点详图表明了外墙面的天沟节点详图勒脚和明沟的做法。勒脚高度自室外整平地面算起为450mm。勒脚应选用防水和耐久性较好的粉刷材料粉成。离室内地面下35mm的墙身中设有60mm厚的钢筋混凝土防潮层，以隔离土壤中的水分和潮气从基础墙上升而侵蚀上面墙身。防潮层也可以由在墙身中铺放油毛毡来做成。此外，在详图中还表明了室内地面层和踢脚的做法。

外墙剖面节点详图中还应说明内、外墙各部位墙面粉刷的用料、做法和颜色。在这些外墙剖面节点详图中省略了一些看得见的如屋面梁、楼面梁等的投影线。

二、门、窗详图

门窗各部分名称如图 4-35 及图 4-36 所示。

（一）门窗详图的表示内容

① 门窗立面图表明门窗的组合形式、开启方式、主要尺寸及节点索引标志。

② 门窗的开启方式由开启线决定，开启线有实线和虚线之分。

③ 门窗节点剖面图表示门窗某节点中各部件的用料和断面形状，还表示各部件的尺寸及其相互间的位置关系。

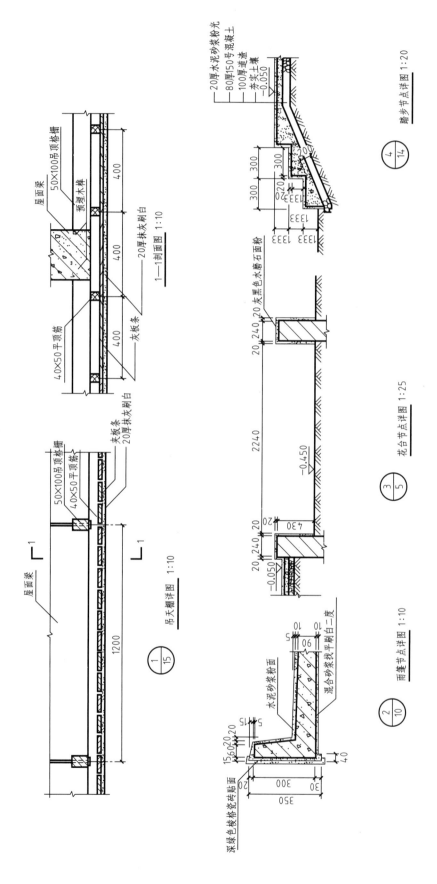

图 4-34　吊天棚、雨篷、花台、踏步剖面节点详图

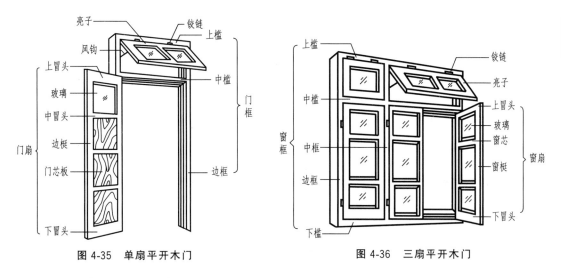

图 4-35　单扇平开木门

图 4-36　三扇平开木门

（二）门窗详图的识读

① 从窗的立面图上了解窗的组合形式及开启方式。

② 从窗的节点详图中还可以了解到各节点窗框、窗扇的组合情况及各木料的用料断面

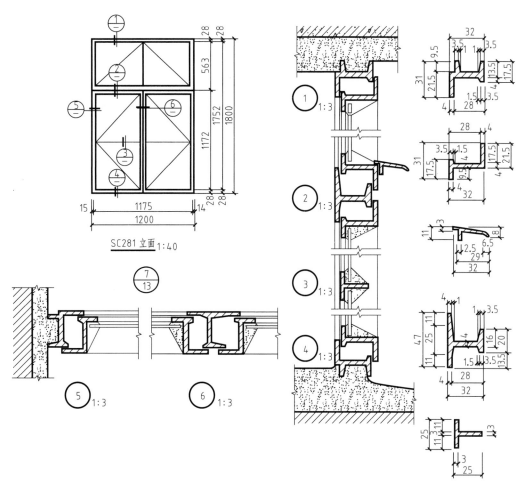

图 4-37　钢窗详图

尺寸和形状。

图 4-37 所示为 SC281 钢窗详图，图 4-38 为 ZM1 木门详图。

在门、窗详图中，应有门、窗的立面图，并用细斜线画出门、窗扇的开启方向符号（两斜线的交点表示装门窗扇铰链的一侧；斜线为实线时表示向外开，为虚线时表示向内开）。门、窗立面图规定画它们的外立面图。

立面图上标注的尺寸，第一道是窗框的外沿尺寸（有时还注上窗扇尺寸）；最外一道是洞口尺寸，也就是平面图和剖面图上所注的尺寸。

门、窗详图都画有不同部位的局部剖面详图，以表示门、窗框和门、窗扇的断面形状、尺寸、材料及其相互间的构造关系，还应表示出门、窗框和四周（如过梁、窗台、墙身等）的构造关系。

详图索引符号如 ⊖ 中的粗实线表示削切位置，细的引出线是表示剖视方向，引出线在粗线之右，表示向右观看；同理，引出线在粗线之下，表示向下观看，一般情况，水平剖切的观看方向相同于平面图，竖直剖切的相当于左侧面图。

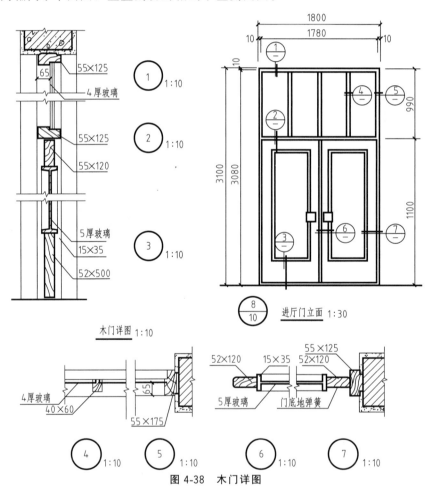

图 4-38　木门详图

三、楼梯详图

在楼层建筑物中，通常采用现浇或预制的钢筋混凝土楼梯，或者部分现浇、部分为预制

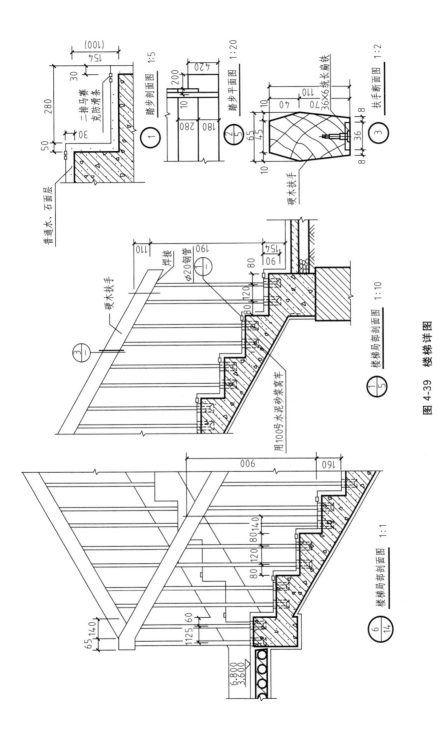

图 4-39 楼梯详图

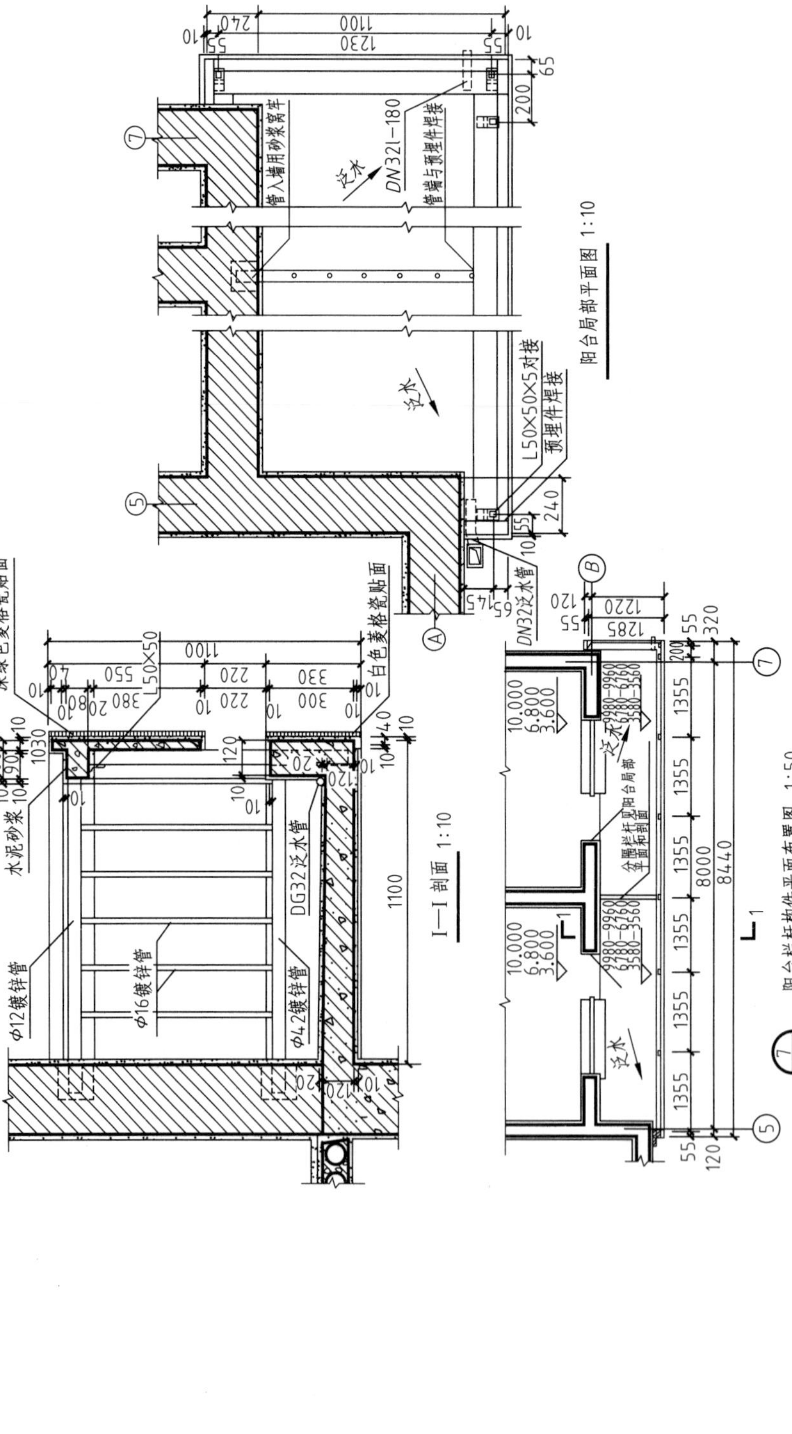
阳台局部平面图 1:10
Ⅰ—Ⅰ剖面 1:10
阳台栏杆构件平面布置图 1:50
管入墙用砂浆窝牢
DN32l-180
管端与预埋件焊接
L50×50×5对接
预埋件焊接
DN32泛水管
泛水
深绿色菱格瓷贴面
白色菱格瓷贴面
L50×50
水泥砂浆
Φ12镀锌管
Φ16镀锌管
Φ42镀锌管
DG32泛水管
1100
1230
8000
8440
1355
10.000
6.800
3.600

图 4-40　阳台详图

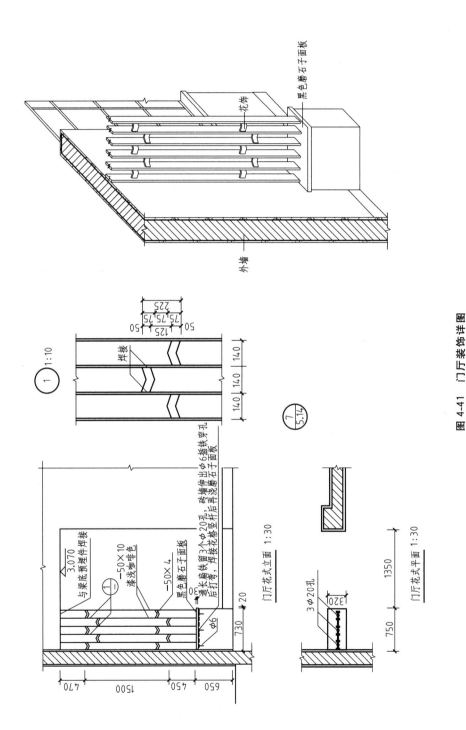

图 4-41 门厅装饰详图

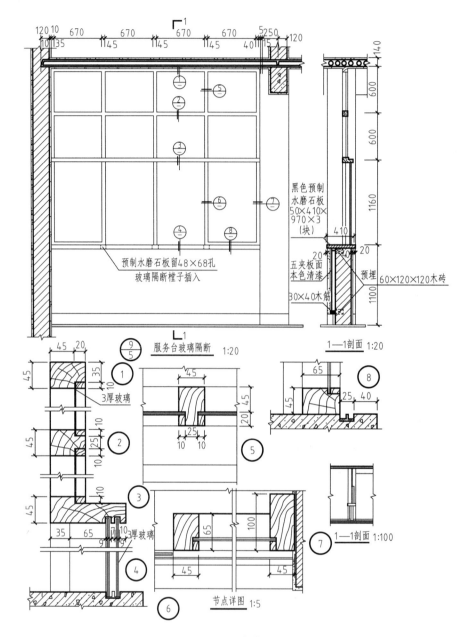

图 4-42　服务台详图

构件相结合的楼梯。该招待所的楼梯梯段是采用现浇钢筋混凝土，两个梯段之间的楼梯休息平台采用 120mm 厚的预制预应力钢筋混凝土多孔板。

　　楼梯详图主要表示楼梯的类型、结构形式以及梯段、栏杆扶手、防滑条、底层起步梯级等的详细构造方式、尺寸和用料。楼梯详图一般由楼梯平面图（或局部）、剖面图（或局部）和节点详图组成。一般楼梯的建筑详图和结构详图是分别绘制的，但是比较简单的楼梯，有时将建筑详图与结构详图合并绘制，列入建筑施工图或者结构施工图中。该招待所的楼梯段的整体部分列入结构施工图中，而该楼梯的一些建筑配件及其与梯段之间的构造和组合，则必须画出建筑详图，如图 4-39 的楼梯局部剖面详图和踏步、扶手详图。

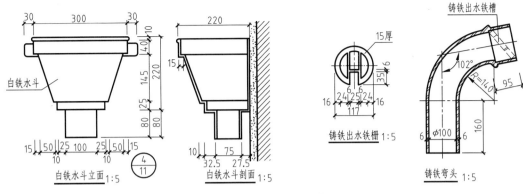

图 4-43 水落系统配件详图

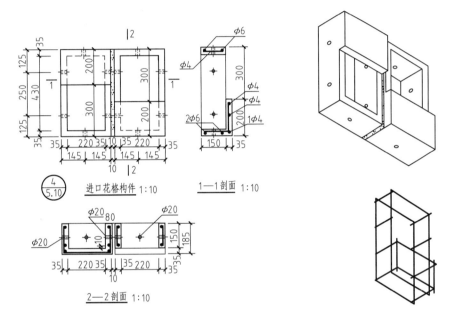

图 4-44 花格构件详图

四、建筑详图的主要内容

（1）详图名称、比例；

（2）详图符号及其编号以及再需另画详图时的索引符号；

（3）建筑构配件的形状以及与其他构配件的详细构造、层次、有关的详细尺寸和材料图例等；

（4）详细注明各部位和各层次的用料、做法、颜色以及施工要求等；

（5）需要画上的定位轴线及其编号；

（6）需要标注的标高等。

○───── 思考与练习 ─────○

1. 什么是建筑详图？它的作用是什么？有什么特点？

2. 外墙详图是怎样形成的？应包括哪些内容？

3. 楼梯详图包括哪些内容？楼梯平面图是如何得到的？对 3 层以上的建筑而言，为什么同一竖向位置的楼梯至少要绘制 3 个楼梯平面图？

第八节 绘制建筑平、立、剖面图及楼梯图的步骤和方法

【学习目标】

1. 了解平、立、剖面图之间的关系；了解楼梯图的形成。
2. 熟悉平、立、剖面图的绘制步骤；熟悉楼梯踏步与高度的关系。
3. 掌握简单建筑的平、立、剖面图及楼梯图的绘制方法。

建筑平、立、剖面图的绘制，除了应按第一章所述制图的一般步骤和方法外，现按建筑图的特点补充说明如下。

一、建筑平、立、剖面图之间的相互关系

绘制时一般先从平面开始，然后再画剖面、立面等。画时要从大到小，从整体到局部，逐步深入。

绘制建筑平、立、剖面图必须注意它们的完整性和统一性。例如立面图上的外墙面的门、窗布置和门、窗宽度应与平面图上相应的门、窗布置和门、窗宽度相一致。剖面图上外墙面的门、窗布置和门、窗高度应与平面图上相应的门、窗布置和门、窗宽度相一致。同时，立面图上各部位的高度尺寸，除了根据使用功能和立面的造型外，是从剖面图中构配件的构造关系来确定的，因此在设计和绘图中，立面图和剖面图相应的高度关系必须一致，立面图和平面图相应的宽度关系也必须一致。

对于小型的建筑，当平、立、剖面图能够画在同一张图纸上时，则利用它们相应部分的一致性来绘制，就更为方便。

二、建筑平、立、剖面图的绘图步骤

如图 4-45～图 4-47 所示，分别表明了平、立、剖面图的绘图步骤。它们都是先画定位轴线；然后画出建筑构配件的形状和大小；再画出各个建筑细部；画上尺寸线、标高符号、详图索引符号等，最后注写尺寸、标高数字和有关说明等。

三、楼梯平面图

现仍以某招待所的楼梯为例，来说明楼梯图的内容及画法。

（一）楼梯平面图

楼梯平面图实际上是水平剖切平面位于各层窗台上方的剖面图，如图 4-48、图 4-50、图 4-52。它表明梯段的水平长度和宽度、各级踏级的宽度、平台的宽度和栏杆扶手的位置以及其他一些平面的形状。

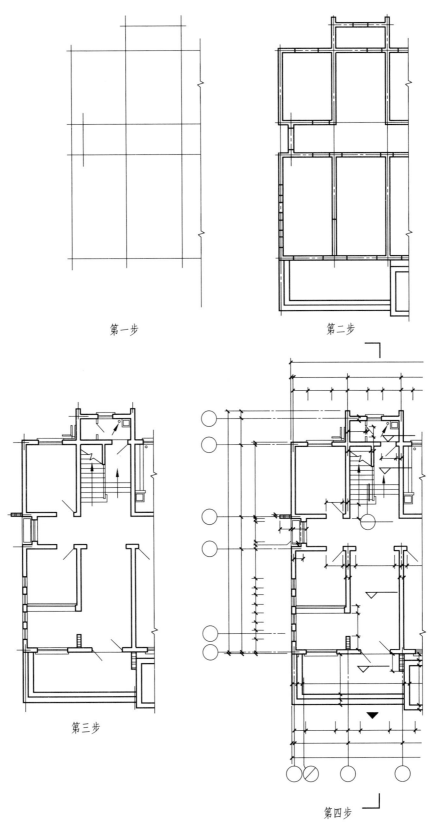

第一步　　　　　　　　　　第二步

第三步　　　　　　　　　　第四步

图 4-45　平面图绘制步骤

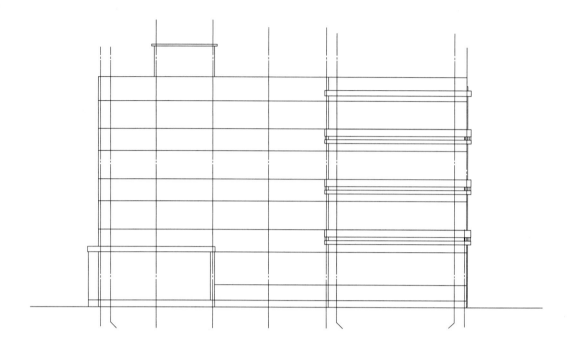

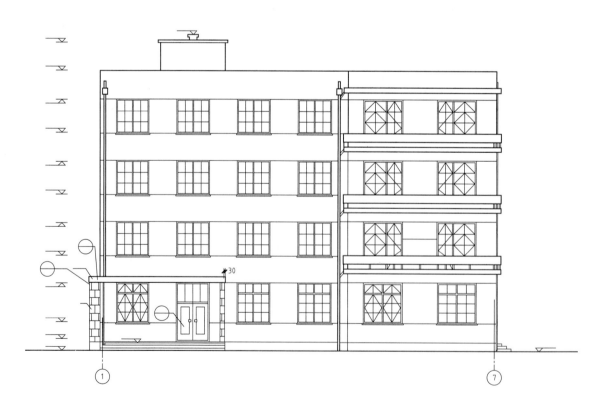

图 4-46　立面图绘制步骤

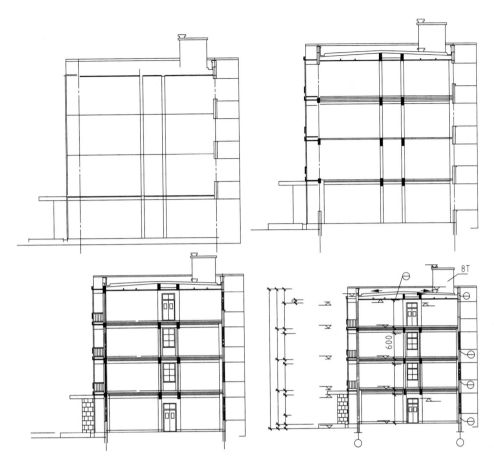

图 4-47　剖面图绘制步骤

　　楼梯梯段被水平面剖切后，其剖切交线主要是正平线，而各级踏步也是正平线，为了避免混淆，剖切处应按《建筑制图标准》规定，在平面图中用倾斜折断线表示。

　　楼梯平面图中，除注出楼梯间的开间和进深尺寸、楼地面和平台面的尺寸及标高外，还需注出各细部的详细尺寸。通常用踏面数与踏面宽度的乘积来表达梯段的长度尺寸。

　　1. 底层楼梯平面图（图 4-21、图 4-49）

　　在底层楼梯平面图中，除表明梯段的布置情况和栏杆位置外，还应用箭头表明梯段向上或向下的走向，同时标出楼梯的踏级总数。如图 4-49 中注写"上 23 级"，即从底层往上走 23 级到达第二层；"下 3 级"，即从底层往下走 3 级到达女厕所门外地面。

　　2. 二、三层楼梯平面图（图 4-22、图 4-51）

　　当各层的楼梯位置及梯段数、踏级数及其断面大小都相同时，通常把相同的几层合画成个标准层楼梯平面图，其图示方法与前述完全相同。图 4-51 所示的二（三）层楼梯平面图，即为该招待所的标准层楼梯平面图。

　　从图 4-51 中可以看出，二、三层楼梯段经剖切后，不但看到本层上行梯段的部分踏级，也看到下一层的下行梯段的部分踏级，故用箭头分别标出"上 20 级"及"下 20 级"，即从二层（或三层）往上走 20 级到达三层（或四层）；往下走 20 级到达底层。

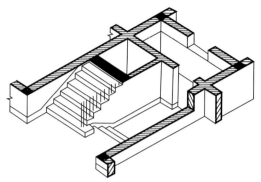

图 4-48　底层楼梯平面图的剖切位置

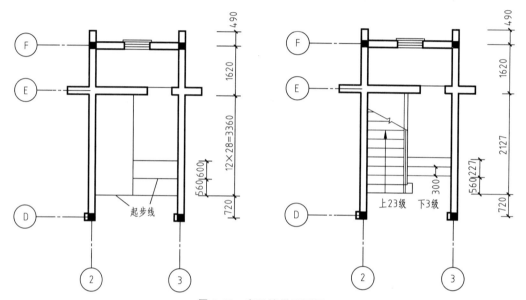

图 4-49　底层楼梯平面图

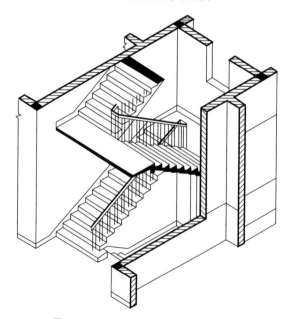

图 4-50　二（三）层楼楼梯剖切位置

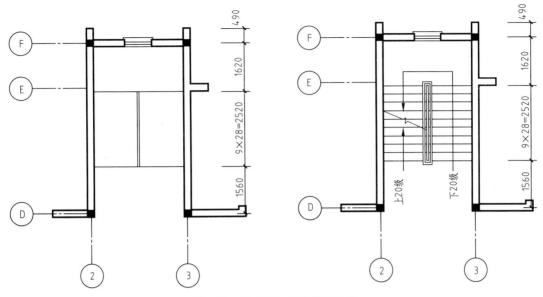

图 4-51 二（三）层楼梯平面图

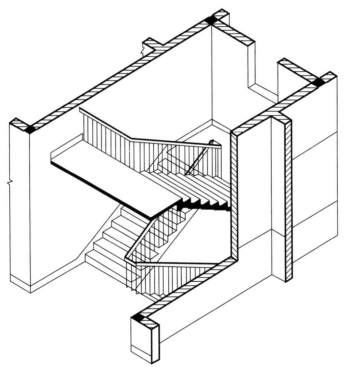

图 4-52 顶层楼梯剖切位置

3. 顶层楼梯平面图（图 4-52、图 4-53）

顶层楼梯梯段经剖切后，能看到下行梯段的全部梯级以及四层楼面上的楼梯板、扶手等，因此，图中仅画下行箭头方向。

（二）楼梯平面图的画法

各层楼梯平面图可采用画平行格线的方法，较为简便和准确，所画的每一分格，表示梯

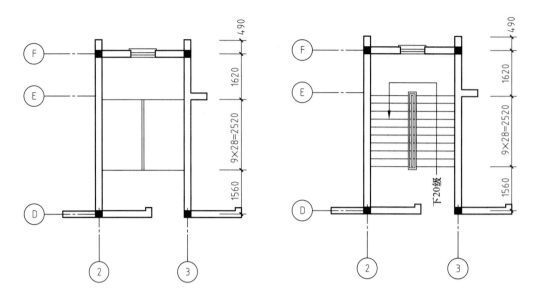

图 4-53　顶层平面图

段的一级踏面。由于梯段端头一级的踏面与平台面或楼面重合，所以平面图中每一梯段画出的踏面格数比该梯段的级数少一，即楼梯梯段长度＝每一级踏面宽×（梯段级数－1）。

现以顶层楼梯平面图（图 4-53）为例，说明其具体作图步骤。

第一步　根据楼梯平台宽度，先定出平台线；再由平台线以踏级数减一乘以踏级宽度得出梯段另一端的梯级起步线。本例梯段踏级数为 10、踏级宽度 280mm，则平台线至梯段另一端起步线的水平距离为（10－1）×280＝2520mm。

第二步　采用等分两已知平行线间距离的方法来分格。

（三）楼梯剖面图的内容及画法

1. 楼梯剖面图的内容

楼梯剖面图可清晰地表示出各梯段的踏级数、踏级的高度和宽度、楼梯的构造、各层平台面及楼面的高度以及它们之间的相互关系，如图 4-30 所示。

图 4-30 是按底层建筑平面图中 1—1 剖切线的位置及其剖视方向来画出的，每层楼梯的上行第二梯段被剖切到，可以看到每层楼梯的上行第一梯段。

楼梯剖面图中应标注每层地面、平台面、楼面等的标高以及梯段、梯杆（或栏板）的高度尺寸。楼梯的高度尺寸可以踏级数与踏级高度尺寸的乘积来标注，例如底层第一梯段的楼梯高度为 13×154≈2000mm。

2. 楼梯剖面图的画法

各层楼梯剖面图也是利用画平行格线的方法来绘制的，所画的水平方向的每一分格表示梯段的一级踏面宽度；竖向的每一分格表示一个踏级的高度，竖向格数与梯段级数相同，具体作法如图 4-54、图 4-55 所示。实际上只要画出靠近梯段的分格线即可。

第一步　画出各层楼面和平台及楼板的断面；

第二步　根据各层梯段的踏级数，竖向分成五个 10 格及一个 13 格、一个 3 格；水平方向中的分格数，应是级数减一，例如底层 13 级的梯段分成 12 格。

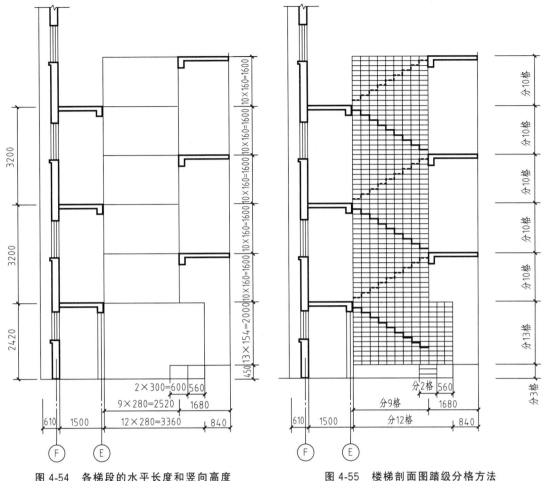

图 4-54　各梯段的水平长度和竖向高度　　　　　图 4-55　楼梯剖面图踏级分格方法

○ **思考与练习** ○

1. 思考建筑平、立、剖面图之间的投影关系是什么？
2. 楼梯平面图中的踏步数为什么比楼梯级数少一个？

⟫ 第九节　建筑施工图在消防工作中的应用

○ 【学习目标】

1. 了解图纸对消防工作的重要性。
2. 熟悉建筑施工图各部分表达的内容。
3. 掌握消防工作需要的基本数据的查找方法。

消防工作中，无论防火或灭火工作都与建筑施工图息息相关，可以说，很多需要找的数据都可以在建筑施工图中找到答案。施工图会审是一项极为细致的技术工作，其综合性很强，除了审图者认真看图外，还与审图者自身素质有关：对各相关设计、施工规范的理解和认识；对施工工艺和施工方法现场经验的积累；对建筑、结构的认识；对给排水专业相关边缘专业的认识；对建筑设备的交叉施工及各种管道综合布置的避让的处理。现将建筑、给排水、消防、人防工程供水系统审图的几个大原则和按图纸目录分述的要点介绍如下。

1. 审图的原则

（1）设计是否符合国家有关技术政策和标准规范及《建筑工程设计文件》编制深度的规定。

（2）图纸资料是否齐全，能否满足施工需要。

（3）设计是否合理，有无遗漏。图纸中的标注有无错误。有关管道编号、设备型号是否完整无误。有关部位的标高、坡度、坐标位置是否正确。材料名称、规格型号、数量是否正确完整。

（4）设计说明及设计图中的技术要求是否明确。设计是否符合企业施工技术装备条件。如需要采用特殊措施时，技术上有无困难，能否保证施工质量和施工安全。

（5）设计意图、工程特点、设备设施及其控制工艺流程、工艺要求是否明确。各部分设计是否明确，是否符合工艺流程和施工工艺要求。

（6）管道安装位置是否美观和使用方便。

（7）管道、组件、设备的技术特性，如工作压力、温度、介质是否清楚。

（8）对固定、防振、保温、防腐、隔热部位及采用的方法、材料、施工技术要求及漆色规定是否明确。

（9）需要采用特殊施工方法、施工手段、施工机具的部位要求和作法是否明确。

（10）有无特殊材料要求，其规格、品种、数量能否满足要求，有无材料代用的可能性。

2. 审图要点总说明

（1）设计说明应包括设计依据、设计范围，给排水、消防各个系统扼要的叙述，管材及接口、阀门及阀件、管道敷设、管道试压、防腐油漆、管道及设备保温等内容。

（2）主要设备、材料表中的水泵、水处理设备、水加热设备、冷却塔、消防设施、卫生器具等的选型是否安全合理。

（3）管道、设备的防隔振、消声、防水锤、防膨胀、防伸缩沉降、防污染、防露、防冻、放气泄水、固定、保温、检查、维护等是否采取有效合理的措施。

（4）是否按消防规范的要求设置了相应的消火栓、自动喷水灭火、气体灭火、水喷雾灭火、灭火器等系统和设施，消防水量计算是否合理。

（5）是否选用了淘汰产品。

现以实例图纸来简要介绍可以在图纸中找到的信息。

一、施工总说明在消防工作中的应用

设计说明应包括设计依据、设计范围，给排水、消防各个系统扼要的叙述，管材及接口、阀门及阀件、管道敷设、管道试压、防腐油漆、管道及设备保温等内容。如图 4-55 所示某工程概况中第十点，可以得到该工程为"二类高层公共建筑，耐火等级二级"。从而可界定后续工作的判定标准。

三、工程概况

1. 本工程建筑名称: 滇西应用技术大学办新建设项目—9#学生宿舍, 建设地点: 大理州大理市满东开发区
   建设单位: 滇西应用技术大学总部代建指挥部
2. 建筑层数: 地上13层, 高度47.40m (室外地面至屋面顶层)
3. 建筑面积: 总建筑面积: 13631.45   m²
   其中: 地上总建筑面积: 13631.45   m²
4. 建筑占地面积: 1025.4   m²
5. 学生宿舍总间数: 276间 (其中: 无障碍宿舍2间)
6. 学生宿舍总人数: 1162人 (标准宿舍4人, 转角宿舍3人, 无障碍宿舍每间2人计)
7. 结构类型: 为钢筋混凝土剪力墙结构
8. 设计使用年限: 主体结构耐久年限50年
9. 抗震设防烈度: 8度
10. 建筑防火类别: 二类高层公共建筑, 耐火等级二级
11. 屋面防水等级: I级
12. 建筑功能: 一层为入口大堂, 导师休公室, 宿舍间等, 二层~十三层为学生宿舍
13. 根据《大理市人民防空工程建设管理规定》, 本工程应建人防面积为: 1379.99平方米。
    根据甲方要求, 人防部分考虑结合1#云教育大楼和2#应用技术研究院的设计。

图 4-56 某工程概况

二、总平面图在消防工作中的应用

（1）消防专用或生活共用的室外给水管是否按规范要求连成环状管网, 室外消火栓、水泵接合器的布置是否符合规范的要求。

（2）接入市政雨、污水管接合井的管径、标高是否合适。

（3）化粪池、污水池等与埋地生活用水储水池的距离是否不小于 10m。当不满足时,

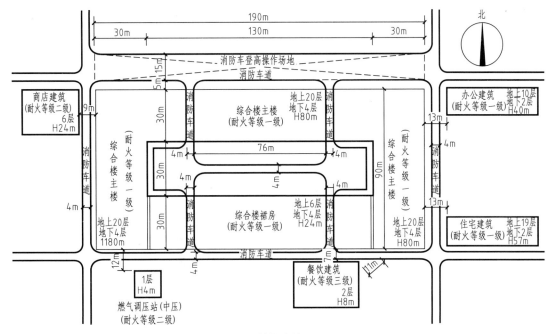

图 4-57 某综合楼总平面图

是否采取了防止污染生活用水储水池水质的有效措施。

（4）防火间距、消防车道、回车场及消防扑救面、高层建筑消防车登高操作面等是否符合规范要求。如图 4-57 所示某综合楼总平面图、图 4-58 所示某汽车加油站建筑总平面图、

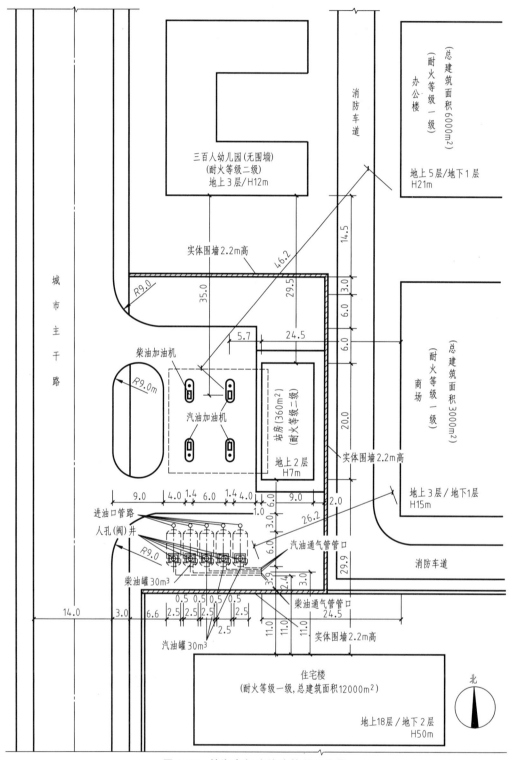

图 4-58 某汽车加油站建筑总平面图

图 4-59 所示某毛皮仓库总平面图。

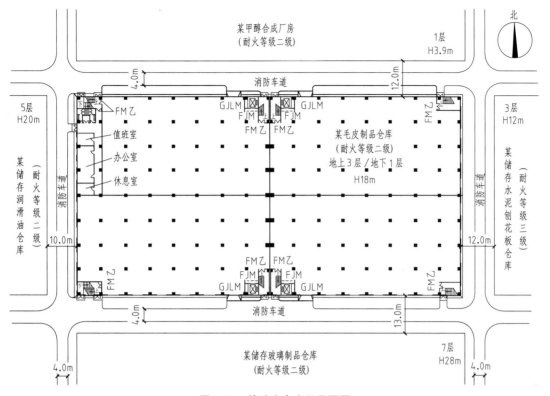

图 4-59　某毛皮仓库总平面图

三、平面图在消防工作中的应用

在平面图中，可以找出楼梯形式，如图 4-60 封闭楼梯间，图 4-61 扩大的封闭楼梯间，图 4-62 带阳台的防烟楼梯间，图 4-63 带凹廊的防烟楼梯间图 4-64 靠外墙的防烟楼梯间，图 4-65 采用机械防烟的楼梯间、防烟楼梯间、安全出口、疏散距离、疏散宽度、疏散楼梯、防

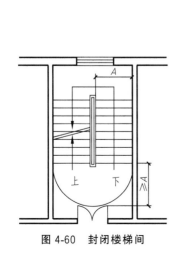

图 4-60　封闭楼梯间

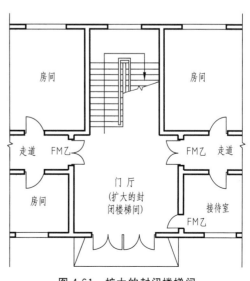

图 4-61　扩大的封闭楼梯间

火分区、防烟分区、消防控制室设置位置、消防电梯设置、消防水泵房、建筑面积、特定区域设置情况（如老年人活动场所、儿童用房活动场所等是否符合层数、面积、设置位置的要求），如图4-66某电影院建筑平面图，图4-67某体育馆建筑平面图，图4-68某宾馆客房标准层平面图。

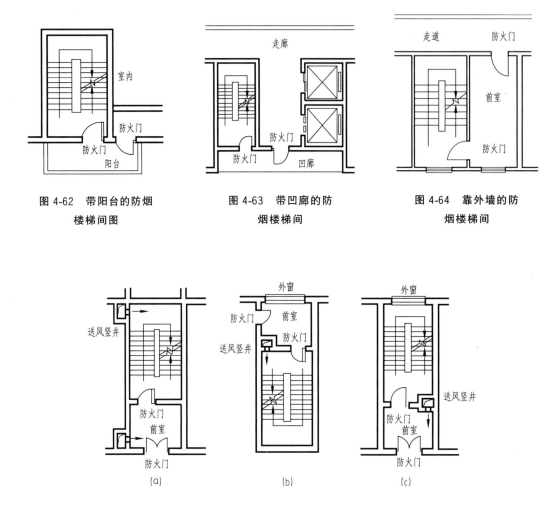

图 4-62　带阳台的防烟　　　　图 4-63　带凹廊的防　　　　图 4-64　靠外墙的防
　　　　楼梯间图　　　　　　　　　　　烟楼梯间　　　　　　　　　　烟楼梯间

　　　　　(a)　　　　　　　　　　　(b)　　　　　　　　　　　(c)

图 4-65　采用机械防烟的楼梯间

四、立平面图在消防工作中的应用

在立面图中，可以找到建筑高度、建筑分类、扑救面、避难层、首层安全出口（是否直通室外）等，如图4-69所示某综合楼立面图。

五、剖面图在消防工作中的应用

在剖面图中可以反映建筑高度、建筑层数、楼梯形式、设置玻璃幕墙的外墙设置等。如图4-70某地下汽车库剖面图，图4-71某商业中心剖面图，图4-72某塔式住宅剖面图。

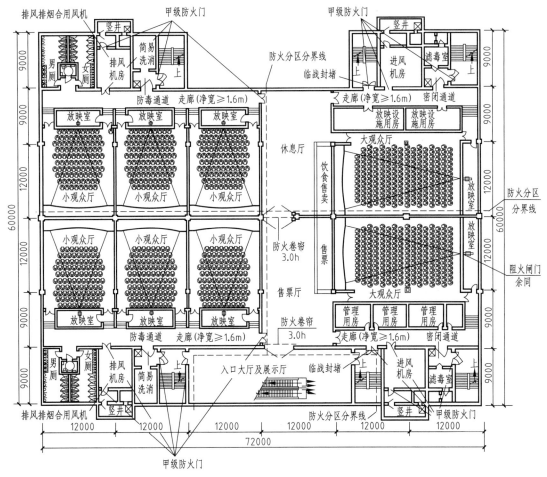

图 4-66　某电影院建筑平面图

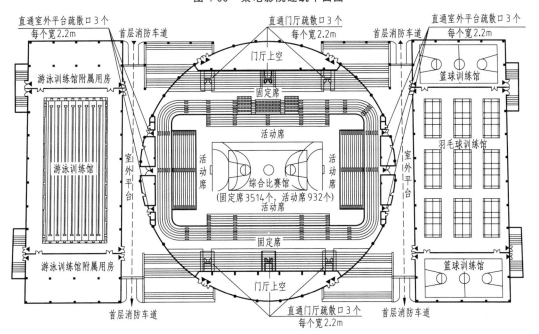

图 4-67　某体育馆建筑平面图

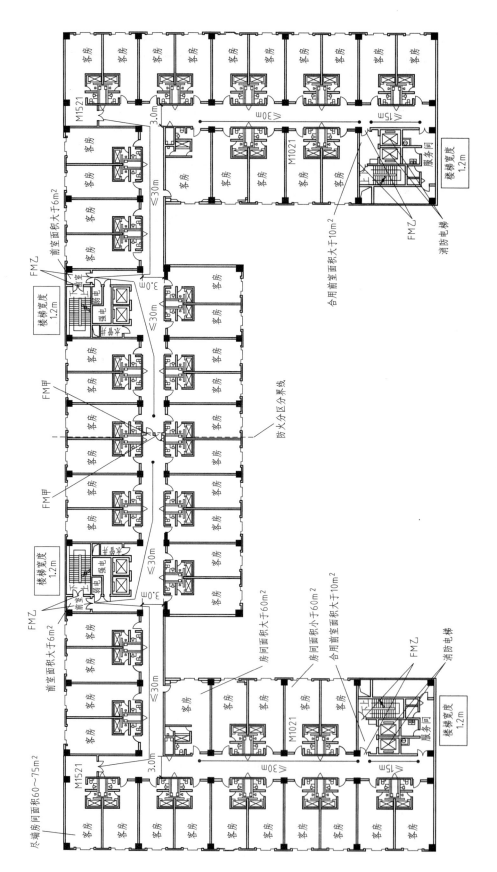

图 4-68 某宾馆客房标准层平面图

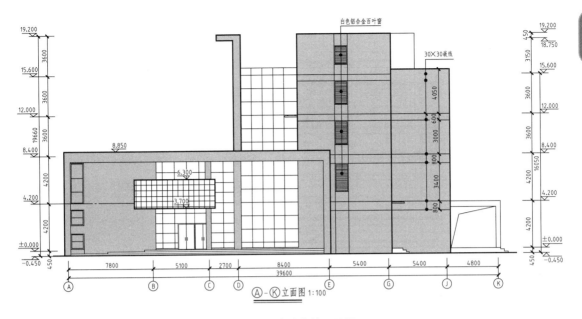

图 4-69 某综合楼立面图

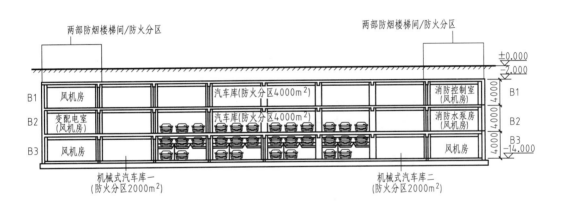

图 4-70 某地下汽车库剖面图

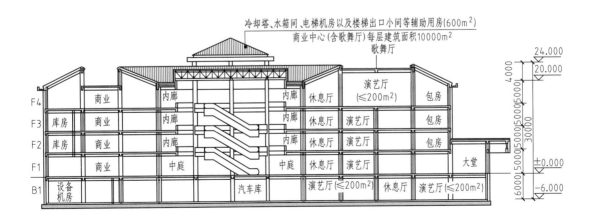

图 4-71 某商业中心剖面图

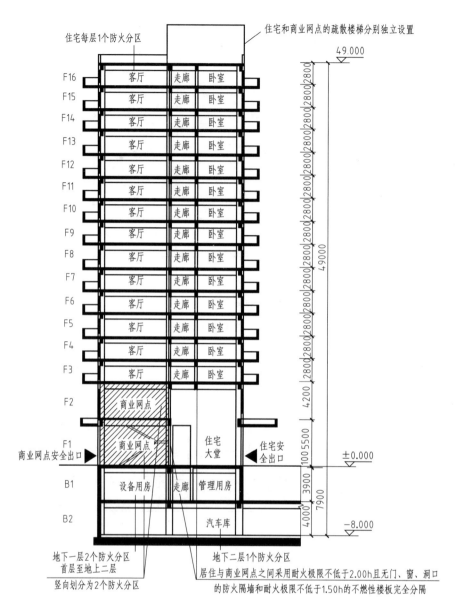

图 4-72 某塔式住宅剖面图

———◦ **思考与练习** ◦———

思考建筑平、立、剖面图之间还有哪些是消防工作需要的数据？

第五章
建筑设备施工图

第一节　给水排水施工图

【学习目标】

1. 了解给水排水施工图的分类。
2. 熟悉识读给水排水施工图的方法。
3. 掌握给水排水施工图的识读。

建筑设备是建筑工程的重要组成部分，在建筑工程中综合了建筑、结构、给排水、暖通、电气等各专业进行的设计，既能满足生产、工作、生活上的需要，又能满足安全、经济、美观、舒适的要求。建筑工程图纸是用于表示建筑物的内部布置情况、外部形状，以及装修、构造、施工要求等内容的图纸，分为建筑施工图、结构施工图、设备施工图。设备施工图包括给排水施工图、采暖通风施工图和电气施工图。图纸是设计、施工的依据和最基本的技术文件。

一、概述

建筑给水排水工程是给水排水工程的一个分支，也是建筑安装工程的一个分支。主要是研究建筑内、外部的给水、排水问题，保证建筑的功能正常和安全。建筑内部给水系统是将城镇给水管网或自配水源给水管网的水引入室内，经配水管送至生活、生产和消防用水设备，满足用水点对水量、水压和水质要求的供应系统。建筑内部排水系统的功能是将人们在日常生活和工业生产过程中使用过的、受到污染的水以及降落到屋面的雨水和雪水，及时排到室外的系统。

（一）给水排水施工图的分类

给水排水施工图是建筑工程图的组成部分，按其内容和作用的不同分为室内给水排水工程图、室外管网、附属设备图和水处理工艺图。

1. 室内给水排水工程图

室内给水排水工程图表达了房屋内部给水排水管网的布置、用水设备以及附属配件的设置。图纸主要画出建筑内的厨房、浴室、厕所、锅炉房及需要用水房间的管道布置。室内给水排水工程图主要包括管道平面布置图、管道系统轴测图、卫生设备或用水设备安装详图等。

2. 室外管网及附属设备图

室外管网及附属设备图表达了某一区域或整个城市的给水排水管网的布置以及各种管网上的附属设施。图纸主要画出敷设在室外地下各种管道的平面及高程布置。室外管网及附属设备图主要包括某一区域的干管平面图、相应管道纵剖面图、横剖面图和管道上的窨井、闸门井、排放口等图。

3．水处理工艺图

水处理工艺图表达了自来水厂和污水厂内的各个水处理构筑物和连接管道。包括各个水处理构筑物和连接管道的总平面布置图，高程布置流程图，取水构筑物、泵房等单项工程的平面、剖面等设计图和水处理构筑物的工艺设计图等。

（二）给水排水施工图的表达特点及一般规定

给水排水施工图是用图纸表达给水排水工程管网、设备及工艺的图纸，在图中管道的截面尺寸、管道长度、敷设方式、安装位置等应遵循《给水排水制图标准》（GB/T 50106）和《建筑制图标准》（GB/T 50104）及现行的有关标准、规范的规定。

1．给水排水施工图的表达特点

（1）给水排水施工图中的平面图、详图采用正投影法绘制。

（2）给水排水系统图宜按 45°正面斜轴测投影法绘制。管道系统图的布图方向应与平面图一致，按比例绘制，若局部管道按比例不易表示清楚时，可不按比例绘制。

（3）给水排水施工图中管道附件、设备等，一般采用统一图例表示。在绘制和阅读给水排水施工图前，应查阅掌握与图纸有关的图例及所代表的内容。

（4）给水及排水管道一般采用粗线型的实线或虚线绘制。建筑平面图、器材设备采用中粗、细线型的实线或虚线绘制。

（5）管道的连接配件属规格统一的产品，在图中不画。

（6）给水排水施工图中，用 J 作为给水系统和给水管的代号，用 P 作为排水系统和排水管的代号。

（7）给水排水施工图中管道设备的安装应与土建施工图相互配合，尤其在留洞、预埋件、管沟等方面对土建的要求，在图纸上要注明。

2．给水排水施工图图线、比例和标高的规定

（1）图线　给水排水施工图采用的各种线型应符合《给水排水制图标准》（GB/T 50106）中的规定，见表 5-1。

表 5-1　给水排水施工图中的线型

名称		线型	线宽	一般用法
实线	粗		b	新建给水排水管道线
	中		$0.5b$	(1)给水排水设备、构件的可见轮廓线 (2)厂区(小区)给水排水管道图中新建建筑物、构筑物的可见轮廓线，原有给水排水的管道线
	细		$0.35b$	(1)平、剖面图中被剖切的建筑构造的可见轮廓线 (2)厂区(小区)给水排水管道图中原有建筑物、构筑物的可见轮廓线 (3)尺寸线、尺寸界线、局部放大部分的范围线、引出线、标高符号线等
虚线	粗		b	新建给水排水管道线
	中		$0.5b$	(1)给水排水设备、构件的不可见轮廓线 (2)厂区(小区)给水排水管道图中新建建筑物、构筑物的不可见轮廓线，原有给水排水的管道线
	细		$0.35b$	(1)平、剖面图中被剖切的建筑构造的不可见轮廓线 (2)厂区(小区)给水排水管道图中原有建筑物、构筑物的不可见轮廓线

续表

名称	线型	线宽	一 般 用 法
细点划线	—— · ——	0.35b	中心线、定位轴线
折段线	〰	0.35b	断开界线
波浪线	〜〜〜	0.35b	断开界线

（2）比例　给水排水施工图选用的比例符合表5-2的规定。

表5-2　给水排水施工图选用比例

名　　称	比　　例
区域规划图	1∶50000、1∶10000、1∶5000、1∶2000
区域位置图	1∶10000、1∶5000、1∶2000、1∶1000
厂区(小区)平面图	1∶2000、1∶1000、1∶500、1∶200
管道纵断面图	横向1∶1000、1∶500;纵向1∶200、1∶100
水处理厂(站)平面图	1∶1000、1∶500、1∶200、1∶100
水处理流程图	无比例
水处理高程图	无比例
室内给水排水平面图	1∶300、1∶200、1∶100、1∶50
给水排水系统图	1∶200、1∶100、1∶50 或不按比例
设备加工图	1∶100、1∶50、1∶40、1∶30、1∶20、1∶10、1∶2、1∶1
部件、零件详图	1∶50、1∶40、1∶30、1∶20、1∶10、1∶2、1∶1、2∶1

（3）标高

①　标高以米（m）为单位，注写到小数点后三位。在总平面图及相应的厂区（小区）给水排水施工图中可注写到小数点后两位。

②　沟道、管道应标注起讫点、转角点、连接点、变坡点和交叉点的标高。沟道标注沟内底标高，压力管道标注管中心标高，室内外重力管道标注管内底标高，必要时，室内架空重力管道可标注管中心标高，但图中应加以说明。

③　室内管道应标注相对标高，室外管道标注绝对标高，当无绝对标高资料时，可标注相对标高，但应与总图一致。

④　标高的标注方法。

a. 平面图、系统图中管道标高应按图5-1的方式标注。

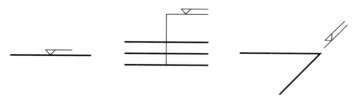

图5-1　平面图、系统图中管道标高标注法

b. 剖视图中管道标注应按图5-2的方式标注。

（4）管径　管径尺寸以毫米（mm）为单位。单管及多管管径应按图5-3的方式标注。

（5）编号

①　当建筑物的给水排水管进、出口数量多于1个时，需要对管道进行编号，宜用阿拉伯数字编号，如图5-4（a）所示。穿过建筑物一层或几层楼板的立管数量多于1个时，宜用

阿拉伯数字进行编号，如图 5-4（b）所示。

　　② 给水排水附属构筑物（阀门井、检查井、水表井、化粪池等）多于 1 个时，宜用构筑物代号后加阿拉伯数字进行编号。给水阀门井的编号顺序，应从水源到用户，从干管到支管再到用户。排水检查井的编号顺序，应从上游到下游，先干管后支管。

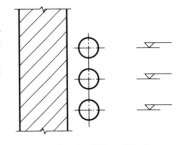

图 5-2　剖视图中管道标高标注法

3. 给水排水施工图的常用图例

　　由于管道的截面尺寸比其长度尺寸小得多，在小比例的施工图中用单线条表示管道，用图例表示管道上的配件。图例在给水排水的施工图中很常见，要读懂给水排水施工图就需要掌握常用给水排水施工图图例。给水排水施工图常用图例见表 5-3。

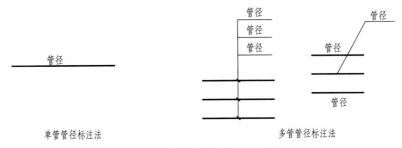

图 5-3　单管及多管管径标注法

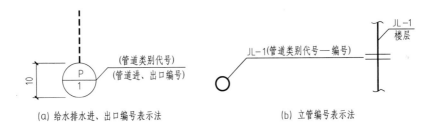

图 5-4　管道编号表示法

表 5-3　给水排水施工图常用图例

序号	名称	图例	说　明
1	管道	──── J ──── ──── P ──── ─ ─ ─ ─ ─	用汉语拼音字母表示管道类别 用图例表示管道类别
2	管道立管	XL　　XL	X 为管道类别代号
3	交叉管		在下方和后方的管道应断开

序号	名称	图例	说　明
4	三通连接		
5	四通连接		
6	多孔管		
7	流向		
8	坡度		
9	弯折管		表示管道向后弯 90° 表示管道向前弯 90°
10	存水弯		
11	检查口		
12	清扫口		
13	通气帽		
14	雨水斗	YD	

序号	名称	图例	说　明
15	地漏		
16	截止阀	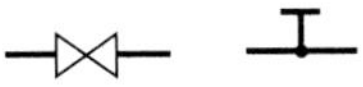	
17	止回阀		
18	放水龙头	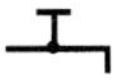	
19	室内消火栓	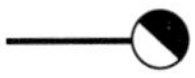	
20	室外消火栓		
21	洗脸盆	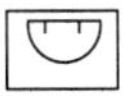	
22	浴盆	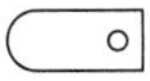	
23	污水池		
24	小便器		左图:挂式　右图:立式
25	大便器		左图:蹲式　右图:坐式

序号	名称	图例	说　明
26	淋浴喷头		
27	雨水口		
28	化粪池	 HC HC	左图:矩形　右图:圆形
29	阀门井、检查井	○　□	
30	水表井		
31	离心水泵		
32	温度计		
33	压力表		
34	水封井		

二、室外给水排水施工图

（一）室外给水排水平面图的内容

室外给水排水平面图是以建筑总平面的主要内容为基础，表明某小区（厂区）或某幢建筑物室外给水排水管道的布置情况。室外给水排水平面图包括室外地形、建筑物、道路、绿化等平面布置及标高状况，包括该区域内新建和原有给水排水管道及设施的平面布置、规格、数量、标高、坡度、流向等。当给水和排水管道种类繁多、地形复杂时，给水与排水管道可分系统绘制或增加局部放大图、纵断面图。

（二）识读

（1）了解设计说明，熟悉有关图例。

（2）区分给水与排水及其他用途的管道，区分原有和新建管道，分清同种管道的不同系统。

（3）分系统按给水及排水的流程逐个了解新建阀门井、水表井、消火栓和检查井、雨水口、化粪池以及管道的位置、规格、数量、坡度、标高、连接情况等。必要时需与室内平面图，尤其是底层平面图及其他室外有关图纸对照识读。

（4）以图 5-5 某科研所办公楼室外给水排水施工图为例识读。

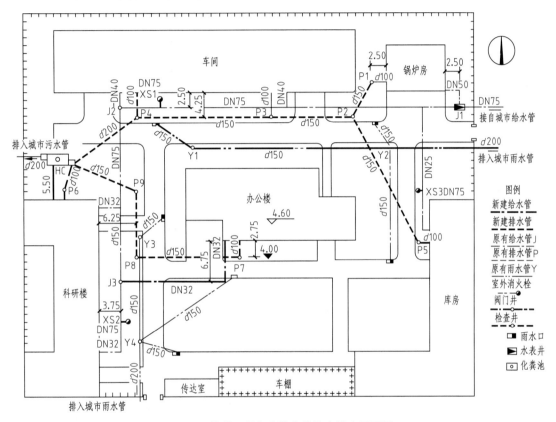

图 5-5　某科研所办公楼室外给水排水平面图

① 给水系统。原有给水管道是从东面市政给水管网引入城市给水管，该管中心距离锅炉房 2.5m，管径为 DN75。其上设水表井 J1，内装水表及控制水阀。给水管一直向西再折向南，沿途分设支管分别接入锅炉房（DN50）、库房（DN25）、车间（DN40×2）、科研楼（DN32×2），并设置了三个室外消火栓。

新建给水管道是由科研楼东侧的原有给水管阀门井 J3（预留口）接出，向东再向北引入新建办公楼，管径为 DN32，管中心标高 3.10m。

② 排水系统。根据市政排水管网提供的条件采用分流制，分为污水和雨水两个系统分别排放。污水系统原有污水管道是分两路汇集至化粪池，北路连接锅炉房、库房和车间的污水排出管，由东向西接入化粪池（P5、P1-P2-P3-P4-HC），南路连接科研楼污水排出管向北排入化粪池（P6-HC）。新建污水管道是办公楼污水排出管由南向西再向北排入化粪池（P7-

P8-P9-HC），汇集到化粪池的污水经化粪池预处理后，从出水井排入附近市政污水管。

③ 雨水系统。各建筑物屋面雨水经房屋雨水管流至室外地面，汇合庭院雨水经路边雨水口进入雨水管道，然后经由两路 Y1-Y2 向东和 Y3-Y4 向南排入城市雨水管。

（三）绘制

绘制步骤如下：

（1）选定比例尺，画出建筑总平面图中建筑物、道路等主要内容。

（2）根据底层管道平面图，画出各房屋建筑给水系统引入管和污水系统排出管。

（3）根据市政或新建建筑物室外原有给水系统和排水系统的情况，确定与各房屋引入管和排出管相连的给水管线和排水管线。

（4）画出给水系统的水表、阀门、消火栓，排水系统的检查井、化粪池及雨水口等。

（5）注明管道类别、控制尺寸坐标、节点编号、各建筑物、构筑物的管道进出口位置、自用图例及有关文字说明等。当无需绘制给水排水管道纵断面图时，图上应将各种管道的管径、坡度、管道长度、标高等标注清楚。

（6）若给水排水管道种类繁多，系统规模较大，地形比较复杂，则需将给水与排水分系统绘制，并增加局部放大图和纵断面图。

局部放大图主要有两类。一类是节点详图，表达管道数量多，连接情况复杂或穿越铁路、公路、河渠等障碍物等重要地段的放大图。节点详图可不按比例绘制，但节点平面位置应与室外管道平面图相对应。另一类是设施详图，如阀门井、水表井、消火栓、检查井、化粪池等附属构筑物的详图，图中管道用双线绘制。有关的设施详图往往有统一的标准图集以供选用，一般无需另绘。

纵断面主要表明室外给水排水管道的纵向（长度方向）地面线、管道坡度、管道基础、管道与技术井等构筑物的连接、埋深以及与本管道相关的各种地下管道、地沟等的相对位置和标高。纵断面图的压力管道一般宜用单粗实线绘制，重力管道宜用双粗实线绘制。图 5-6

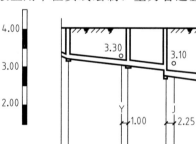

图 5-6　排水管道纵断面图

所示为新建办公楼室外排水管 P7-P8-P9-HC 的纵断面图，它表达了此段新建排水管各管段的管径、坡度、标高、长度以及与之交叉的雨水管（标高 3.30m）、给水管（标高 3.10m）的相对位置关系。

三、室内给水排水施工图

（一）室内给水排水平面图

室内给水排水平面图是表明给水排水管道、设备等布置的图纸。

1. 内容

（1）各用水设备的平面位置、类型。

（2）给水管网、排水管网的各个干管、立管、支管的平面位置、走向、立管编号和管道的安装方式（明装或暗装）。

（3）管道器材设备如阀门、消火栓、地漏、清扫口等的平面位置。给水引入管、水表节点、污水排出管的平面位置、走向及与室外给水、排水管网的连接（底层平面图）方式。

（4）管道及设备安装预留洞位置、预埋件、管沟等方向对土建的要求。

（5）室内给水系统组成，如图 5-7 所示。

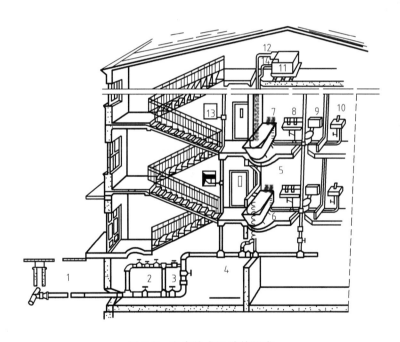

图 5-7 室内给水系统的组成

1—引入管；2—水表；3—水泵；4—水平干管；5—立管；6—支管；7—浴盆；8—洗脸盆；9—大便器；
10—洗涤盆；11—水箱；12—进水管；13—室内消火栓箱；14—出水管

① 引入管是室内和室外给水系统的连接管，又称进户管，其作用是将水从室外水管网引入室内给水系统，其上设有水表和阀门（两者总称为水表节点），水表用来计量用水量，阀门用来检修时启闭水流。

② 给水干管是将引入管送来的水输送给各给水立管的水平管道。

③ 给水立管是将给水干管送来的水输到各楼层的给水横管或各楼层的给水支管的竖直

管通。

④ 给水支管是指仅向一个用水设备供水的管道。用水设备及给水附件包括各种配水龙头或者其他用水器具，如冲洗水箱等。

⑤ 按照建筑物的防火要求及规定需要设置消防给水时，有消火栓系统、自动喷水灭火系统、水幕系统等系统管网及设备。

⑥ 除以上组成部分之外，在室外给水管网压力不足或室内供水、水压稳定有要求时，还需设置各种附属设备，如水箱、水泵、水池、气压给水装置等。

2. 绘制

（1）平面图的数量和范围　多层房屋的管道平面图应分层绘制，当管道系统布置相同时，可以绘制一个平面图，首层平面图仍应单独画出。首层管道平面图应画出整幢房屋的建筑平面图，其余各层可仅画布置有管道的局部平面图。

（2）房屋平面图　室内给水排水平面图是在建筑平面图的基础上表明给水排水有关内容的图纸，因此该图中的建筑轮廓线应与建筑平面图一致。但该图中的房屋平面图不是用于土建施工，而仅作为管道系统及设备的水平布局和定位的基准。因此，图纸仅需表达房屋的墙身、柱、门窗洞、楼梯、台阶等主要构、配件，房屋的细部、门扇、门窗代号等均略去不画。

室内给水排水平面图可采用与建筑平面图相同的比例，如显示不清可放大比例。图线采用细线绘制（0.35b）。首层平面图要画全轴线，楼层平面图可仅画边界轴线。

（3）卫生器具平面图　卫生器具中的洗脸盆、大便器、小便器等都是产品，不必详细表示，可按规定图例画出即可，而盥洗台、大便槽、小便槽等需要在现场砌筑的，其详图在建筑施工图中绘制，在室内给水排水平面图中仅需画出其主要轮廓。卫生器具的图线采用中实线（0.5b）绘制。

（4）管道平面图　管道平面图是用水平剖切平面剖切后的水平投影，然而各种管道不论在楼面（地面）之上或之下，都不考虑其可见性。即每层平面图中的管道均以连接该层卫生设备的管路为准，而不是以楼地面为分界。如在本层使用但安装在下层空间的重力管道，均绘于本层平面图上。

考虑到设计和施工识读图纸的方便，一般将给水系统和排水系统绘制于同一平面图上。

在首层管道平面图中，各种管道要按照系统编号。系统的划分视具体情况而异，一般给水管道以每一引入管为一个系统。排水管道以每一排出管为一个系统。由于管道的连接一般均采用连接配件，还有安装详图表达，所以平面图和系统图中的管道连接是示意性的表示，为简略表示，具体安装尺寸在详图中表示。

（5）尺寸标注　管道平面图应标注建筑的轴线尺寸、地面标高等尺寸，首层平面还需注出室外地面平整标高。卫生器具和管道一般都是沿墙靠柱设置，不需要进行尺寸标注定位，安装时是按照设计说明中的要求进行。如有必要进行标注时，是以墙面或柱面为基准标出。

卫生器具的规格在施工说明中写明。管道的管径、坡度和标高均标注在管道系统图中，在管道平面图中不必标注。

（6）绘图步骤　首先描绘建筑施工图中的建筑平面图、卫生间大样图等。在此基础上画出给水、排水管道平面图。最后进行标注尺寸、标高、系统编号，注写有关文字说明及图例。

（二）室内给水排水系统图

室内给水排水系统图是根据各层给水排水平面图中管道及用水设备的平面位置和竖向标高，用正面斜轴测投影绘制而成的图。它表明室内给水管网和排水管网上下层之间、左右前后之间的空间关系。

1. 内容

系统图与平面图对照阅读可以了解整个室内给水排水管道系统的全貌，系统图上注有各管径尺寸、立管编号、管道标高和坡度，并标明各种器材在管道上的位置。

2. 绘制

（1）轴向选择　管道系统图一般采用正面斜等测投影绘制，即 OX 轴处于水平位置，OZ 轴铅垂，OY 轴一般与水平线成 45°夹角，三轴的变形系数都是 1。管道系统图的轴向要与管道平面图的轴向一致，即 OX 轴与管道平面图的长度方向一致，OY 轴与管道平面图的宽度方向一致。根据轴测投影的性质，在管道系统图中，与轴向或 XOZ 坐标面平行的管道反映实长，与轴向或 XOZ 坐标面不平行的管道不反映实长。

（2）比例　管道系统图一般采用与管道平面图相同的比例绘制，管道系统复杂时亦可放大比例。当采取与平面图相同的比例时，绘制轴测图比较方便，OX 与 OY 轴向的尺寸可直接从平面图上量取，OZ 轴向的尺寸可依据层高和设备安装高度量取（设备安装高度可参见卫生设备施工安装详图）。

（3）管道系统　各管道系统图符号的编号应与底层管道平面图中的系统编号一致。管道系统图一般应按系统分别绘制，这样就可避免过多的管道重叠和交叉。

管道的画法与平面图的画法一样，给水管道采用粗实线，排水管道用粗虚线，管道器材用图例表示，卫生器具省略不画。当空间交叉的管道在图中相交时，在相交处将被挡在后面或下面的管线断开。当各层管网布置相同时，不必层层重复画出，而只需在管道省略折断处标注"同某层"即可。管道连接的画法具有示意性。关系表示方法就是当管道过于集中，无法画清楚时，可将某些管段断开，移至别处画出，在断开处给以明确的标记。

（4）房屋构件位置关系的表示　为了反映管道和房屋的联系，在管道系统图中还要画出被管道穿过的墙、地面、楼面、屋面的位置，这些构件的图线用细实线画出，构件剖面的方向按所穿越管道的轴测方向绘制，其表示方法如图 5-8 所示。

（5）尺寸标注

① 管径　管道系统中所有管段均需标注管径，当连续几段管段的管径相同时，可仅注其中两端管段的管径，中间管段可省略不注。

② 坡度　凡有坡度的横管都要注出其坡度，坡度符号的箭头应指向下坡方向。当排水横管采用标准坡度时，图中可省略不注，而在施工说明中写明。

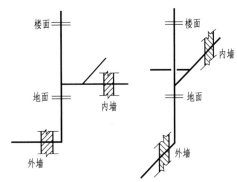

图 5-8　管道与房屋构件位置

③ 标高　管道系统图中标注的标高是相对标高，即以底层室内地坪为 ±0.000m。在给水管道系统图中，标高以管中心为准，一般要注出横管、阀门、放水龙头和水箱各部位的标高。在排水管道系统图中，横管的标高一般由卫

生器具的安装高度和管件尺寸所决定，所以不必标注。但是排水架空管道要标注管中心标高，并在图中说明，检查口和排出管起点（管内底）的标高也需标出。此外，还要标注室内地面、室外地面、各层楼面和屋面等的标高。

（6）图例　管道平面图和系统图应列出统一图例，其大小要与图中的图例大小相同。

（7）绘图步骤　管道系统图应参照管道平面图按管道系统编号分别绘制。先画立管，然后画立管上的给水引入管（污水排出管、通气管），再画从立管上引出的各横管及用水设备的给水连接支管（排水承接支管），管道系统上的阀门、龙头、检查口等器材，最后标注管径、标高、坡度、有关尺寸及编号等。

（三）平面图和系统图的识读

（1）熟悉图纸目录，了解设计说明，在此基础上将平面图与系统图联系对照识读。

（2）应按给水系统和排水系统分系统识读，在各自系统中应按编号依次识读。

建筑室内给水工程图管道由引入管、水表节点、室内配水干管、立管、支管、配水器具附件和增压稳压设备组成。室内排水管道由排水横管、排水立管排出管、通气管组成。

① 给水系统根据管网系统编号，从给水引入管开始沿水流方向经干管、立管、支管直至用水设备。

② 排水系统根据管网系统编号，从用水设备开始沿排水方向经支管、立管、排出管到室外检查井。

（3）在施工图中，对于常见的管道器材、设备等细部的位置、尺寸和构造要求，往往是不加说明的，而是遵循专业设计规范、施工操作规程等标准进行施工的，读图时要了解其详细做法，需要参照有关标准图集和安装详图。

（四）给水排水工程详图

在室内、外给水排水施工图中，无论是平面图、系统图，都只是显示了管道系统的布置情况，对于卫生器具、设备的安装，管道的连接、敷设，是在给水排水工程详图中表示。

详图要求详尽、具体、明确，视图完整，尺寸齐全，材料规格注写清楚，并附必要的说明。详图采用比例较大，可按前述规定选用。

一般常用的卫生器具及设备安装详图，可直接套用给水排水国家标准图集或有关的详图图集。选用标准图集时，只需在图例或说明中注明所采用图集的编号。不能采用图集的详图需自行绘制。

（五）举例识读建筑室内给水排水施工图

下面以某办公楼卫生间的给水排水施工图为例，介绍建筑室内给排水工程图的识读。

图纸目录如下：

序号	图纸目录	
1	底层给排水平面图	图 5-9
2	七层给排水平面图	图 5-10
3	顶层给排水平面图	图 5-11
4	生活给水系统图	图 5-12
5	生活污水排水系统图	图 5-13
6	雨水系统图	图 5-14
7	消火栓给水系统图	图 5-15
8	底层卫生间平面图	图 5-16
9	底层卫生间给水系统图	图 5-17

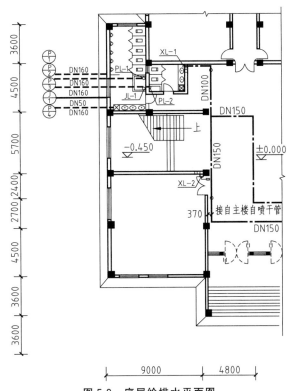

图 5-9　底层给排水平面图

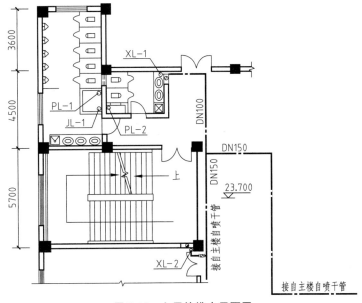

图 5-10　七层给排水平面图

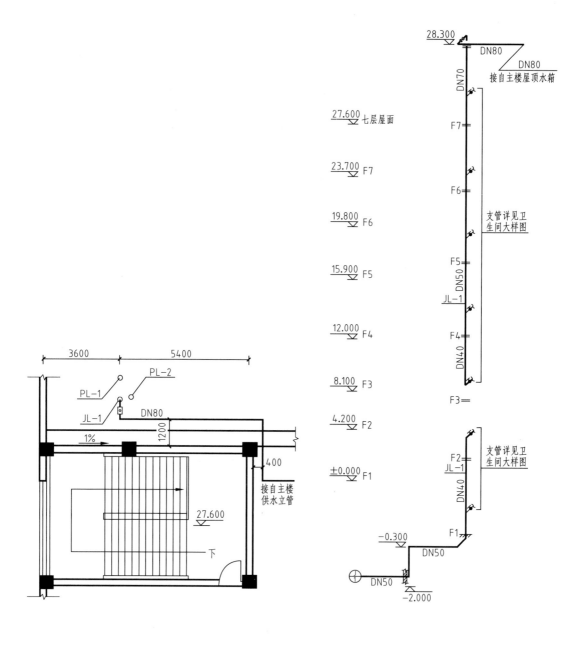

图 5-11　顶层给排水平面图

图 5-12　生活给水系统图

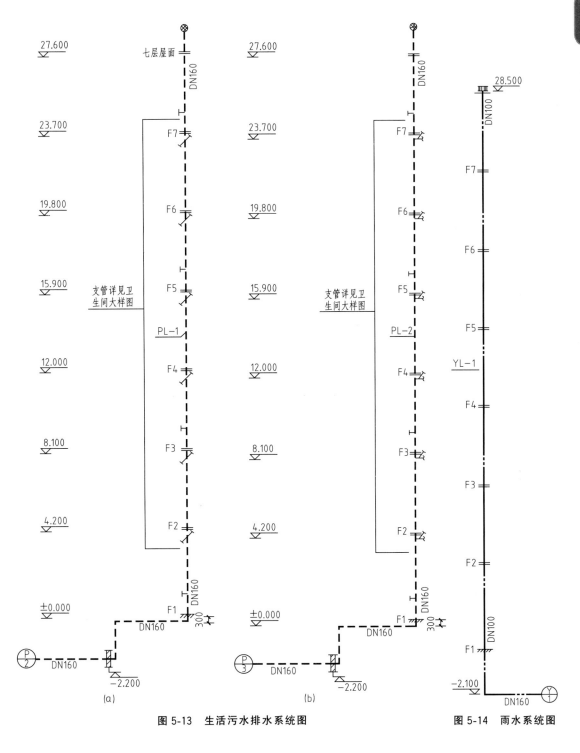

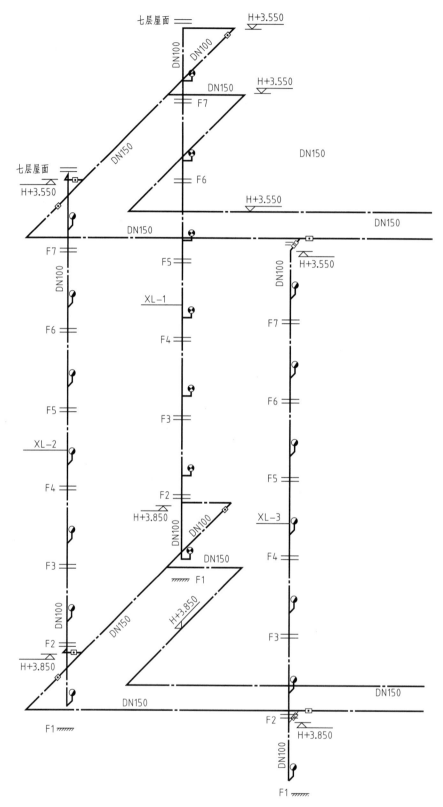

图 5-15　消火栓给水系统图

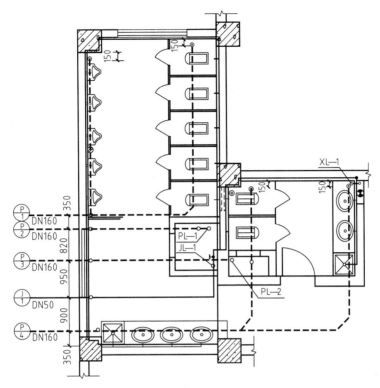

图 5-16 底层卫生间平面图

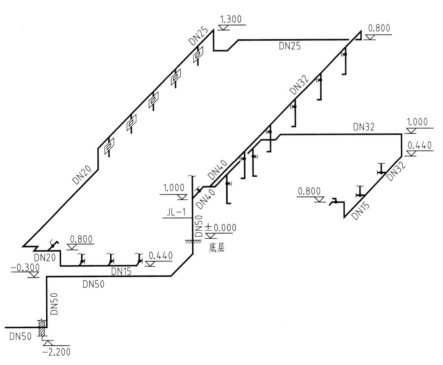

图 5-17 底层卫生间给水系统图

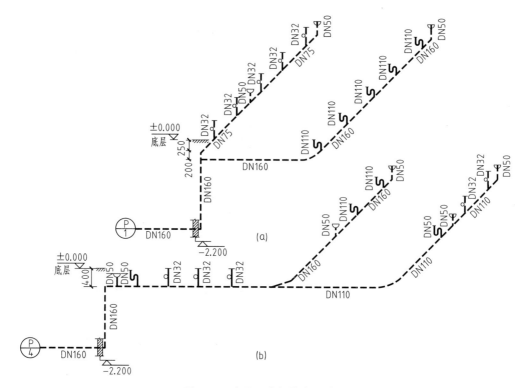

图 5-18　底层卫生间排水系统图

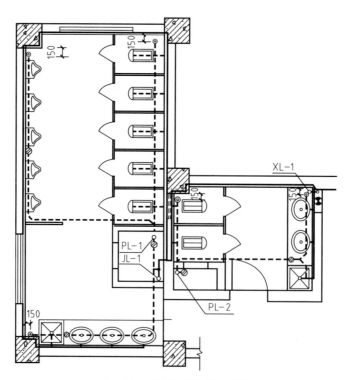

图 5-19　标准层卫生间大样图

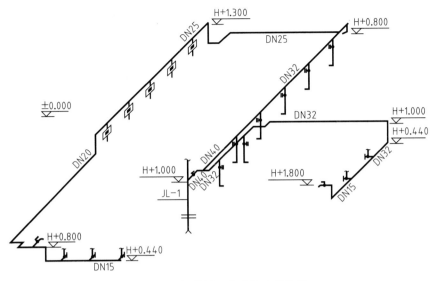

图 5-20　标准层卫生间给水系统图

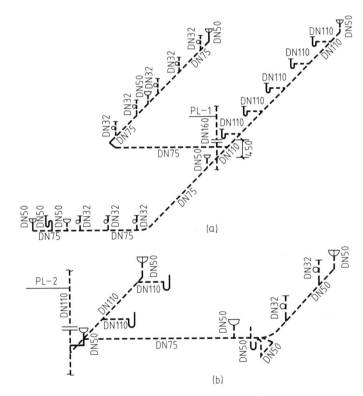

(a)

(b)

图 5-21　标准层卫生间排水系统图

1. 给排水平面图的识读

（1）底层给排水平面图的识读　建筑物的底层既是给水引入处又是污水的排出处，所以识读底层给排水平面图时除了识读反映与室内相关的内容（如给水进户管和污水排出管的平面布置、走向、定位尺寸、系统编号以及与建筑小区给排水管网的连接形式、管径、坡度等）外，还要识读反映与室内给排水相关的室外的有关内容（如底层给排水管道的平面布置、走向、连接形式、管径以及坡度等）。

从底层给排水平面图（图 5-9）上可以看出，底层设有男、女两个卫生间，男卫生间内设蹲式大便器 5 个、污水池 1 个、壁挂式小便器 5 个、洗脸盆 3 个，女卫生间内设蹲式大便器 2 个、污水池 1 个、洗脸盆 2 个。给水引入管从西侧垂直建筑外墙引入后进入管井，编号为 Ⓙ／1，管径为 DN50mm。从给水引入管上接出一根给水立管，敷设在管井内，编号为 JL—1。管井内还布置有 2 根排水立管，编号分别为 PL—1 和 PL—2。底层布置有 4 根排出管，均从建筑的西侧引出，编号分别为 Ⓟ／1、Ⓟ／2、Ⓟ／3 和 Ⓟ／4，管径为 DN160mm。从图上还可以看到接自主楼自喷干管的消防管道，管径为 DN150mm 和 DN100mm，分别在女卫生间东北角和靠近楼梯间的房间的东北角，向上接出消火栓给水系统的立管，编号分别为 XL—1 和 XL—2。

（2）七层给排水平面图的识读　从七层给排水平面图（图 5-10）中可知，七层卫生间室内卫生设施的布置情况与底层相同。在七层平面图中看不到室外水源的引入点，水直接由给水立管引到本层，由给水立管 JL—1（在管井内）接出水平支管供水。支管的详细布置情况和尺寸参看标准层卫生间大样图（图 5-19）。该层男、女卫生间的污水分别由敷设在两个管井内的 2 根排水立管收集，其编号为 PL—1 和 PL—2。排水支管的详细布置参看标准层卫生间大样图（图 5-19）。接自主楼自喷干管的管道与消防立管 XL—1、XL—2 连接，消防干管的管径为 DN150mm 和 DN100mm。

（3）标准层给排水平面图的识读　标准层是指楼上有若干层，其给排水平面布置相同，可以用任何一层的平面图来表示。因此，标准层平面图并不仅仅反映某一层楼的平面式样，而是若干相同平面布置的楼层给排水平面图。标准层的卫生间管道平面布置同七层给水排水平面图，识读见上。

（4）顶层给排水平面图的识读　从顶层给排水平面图（图 5-11）中可以看出，给水立管 JL—1 接自主楼供水管（管径为 DN80mm），由上自下供给附楼男、女卫生间用水。排水立管 PL—1、PL—2 伸出层面，是伸顶的通气管。

2. 给排水系统图的识读

（1）给水系统图的识读　为了弄清给排水管道的总体布置，需识读给排水系统图。识读室内给水系统图时，应先整体识读，然后对部分管路进行识读。

该建筑的生活给水系统图（图 5-12）的给水立管编号为 JL—1，与给排水平面图中的系统编号相对应，表示该附楼仅有一个给水系统。图中给出了各楼层的标高线（图中两条细横线表示楼层的地面，该建筑共有 7 层），表示出了接自主楼屋顶水箱的供水干管与给水管道的关系。由本系统图可知，一层、二层卫生间的用水由外管网直接供给，三层以上卫生间的用水由主楼的屋顶水箱供给。由此可见，该楼属于下层由外管网供给、上层由屋顶水箱供给的分区给水系统。引入管 Ⓙ／1（管径为 DN50mm）从外管网穿墙引入该建筑后，设弯头向上、向右（管径为 DN5mm，标高为 −0.3000m）、向后，再设弯头向上接出给水立管 JL—1，立管的管径为 DN40mm。接自主楼屋顶水箱的水平干管在七层接入给水立管 JL—1，水平干管的管径为 DN80mm，给水立管的管径由上至下为 DN70mm、DN50mm 和 DN40mm。各层分别在本层从给水立管 JL—1 上接出横支管，供给本楼层卫生间的用水。给水支管的布置详见卫生间大样图（图 5-16、图 5-19）。

（2）排水系统图的识读　从生活污水排水系统图（图 5-13）中可以看出，在 PL—1、

PL—2 排水系统图中，除底层卫生间内卫生设备的污水单独排出外（详见图 5-18），其余楼层卫生间内卫生器具的污水均通过排水横支管排到立管中集中排放。首先看排水立管，图中排水立管管径为 DN160mm，直到七层，七层以上出屋面部分的通气管管径为 DN160mm，且通气管上设有通气帽。为了便于清通管道，在排水立管的一层、三层、五层、七层位置处均设有检查口。排水立管 PL—1、PL—2 在底层地板下 300mm 处向左、向下、向左分别接出 2 根排出管 ⓟ²、ⓟ³，2 根排出管的管径均为 DN160mm，埋深为 2200mm。其次，来看看楼层的排水支管。排水立管 PL—1 在前后两个方向上接入 2 根排水支管，在排水立管 PL—2 的后方和右方两个方向上接入 2 根排水支管。

（3）雨水系统图的识读　图 5-14 为该楼的一根雨水立管 YL—1 的系统图。屋顶的雨水经雨水口收集后经由雨水立管 YL—1 和雨水排出管 ⓨ 排出。雨水立管的管径为 DN100mm，雨水排出管的管径为 DN160mm。

（4）消火栓给水系统图的识读　图 5-15 为消火栓给水系统图。从图中可以看到，该楼消火栓给水系统共设有 3 根消防立管，其编号分别为 XL—1、XL—2 和 XL—3，管径为 DN100mm，均从一层的水平消防干管上接出，在接出的起端均设置阀门。干管的管径为 DN150mm，安装高度在一层地面以上 3.850m 处。一层消火栓的用水由上向下供给。为了保证发生火灾时供水的可靠性，同时在顶层接自主楼消防加压稳压装置的水平消防干管与消防立管 XL—1、XL—2 和 XL—3 相接，管径为 DN150mm，安装在距地面 3.55m 高度处。各层消火栓的用水分别在本层从立管上接出。立管 XL—1 上设置的是双出口消火栓，立管 XL—2、XL—3 上设置的是单出口消火栓。

3. 大样图（详图）的识读

为了弄清卫生间管道的细部尺寸和布置情况，还需阅读大样图（详图）。

（1）底层卫生间大样图的识读　从底层卫生间平面图（图 5-16）、底层卫生间给水系统图（图 5-17）和底层卫生间排水系统图（图 5-18）上可以看出，男卫生间内还设有 2 个清扫口和 3 个地漏，女卫生间内还设有 2 个清扫口和两个地漏。清扫口均安装在排水横支管的起端，距墙 150mm。当埋入地下的管道较长时，为了便于管道的疏通，常在管道的起始端设弧形管道通向地面，在地表上设清扫口。正常情况下，清扫口是封闭的，在发生横支管堵塞时可以打开清扫口进行清通。

引入管 ⓙ¹ 进入室内后，沿内墙壁向上、向右、向后进入管井，在管井向上接出给水立管 JL—1。引入管的管径为 DN50mm。在距底层地坪 1m 处，立管上接有一个管径为 DN40mm 的等径三通，引出底层的供水横支管。其管径为 DN40mm，支管起端设置阀门。该支管转向右后分出两路水平支管。一路支管沿男卫生间四周墙壁供给男卫生间内各卫生器具用水，管径为 DN40mm、DN32mm、DN25mm、DN20mm 和 DN15mm，管道均为暗装。先接 5 个蹲便器冲洗水管，采用延时自闭冲洗阀冲洗，然后接弯头向下、向左、向前、向左、向上、又向前，在距底层地坪 1.3m 处接 5 个壁挂式小便器冲洗水管。支管继续延续，下沉后向前、向右、向前、向右拐弯，在距底层地坪 0.8m 处接出一个污水池水龙头，再下沉后向右拐弯，在距底层地坪 0.44m 处接出 3 个水龙头给洗脸盆供水，该供水横支管到此结束。另一路支管沿女卫生间四周墙壁供给女卫生间内各卫生器具用水，管径为 DN32mm 和 DN15mm，管道均为暗装。先接 2 个蹲便器冲洗水管，采用延时自闭冲洗阀冲洗，然后接弯头向右、向后，又向右延伸后下沉，在距底层地坪 0.44mm 处向前接出 2 个水龙头给洗洗脸盆供水，然后向上在距底层地坪 0.8m 处接出 1 个污水池水龙头。该供水横支管到此结束。

从底层卫生间平面图（图 5-16）上可以看出，管井内排水立管 PL—1 承接来自二楼以上各楼层男卫生间的污水，并由管径为 DN160mm 的排出管 $\frac{P}{2}$ 排到室外；另一管井内排水立管 PL—2 承接来自二楼以上各楼层女卫生间的污水，并由管径为 DN160mm 的排出管 $\frac{P}{3}$ 排至室外，底层污水则分别由管径为 DN160mm 的排出管 $\frac{P}{1}$、$\frac{P}{4}$ 单独排出。男卫生间内 5 个小便器（管径为 DN32mm）、1 个清扫口（管径为 DN50mm）和 1 个地漏（管径为 DN50mm）的污水由一根排水横支管收集，该横支管的管径为 DN75mm。男卫生间内 5 个蹲便器（图中为 5 个存水弯，管径为 DN110mm）和另一个清扫口（管径为 DN50mm）的污水由另一根排水横支管收集，该横支管管径为 DN160mm。这两根排水横支管收集的污水均由排出管 $\frac{P}{1}$ 承接并排至室外。连接各卫生器具的器具排水支管的管径详见图 5-18（a）。女卫生间内 1 个清扫口、2 个洗脸盆、1 个地漏和 1 个污水池的污水由一根排水横支管收集，女卫生间内另一个清扫口，2 个蹲便器和另一个地漏的污水由另一根排水横支管收集。这两根排水横支管汇合后向左拐弯，又承接了男卫生间内 3 个洗脸盆、1 个污水池和 1 个地漏的污水，经排出管 $\frac{P}{4}$ 排至室外。连接各卫生器具的排水支管的管径详见图 5-18（b）。

（2）标准层卫生间大样图的识读　从标准层卫生间平面图（图 5-19）、标准层卫生间给水系统图（图 5-20）和标准层卫生间排水系统图（图 5-21）上可以看出，标准层卫生间内给水管道的布置与底层基本相同，只是标准层看不到给水引入管，只能看到给水立管 JL—1 的平面，标准层的用水接自给水立管。标准层卫生间内排水管道的布置则与底层不同。排水横支管以立管为界两侧各设一路，用四通与立管连接，并且接入口均设在楼面下方。男卫生间内 1 个清扫口和 5 个蹲便器的污水由一根排水横支管收集，管径为 DN50mm 和 DN110mm，男卫生间内另 1 个清扫口、5 个小便器和 1 个地漏的污水由另一根排水横支管收集，管径为 DN50mm 和 DN75mm。这两根排水横支管汇合后向前接入排水立管 PL—1。男卫生间内 1 个清扫口、1 个污水池、2 个地漏和 3 个洗脸盆的污水由一根排水横支管收集，管径为 DN75mm，同样接入排水立管 PL—1。女卫生间 1 个清扫口、2 个洗脸盆、1 个污水池和 1 个地漏的污水由一根排水横支管收集，女卫生间内另 1 个清扫口和 2 个蹲便器的污水由另一根排水横支管收集。这两根排水横支管汇合后向前接入排水立管 PL—2，同时接入 1 个地漏的污水。

四、建筑消防室内消火栓给水系统

室内消火栓给水系统是建筑物应用最广泛的一种消防设施。系统是由供水设施、消火栓、配水管网和阀门等组成，如图 5-22 所示。

室内消火栓给水系统的工作原理与系统的给水方式有关。通常是针对建筑消防给水系统采用的是临时高压消防给水系统。在临时高压消防给水系统中，系统设有消防泵和高位消防水箱。当火灾发生后，现场的人员可打开消火栓箱，将水带与消火栓栓口连接，打开消火栓的阀门，消火栓即可投入使用。按下消火栓箱内的按钮向消防控制中心报警，同时设在高位水箱出水管上的流量开关和设在消防水泵出水干管上的压力开关，报警阀压力开关等开关信号直接启动消防水泵。对于消火栓泵的启动，还可由消防泵现场、消防控制中心控制，消火

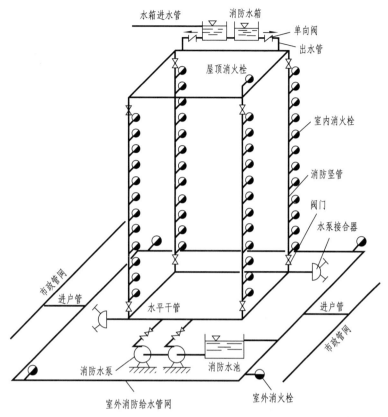

图 5-22　消火栓给水系统组成示意图

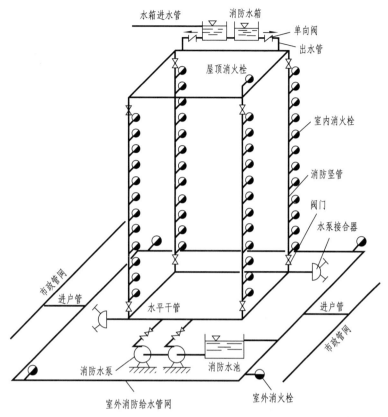内的标注：
水箱进水管　消防水箱　单向阀　出水管　屋顶消火栓　室内消火栓　消防竖管　阀门　水泵接合器　市政管网　进户管　水平干管　进户管　市政管网　消防水泵　消防水池　室外消防给水管网　室外消火栓

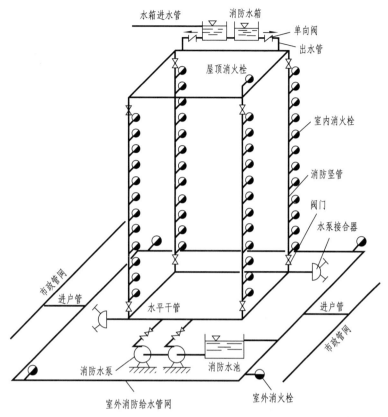

右侧竖排文字：

栓泵一旦启动后不得自动停泵，停泵只能由现场手动控制。

室内消火栓系统按建筑类型不同可分为低层建筑消火栓给水系统和高层建筑消火栓给水系统。同时，根据低层建筑和高层建筑给水方式不同，又可再进行细分。给水方式是指建筑物消火栓给水系统的供水方案。

（一）低层建筑消火栓给水系统及给水方式

低层建筑消火栓给水系统是指设置在低层建筑物内的消火栓给水系统。

1. 直接给水方式

直接给水方式无加压水泵和水箱，室内消防用水直接由室外消防给水管网提供，如图5-23所示。其构造简单，投资省，可充分利用外网水压，节省能源。但由于内部无储存水量，外网一旦停水，则内部立即断水，可靠性差。当室外给水管网所供水量和水压在全天任何时候均能满足系统最不利点消火栓设备所需水量和水压时，可采用这种供水方式。

2. 设有消防水箱的给水方式

如图5-24所示，该室内给水管网与室外管网直接相接，利用外网压力供水，同时设高位消防水箱调节流量和压力，其供水较可靠，投资节省，可充分利用外网压力，但须设置高位水箱，增加了建筑的荷载。当全天大部分时间室外管网的压力能够满足要求，只在用水高峰时室外管网的压力较低，满足不了室内消火栓的压力要求时，可采用这种给水方式。

3. 设有消防水泵和消防水箱给水方式

这种给水方式设有消防水箱和消防水泵的给水方式，如图5-25所示。系统中的消防用

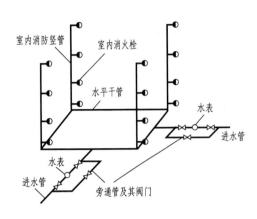

图 5-23 直接给水方式示意图

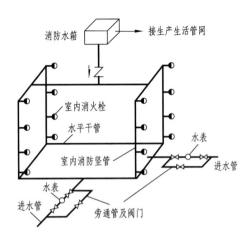

图 5-24 设有消防水箱给水方式示意图

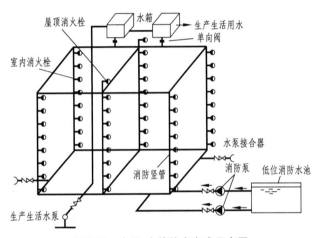

图 5-25 水泵-水箱给水方式示意图

水平时由屋顶水箱提供，生活水泵定时向水箱补水，火灾时可启动消防水泵向系统供水。当室外消防给水管网的水压经常不能满足室内消火栓给水系统所需水压时，宜采用这种给水方式。

（2）高层建筑消火栓给水系统及给水方式

设置在高层建筑物内的消火栓给水系统，称为高层建筑消火栓给水系统。高层建筑一旦发生火灾，火势猛，蔓延快，救援及疏散困难，极易造成人员伤亡和重大经济损失。因此，高层建筑必须依靠建筑物内设置的消防设施进行自救。高层建筑消火栓给水系统由于配水管道的工作压力要求不同，系统有不同的给水方式。

1. 不分区消防给水方式

当高层建筑最低消火栓栓口的静水压力不大于 1.0MPa 时，或系统工作压力不大于 2.4MPa 时，采用这种给水方式。整栋建筑采用一个区供水，系统简单，设备少。

2. 分区消防给水方式

当高层建筑最低消火栓栓口的静水压力大于 1.0MPa 或系统工作压力大于 2.4MPa 时，采用分区给水系统。

五、建筑消防自动喷水灭火系统

自动喷水灭火系统是由洒水喷头、报警阀组、水流报警装置（水流指示器或压力开关）等组件，以及管道、供水设施组成，并能在发生火灾时喷水的自动灭火系统。自动喷水灭火系统根据所使用喷头的型式，分为闭式自动喷水灭火系统和开式自动喷水灭火系统两大类。根据系统的用途和配置状况，自动喷水灭火系统又分为湿式系统、干式系统、雨淋系统、水幕系统、自动喷水-泡沫联用系统等。

（1）湿式自动喷水灭火系统　湿式自动喷水灭火系统由闭式喷头、湿式报警阀组、水流指示器或压力开关、供水与配水管道以及供水设施等组成，在准工作状态时管道内充满用于启动系统的有压水。湿式系统的组成如图 5-26 所示。

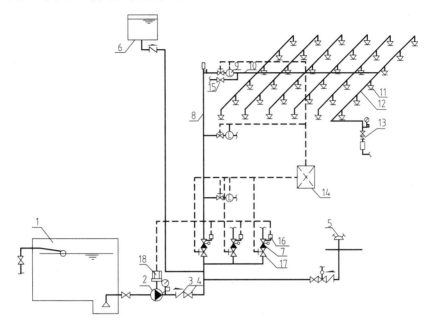

图 5-26　湿式系统示意图

1—消防水池；2—水泵；3—止回阀；4—闸阀；5—水泵接合器；6—消防水箱；7—湿式报警阀组；
8—配水干管；9—水流指示器；10—配水管；11—闭式喷头 12—配水支管；13—末端试水装置；
14—报警控制器；15—泄水阀；16—压力开关；17—信号阀；18—驱动电机

湿式系统在准工作状态时，由消防水箱或稳压泵、气压给水设备等稳压设施维持管道内充水的压力。发生火灾时，在火灾温度的作用下，闭式喷头的热敏元件动作，喷头开启并开始喷水。此时，管网中的水由静止变为流动，水流指示器动作送出电信号，在报警控制器上显示某一区域喷水的信息。由于持续喷水泄压造成湿式报警阀的上部水压低于下部水压，在压力差的作用下，原来处于关闭状态的湿式报警阀自动开启。此时压力水通过湿式报警阀流向管网，同时打开通向水力警铃的通道，延迟器充满水后，水力警铃发出声响警报，压力开关动作并输出启动供水泵的信号。供水泵投入运行后，完成系统的启动过程。

（2）干式自动喷水灭火系统

干式自动喷水灭火系统由闭式喷头、干式报警阀组、水流指示器或压力开关、供水与配水管道、充气设备以及供水设施等组成，在准工作状态时配水管道内充满用于启动系统的有压气体。干式系统的启动原理与湿式系统相似，只是将传输喷头开放信号的介质，由有压水改为有压气体。干式系统的示意图如图 5-27 所示。

干式系统在准工作状态时，由消防水箱或稳压泵、气压给水设备等稳压设施维持干式报警阀入口前管道内充水的压力，报警阀出口后的管道内充满有压气体（通常采用压缩空气），报警阀处于关闭状态。发生火灾时，在火灾温度的作用下，闭式喷头的热敏元件动作，闭式喷头开启，使干式阀出口压力下降，加速器动作后促使干式报警阀迅速开启，管道开始排气

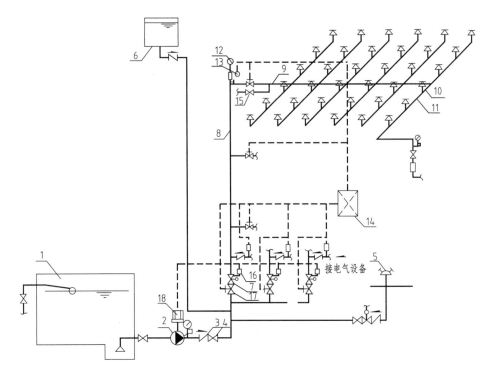

图 5-27 干式系统示意图

1—消防水池；2—水泵；3—止回阀；4—闸阀；5—水泵接合器；6—消防水箱；7—干式报警阀组；
8—配水干管；9—配水管；10—闭式喷头；11—配水支管；12—排气阀；13—电动阀；14—报警控制器；
15—泄水阀；16—压力开关；17—信号阀；18—驱动电机

充水，剩余压缩空气从系统最高处的排气阀和开启的喷头处喷出，此时通向水力警铃和压力开关的通道被打开，水力警铃发出声响警报，压力开关动作并输出启泵信号，启动系统供水泵；管道完成排气充水过程后，开启的喷头开始喷水。从闭式喷头开启至供水泵投入运行前，由消防水箱、气压给水设备或稳压泵等供水设施为系统的配水管道充水。干式系统适用于环境温度低于 4℃，或高于 70℃ 的场所。干式系统虽然解决了湿式系统不适用于高、低温环境场所的问题，但由于准工作状态时配水管道内没有水，喷头动作、系统启动时必须经过一个管道排气充水的过程，因此会出现滞后喷水现象，不利于系统及时控火灭火。

（3）预作用自动喷水灭火系统 预作用自动喷水灭火系统由闭式喷头、雨淋阀组、水流报警装置、供水与配水管道、充气设备和供水设施等组成，在准工作状态时配水管道内不充水，由火灾报警系统自动开启雨淋阀后，转换为湿式系统。预作用系统与湿式系统、干式系统的不同之处，在于系统采用雨淋阀，并配套设置火灾自动报警系统。预作用系统的组成如图 5-28 所示。

系统处于准工作状态时，由消防水箱或稳压泵、气压给水设备等稳压设施维持雨淋阀入口前管道内充水的压力，雨淋阀后的管道内平时无水或充以有压气体。发生火灾时，由火灾自动报警系统自动开启雨淋报警阀，配水管道开始排气充水，使系统在闭式喷头动作前转换成湿式系统，并在闭式喷头开启后立即喷水。预作用系统可消除干式系统在喷头开放后延迟喷水的弊病，因此预作用系统可在低温和高温环境中替代干式系统。系统处于准工作状态时，严禁管道漏水，严禁系统误喷的忌水场所，应采用预作用系统。

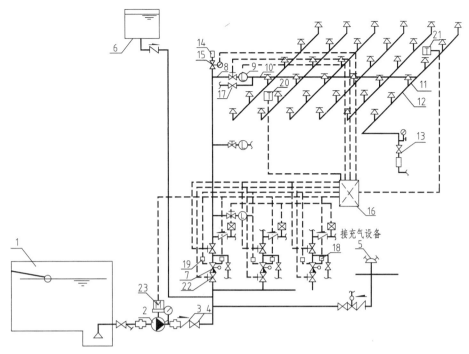

图 5-28 预作用系统示意图

1—消防水池；2—水泵；3—止回阀；4—闸阀；5—水泵接合器；6—消防水箱；7—预作用报警阀组；
8—配水干管；9—水流指示器；10—配水管；11—闭式喷头；12—配水支管；13—末端试水装置；
14—排气阀；15—电动阀；16—报警控制器；17—泄水阀；18—压力开关；19—电磁阀；
20—感温探测器；21—感烟探测器；22—信号阀；23—驱动电机

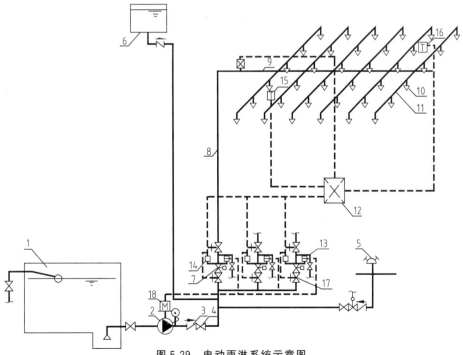

图 5-29 电动雨淋系统示意图

1—消防水池；2—水泵；3—止回阀；4—闸阀；5—水泵接合器；6—消防水箱；7—雨淋报警阀组；
8—配水干管；9—配水管；10—闭式喷头；11—配水支管；12—报警控制器；13—压力开关；
14—电磁阀；15—感温探测器；16—感烟探测器；17—信号阀；18—驱动电机

（4）雨淋系统 雨淋系统由开式喷头、雨淋阀组、水流报警装置、供水与配水管道以及供水设施等组成。雨淋系统采用开式喷头，由雨淋阀控制喷水范围，由配套的火灾自动报警系统或传动管系统启动雨淋阀。雨淋系统有电动系统和液动或气动系统两种常用的自动控制方式。雨淋系统的组成如图5-29和图5-30所示。

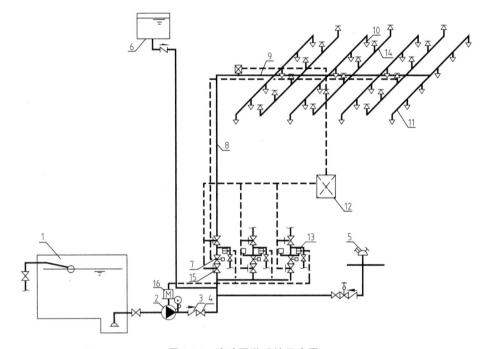

图 5-30　液动雨淋系统示意图

1—消防水池；2—水泵；3—止回阀；4—闸阀；5—水泵接合器；6—消防水箱；
7—雨淋报警阀组；8—配水干管；9—配水管；10—闭式喷头；11—配水支管；
12—报警控制器；13—压力开关；14—开式喷头；15—信号阀；16—驱动电机

预作用系统可消除干式系统在喷头开放后延迟喷水的弊病，因此预作用系统可在低温和高温环境中替代干式系统。系统处于准工作状态时，严禁管道漏水，严禁系统误喷的忌水场所，应采用预作用系统。雨淋系统主要适用于需大面积喷水、快速扑灭火灾的特别危险场所。

---◇ **思考与练习** ◇---

1. 给水排水施工图表达的特点是什么？
2. 给水排水施工图包括哪些图纸？
3. 给水排水施工图的识图要点是什么？
4. 室内消火栓系统由哪几部分组成？可分为哪几类？

第二节　暖通空调工程施工图

【学习目标】

1. 了解暖通空调工程施工图、通风空调工程施工图的分类。
2. 熟悉暖通空调工程施工图、通风空调工程施工图识读的方法。
3. 掌握暖通空调工程施工图、通风空调工程施工图的识读。

供暖、通风与空调工程是基本建设领域中一个不可缺少的组成部分，它对合理利用资源、节约能源、保护环境、保证工作条件、提高生活质量都有着十分重要的作用。合理的暖通空调系统降低能耗，实现建筑节能、绿色建筑的目标。符合《暖通空调制图标准》（GB/T 50114）和《房屋建筑制图统一标准》（GB/T 50001—2017）及国家现行的有关强制性标准的规定。

一、采暖工程施工图概述

采暖工程施工图是建筑供暖设计方案的组成部分和设计方案意图的表达，图纸要符合设计、施工、存档的要求，适应工程建设的需要。

（一）分类

采暖系统由热源、供热管通、散热设备三个基本组成部分。热源是采暖系统中生产热能的部分，如锅炉房、热交换站等。供热管道是指热源和散热设备之间的连接管道，供热管道将热媒由热源输送到各个散热设备。

1. 根据作用范围划分

（1）局部采暖系统　热源、供热管道和散热设备都在供暖房间内称为局部采暖系统，如火炉采暖、简易散热器采暖、燃气采暖和电热采暖等。

（2）集中供暖系统　热源设在独建的锅炉房或换热站内，热量由热媒（热水或蒸汽）经供热管道输送至一幢或几幢建筑物的称为集中供暖系统。

（3）区域采暖系统　以区域性锅炉房作为热源，供一个区域的许多建筑物采暖的供暖系统，称为区域采暖系统。

2. 根据采暖系统所用热媒划分

（1）热水采暖系统　以热水为热媒，将热量输送至散热设备的供暖系统，称为热水采暖系统。热水采暖系统的蓄热能力较大，系统热得慢，但冷得也慢，室内温度相对比较稳定。热水采暖系统中，散热器表面温度较低，不易烫伤人，散热器上的尘埃不易升华，卫生条件较好，只要解决好系统中的排气和热膨胀问题，是常见的采暖系统的形式。

（2）蒸汽采暖系统　以蒸汽为热媒，将热量输送至散热设备的供暖系统，称为蒸汽采暖系统。水在汽化时吸收汽化潜热，利用蒸汽在散热器中凝结时要放出的汽化潜热向房间供热，凝结水再返回锅炉重新加热。

（3）热风采暖系统　用热空气把热量直接送到供暖房间的采暖系统，称为热风采暖系统。

（二）表达方法和一般规定

采暖系统根据设置部位的不同分为室外采暖施工图和室内采暖施工图。室外采暖施工图是表示一份区域的采暖管网的布置情况，主要包括设计施工说明、总平面图、管道剖面图、管道纵断面图和详图等。室内采暖施工图是表示一幢建筑物的采暖工程，主要包括设计施工说明、采暖平面图、系统图、详图等。

1. 图线

暖通专业制图对图线有一定的要求，根据图样的比例、类别及使用方式确定图线的基本宽度。图线的基本宽度一般选用 0.18mm、0.35mm、0.5mm、0.7mm、1.0mm。暖通专业制图采用的线型及其表达的含义见表 5-4。

表 5-4　暖通专业制图线型

名称	线性	线宽	一般用法
粗实线	———————	b	单线表示的管道
中实线	———————	$0.5b$	设备轮廓、双线表示的管道轮廓
细实线	———————	$0.25b$	建筑物轮廓，尺寸、标高、角度等标注线及引出线
粗虚线	— — — —	b	回水管线
中虚线	－ － － － －	$0.5b$	设备及管道被遮挡的轮廓
细虚线	- - - - - -	$0.25b$	地下管沟、改造前风管的轮廓线，示意性连线
细点划线	—·—·—·—	$0.25b$	中心线、定位轴线
双点划线	—··—··—	$0.25b$	假想或工艺设备轮廓线
折段线	——⌇——	$0.25b$	断开界线
中粗波浪线	～～～	$0.5b$	单线表示的软管
细波浪线	～～	$0.25b$	断开界线

2. 采暖工程施工图经常用代号、图例表达系统中的管道及设备

采暖工程施工图常用管道代号、图例见表 5-5～表 5-7。

表 5-5　采暖常用管道代号

序号	代号	管道名称
1	R	热水管
2	Z	蒸汽管
3	N	凝结水管
4	P	膨胀水管、排污管、排气管、旁通管
5	G	补给水管
6	X	泄水管
7	XH	循环管、信号管
8	Y	溢排管

序号	代号	管 道 名 称
9	L	空调冷水管
10	LR	空调热水管
11	LQ	空调冷却水管
12	RH	软化水管
13	CY	出氧水管
14	FQ	氟气管
15	FY	氟液管

表 5-6 水、汽管道阀门和附件

序 号	名 称	图 例
1	截止阀	
2	闸阀	
3	手动调节阀	
4	球阀、转心阀	
5	蝶阀	
6	角阀	或
7	平衡阀	
8	三通阀	或
9	四通阀	
10	节流阀	
11	膨胀阀	或
12	旋塞	
13	快放阀	
14	止回阀	

序 号	名　　称	图　　例
15	减压阀	
16	安全阀	
17	疏水阀	
18	浮球阀	
19	集气管、排气装置	
20	自动排气阀	
21	除污器、过滤器	
22	节流孔板、减压孔板	
23	补偿器	
24	矩形补偿器	
25	套管补偿器	
26	变径管、异径管	
27	活接头	
28	法兰	
29	可曲挠橡胶软接头	
30	金属软管	
31	绝热管	
32	保护套管	
33	固定支架	

表 5-7 暖通空调设备图例

序 号	名 称	图 例
1	散热器及手动放气阀	
2	散热器及控制阀	
3	轴流风机	
4	离心风机	
5	水泵	
6	空气加热、冷却器	
7	板式换热器	
8	空气过滤器	
9	电加热器	
10	加湿器	
11	挡水板	
12	窗式空调器	
13	分体空调器	
14	风机盘管	
15	减震器	

二、室内采暖系统工程施工图

（一）内容

采暖系统工程施工图一般由设计说明、平面图、系统图、详图、主要设备材料表等部分组成。

1. 设计说明

设计图纸无法表达的问题，一般用设计说明来表达。设计说明是设计图纸的重要补充说明，包括：

（1）建筑物的采暖面积、热源的种类、热媒参数、系统总热负荷。

（2）散热器的型号、安装方式、系统形式。

（3）安装和调整运转时应遵循的标准和规范。

（4）管道连接方式，采用的管道材料，管道附件安装要求，如散热器支管、立管是否安装阀门、是否安装阀门等。

（5）施工图上无法表达的内容，如管道保温、防腐要求等。

2. 平面图

室内采暖平面图是表示采暖管道及设备平面布置的图纸。

（1）内容

① 表达散热器平面位置、规格、数量、安装方式（明装或暗装）。

② 表达采暖管道系统的干管、立管、支管的平面位置、走向、立管编号和管道安装方式（明装或暗装）。

③ 表达采暖干管上的阀门、固定支架、补偿器等的平面位置。

④ 表达采暖系统的膨胀水箱、集气罐（热水采暖）、疏水器等的设备。

⑤ 表达热媒入口及入口地沟情况，热媒来源、流向及与室外热网的连接。

⑥ 表达管道及设备安装所需的留洞、预埋件、管沟等方向与土建施工的关系和要求。

（2）绘制

① 平面图的数量。多层房屋的管道平面图原则上应分层绘制，管道系统布置相同的楼层平面可绘制一个平面图。

② 采暖工程专业所需要的建筑部分，原则上应按建筑施工图抄绘。但该图中的房屋平面图不是用于土建施工，而仅作为管道系统及设备的水平布局和定位的基准，因此仅需抄绘房屋的墙、柱、门窗洞口、楼梯、台阶等主要构、配件，至于房屋细部和门窗代号等均可略去。同时，房屋平面图的图线也一律简化为用细线绘制。底层平面图要画全轴线，楼屋平面图可只画边界轴线。

③ 散热器等主要设备及部件均为产品，不必详细画出，可用图例表示，采用中、细线绘制。

④ 管道系统的平面图是按正投影法绘制，在管道系统之上水平剖切后的水平投影。各种管道不论在楼地面之上或之下，都不考虑其可见性问题，按管道类型以规定线形和图例画出。管道系统一律用单线绘制。管道与散热器连接的表示方法见表 5-8。

表 5-8　管道与散热器连接的画法

系统形式	楼层	平面图	轴测图
单管垂直式	顶层	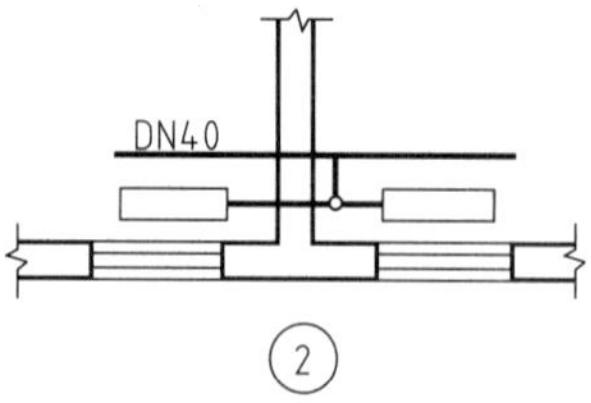 DN40 ②	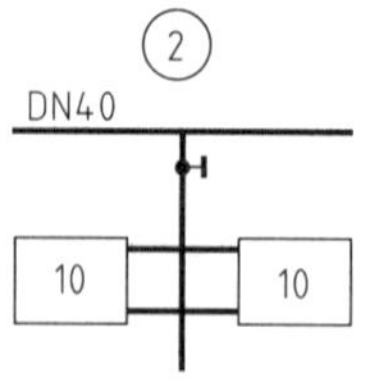 ② DN40　10　10
	中间层	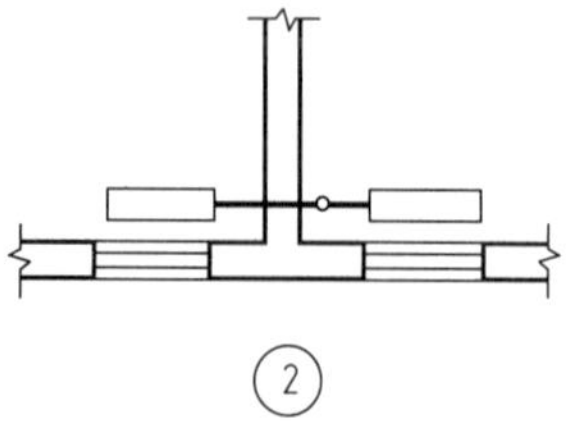 ②	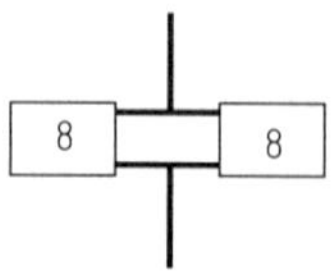 8　8

第五章 建筑设备施工图

系统形式	楼层	平面图	轴测图
单管 垂直式	底层	DN40 ② 10 10	10 10 DN40
双层 上分式	顶层	DN50 ③	③ DN50 10 10
	中间层	③	7 7
	底层	DN50 ③	9 9 DN50
双层 下分式	顶层	⑤	⑤ 10 10
	中间层	⑤	7 7
	底层	DN40 DN40 ⑤	9 9 DN40 DN40

⑤ 尺寸标注。房屋的平面尺寸需要在底层平面图中标注轴线间尺寸、室外地面的地坪标高和各层楼面标高。管道及设备一般都是沿墙设置的，不必标注定位尺寸。必要时，以墙面和柱面为基准标出。采暖入口定位尺寸应由管中心至所邻墙面或轴线的距离。管道的管径、坡度和标高都标注在管道系统图中，平面图中不必标注。管道的长度在安装时以实测尺寸为依据，在图中不标注。

⑥ 绘图步骤。

第一步是抄绘建筑施工图中的建筑平面图。

第二步是画出采暖设备平面图。

第三步是画出由干管、立管、支管组成的管道系统平面图。

第四步是标注尺寸、标高、管径、坡度、注写系统和立管编号以及有关图例、文字说明等。

3. 系统图

室内采暖系统图就是采暖系统的轴测图，是根据各层采暖平面中管道及设备的平面位置和竖向标高，用正面斜轴测或正等测投影法以单线绘制而成的图。

（1）内容

室内采暖系统图表达了从采暖入口至出口的室内采暖管网系统、散热设备、主要附件的空间位置和相互关系。系统图注有管径、标高、坡度、立管编号、系统编号以及各种设备、部件在管道系统中的位置。把系统图与平面图对照阅读，可以了解整个室内采暖系统的全貌。

（2）绘制

① 轴向选择　采暖系统图宜用正面斜轴测或正等轴测投影法绘制。当采用正面斜轴测投影法时，OX 轴处于水平，OZ 轴竖直，OY 轴与水平线夹角选用 45°或 30°。三轴的变形系数都是 1。采暖系统图的轴向要与平面图的轴向一致，亦即 OX 轴与平面图的长度方向一致，OY 轴与平面图的宽度方向一致。

② 比例　系统图采用与相对应平面图相同的比例绘制。当管道系统复杂时，可放大比例。当采取与平面图相同的比例时，绘制系统图比较方便，水平的轴向尺寸可直接从平面图上量取，竖直的轴向尺寸，可依层高和设备安装高度量取。

③ 管道系统　采暖系统图中管道系统的编号应与底层采暖平面图中的系统索引符号的编号一致。采暖系统宜按管道系统分别绘制，这样可避免过多的管道重叠和交叉。当空间交叉的管道在图中相交时，在相交处将被挡的后面或下面的管线断开。

④ 尺寸标注

a. 管径：管道需标注管径，当连续几段管道的管径相同时，仅标注其两端管段的管径。

b. 坡度：横管需注出（或说明）坡度。

c. 标高：系统图中的标高是以底层室内地面为±0.000m 为基准的相对标高。

d. 散热器规格、数量的标注：柱式、圆翼形散热器的数量注在散热器内，光管式、串片式散热器的规格、数量注在散热器的上方。

⑤ 图例　平面和系统图应在图上标明图例。

⑥ 绘图步骤

第一步是选择轴测类型，确定轴测轴方向。

第二步是按比例画出建筑楼层地面线。

第三步是按平面图上管道的位置依据系统及编号画出水平干管和立管。

第四步是依据散热器安装位置及高度画出各层散热器及散热器支管。

第五步是按设计位置画出管道系统中的控制阀门、集气罐、补偿器、固定卡、疏水器等。

第六步是画出管道穿越房屋构件的位置，特别是供热干管、回水干管穿越外墙和立管穿越楼板的位置。

第七步是画出采暖入口装置或另作详图表示。

第八步是标注管径、标高、坡度、散热器规格、数量、有关尺寸以及管道系统、立管编号等。

4. 详图

由于平面图和系统图所用比例小，管道和设备等用图例表示，它们的构造和安装情况需要用大比例画出构造安装详图表示，详图比例一般用1∶2、1∶5、1∶10等。常用的设备详图可直接套用标准图集。采用标准图集时，只需在图例或说明中注明所采用图集的编号。对于没有标准图集可用的，需自行绘制。

（二）采暖工程施工图的识读

识读室内采暖工程图需先了解图纸目录，熟悉设计说明，了解主要的建筑图（总平面图及平、立、剖面图）和结构图，在此基础上将采暖工程施工图中的平面图和系统图对照识读，辅以详图进行局部构造识读，按照先总体后局部的顺序读图。

1. 识读图纸目录和设计说明

（1）读图纸目录。从图纸目录中可知工程图纸编号、数量、选用的标准图等情况。

（2）熟悉设计和施工说明。从设计说明、施工说明中可以了解设计所使用的有关气象资料、卫生标准、热负荷量、热指标等基本数据，采暖系统的形式、划分、编号，统一图例和自用图例符号的含义，统一做法的说明和技术要求，其他需特别说明的一些内容。

2. 识读平面图

（1）了解室内散热器的平面位置、规格、数量以及散热器安装方式（明装、暗装或半暗装）。

（2）了解水平干管的布置方式。

（3）了解立管编号、数量和位置。

（4）了解采暖系统中膨胀水箱、集气罐（热水采暖系统）、疏水器（蒸汽采暖系统）等设备的位置、规格以及设备管道的连接情况。

（5）了解采暖入口装置的情况。采用标准图时，按注明的标准图号查阅标准图。采用详图表达时，按图中所注详图编号查阅采暖入口详图。

3. 识读系统图

（1）按热媒的流向识读采暖管道系统的形式、管道连接情况，各管段的管径、坡度、坡向，水平管道和设备的标高及立管编号等。

（2）了解散热器的规格及数量。

（3）了解其他附件与设备在管道系统中的位置、规格及尺寸，并与平面图和材料表等核对。

（4）了解采暖入口的设备、附件、仪表之间的关系，热媒来源、流向、坡向、标高、管径等。

4. 识读举例

图 5-31～图 5-36 为某科研所办公楼采暖工程施工图，它包括首层、二层和三层平面图和系统图。该工程的热媒为 70～95℃热水，由锅炉房通过室外架空管道集中供热。管道系统的布置方式采用上行下给式系统。供热干管敷设在顶层顶棚下，回水干管敷设在底层地面之上（跨门部分敷设在地下管沟内）。从图 5-36 中可知散热器采用四柱 813 型，均明装在窗台之下。采暖系统图（图 5-34）供热干管从办公楼东南角标高 3.000m 处架空进入室内，然后向北通过控制阀门沿墙布置至轴线⑦和Ⓔ的墙角处向上，穿越楼层直通顶层顶棚下标高 10.20m 处，由竖直而折向水平，向西环绕外墙内侧布置，后折向南再折向东形成上行水平干管，然后通过各立管将热水供给各层房间的散热器。所有立管均设在各房间的外墙角处，通过支管与散热器相连通，经散热器散热后回水，由敷设在地面之上沿外墙布置的回水干管自办公楼底层东南角处排出室外，通过室外架空管道送回锅炉房。采暖平面图表达了首层、二层和三层散热器的布置状况及各组散热器的片数。三层平面图（图 5-33）表示出供热干管与各立管的连接关系，二层平面图（图 5-32）只画出立管、散热器以及它们之间的连接支管，没有干管通过。首层平面图（图 5-31）表示了供热干管及回水管的进出口位置、回水干管的布置及其与各立管的连接。从采暖系统图可清晰地看到整个采暖系统的形式和管道连接的全貌，而且表达了管道系统各管段的直径，每段立管两端均设有控制阀门，立管与散热器为双侧连接，散热器连接支管一律采用 DN15（图中未注）。供热干管和回水干管在进出口处各设有总控制阀门，供热干管末端设有集气罐，集气罐的排气管下端设阀门，供热干管采用 0.003 的坡度向上走，回水干管采用 0.003 坡度向下走，跨门部分的沟内管道做法如图 5-35 回水管跨门做法详图。

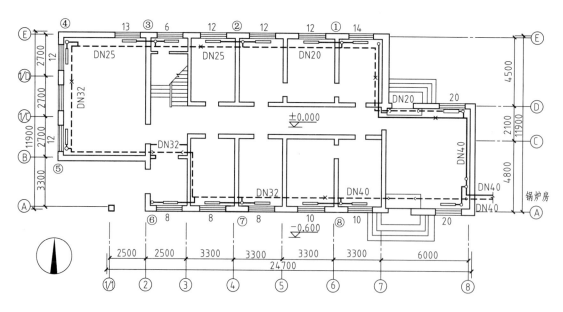

图 5-31　首层采暖平面图

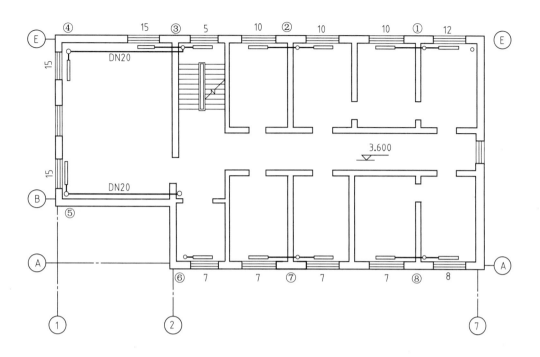

图 5-32　二层采暖平面图

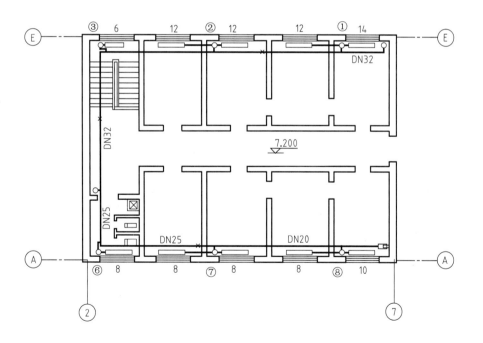

图 5-33　三层采暖平面图

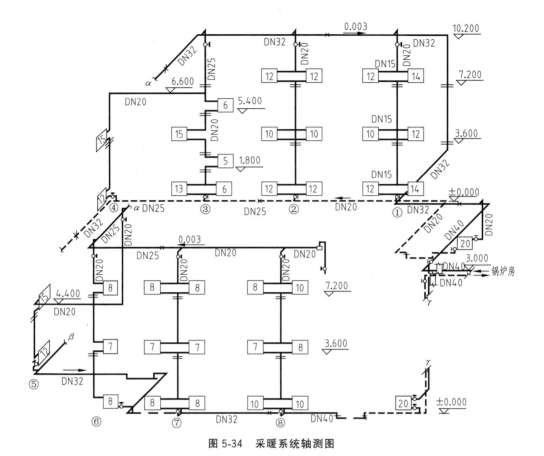

图 5-34　采暖系统轴测图

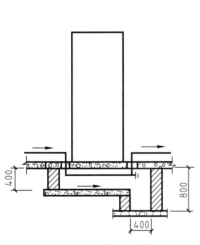

图 5-35　回水管跨门做法

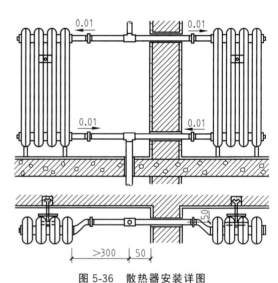

图 5-36　散热器安装详图

三、通风、空调工程施工图概述

　　创造良好的室内空气环境条件，对建筑内的温度、湿度、空气流速、洁净度等的要求是保障人们的健康、提高劳动生产率、保证产品质量必不可少的，这一任务的完成，就是由室内通风和空气调节来实现的。

（一）通风系统的分类

通风工程是送风、排风、除尘、气力输送以及防、排烟系统工程的总称，是把室外的新鲜空气送入室内，把室内受到污染的空气排放到室外，它的作用在于消除生产过程中产生的粉尘、有害气体、高湿度和辐射热的危害，保持室内空气清清和适宜，保证人的健康和为生产的正常进行提供良好的环境条件。

1. 按作用范围不同分为局部通风和全面通风

局部通风的作用范围是局部区域，全面通风的作用范围是整个建筑，是对局部区域或整个建筑进行通风、排风，使室内空气符合卫生标准。

2. 按工作动力不同分为自然通风和机械通风

自然通风是利用空气的风压、热压等自然压力使空气流动换气，机械通风是利用风机产生的风压强制空气流动换气。

（二）空调系统的分类

空调工程是空气调节、空气净化与净空调系统的总称，是采用人工方法，创造和保持温度、湿度、洁净度、气流速度等参数要求的室内空气环境。空气调节系统的分类方法有许多，按空气处理设备设置的情况可分为集中式、分散式和半集中式空调系统。

1. 集中式空气调节系统

集中式空气调节系统如图 5-37 所示，是将空气的处理设备全部集中到空气处理室，对空气进行集中处理后，通过风管送至各空调房间。

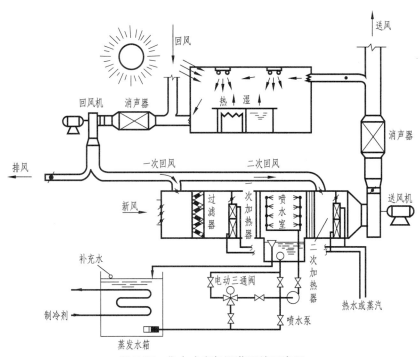

图 5-37　集中式空气调节系统示意图

2. 分散式空气调节系统

分散式空气调节系统是利用空调机组直接在空调房间或其邻近地点就地处理空气，空调机组是将冷源、热源、空气处理、风机和自动控制等设备组装在一个或两个箱体内的定型设备，如窗式空调器、立式空调柜等。分散式空调系统主要用于办公楼、住宅等民用建筑的空气调节。分散式空气调节系统如图 5-38 所示。

3. 半集中式空气调节系统

空气调节系统这种空调系统如图 5-39 所示，是将一部分空气处理设备集中到空气处理室，另一部分处理设备（末端装置）如风机盘管等设置到空调房间，多用于宾馆、办公楼等民用公共建筑的空气调节。

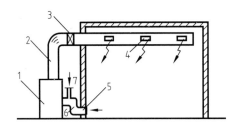

图 5-38　分散式空气调节系统示意图

1—空调机组；2—送风管道；3—电加热器；4—送风口；5—回风口；6—回风管道；7—新风入口

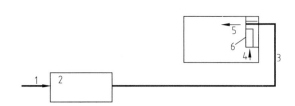

图 5-39　半集中式空气调节系统示意图

1—新风；2—空气处理室；3—新风管；
4—室内回风；5—送风；6—风机盘管

四、通风、空调工程施工图

通风、空调工程施工图是建筑物通风与空调工程施工的依据和遵守的文件，是由文字说明、平面图、剖面图、系统轴测图、详图等组成。

（一）文字说明

通风与空调工程施工图文字说明包括设计说明、施工说明、图例、设备材料明细表等。

1. 设计说明

设计说明包括设计依据、设计范围、空调设计说明、通风设计说明、自控设计说明、消声减振及环保说明和防排烟设计说明。

2. 施工说明

施工说明要表达空调机组、新风机组、热交换器、风机盘管等设备的安装要求。要表达在通风空调工程施工过程中与土建专业需要密切配合的工作，做好预埋件及楼板孔洞的预留说明。

3. 图例

在通风与空调工程施工图中常用图例表达管道、设备，要读懂施工图就需要掌握常用图例。通风与空调工程施工图图例见表 5-9。

表 5-9　通风与空调工程施工图图例

序号	名称	图例
1	风管及尺寸（宽×高）	$A \times B(b)$　　　$A \times B(b)$
2	风管法兰盘	

序号	名 称	图　　例
3	手动对开多页调节阀	
4	开关式电动对开多页调节阀	
5	调动式电动对开多页调节阀	
6	风管止回阀	
7	三通调节阀	
8	防火阀	FVD－280℃　　　FVD－280℃
9	风管软接头	
10	软风管	
11	消声器	L=
12	消声弯头	
13	带导流片弯头	
14	方圆变径管	
15	矩形变径管	
16	百叶风口	
17	方形散流器、圆形散流器	FS YS

续表

序号	名称	图例
18	轴流风机	
19	离心风机	
20	屋顶风机	
21	送风气流方向	
22	回风气流方向	

4. 设备材料明细表

在施工图中注明通风、空调系统中主要设备的名称、规格、数量。一般是用设备及主要材料明细表表示，见表 5-10。

表 5-10　设备及主要材料明细表

系统编号	设备编号	名称	型号规格	单位	数量	备注
1	1	蒸汽锅炉	SHL6-1.25AII	台	2	
2	2	送风机	4-72-11No4.5A $Q=20400\mathrm{m}^3/\mathrm{h}$ $H=2283\mathrm{Pa}$	台	2	$N=7.5\mathrm{W}$
……						

（二）识读通风与空调工程平面图

通风与空调工程平面图是表示通风与空调系统管道和设备在建筑物内的平面布置情况，注明尺寸。

1. 说明

在平面图中，建筑物的建筑轮廓线是用细线绘制的，通风空调系统的管道是用粗线绘出的。在平面图中通风空调系统的设置要用编号标出，如空调系统 K-1，新风系统 X-1，排风系统 P-1，排烟系统 PY-1 等。工艺设备和通风空调设备，如风机、送风口、回风口、风机盘管等应标注或编号，列入设备及主要材料表。平面图中应绘出设备的轮廓线，标注设备的定位尺寸。平面图中的通风空调系统管道，应注意风管的截面尺寸和定位尺寸。若通风管道系统比较复杂，则在需要的部位画出剖切线，利用剖切符号表明剖切位置及剖切方向，把复杂的部位在剖面图上表示画图清楚。

2. 集中式空调系统平面图识读

图 5-40 所示的是某建筑物集中式空调系统平面图。

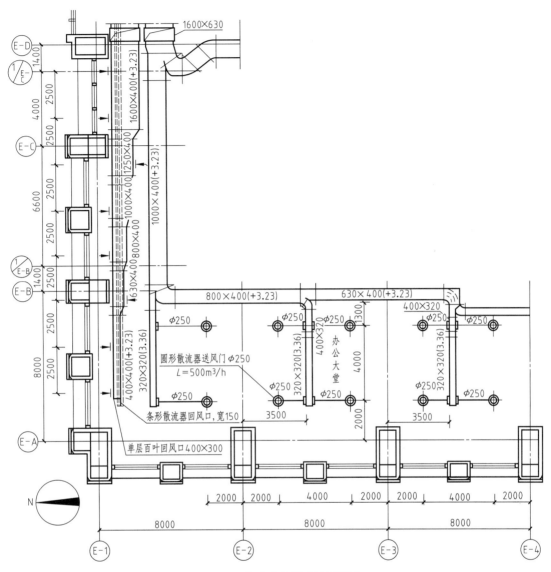

图 5-40　集中式空调系统平面图

（1）系统设置　该建筑一层为办公大堂，空调系统设为集中式全空气空调系统，空调机房在建筑二层，经过处理的空气由二层经竖井风道送入一层，一层的气流组织主要为圆形散流器顶送，吊顶条形散流器顶部回风和单层百叶回风，回风经风道再回到二层机房。

（2）空调管道与设备

送风：从图 5-40 上看出由 E-D 轴东侧的竖井风道 1600mm×630mm，引出断面尺寸为 1000mm×400mm 的风管，标高 +3.23m。末端风管为 320mm×320mm，标高 +3.36m。分支管路上设置有圆形散流器送风口，$\phi250$，$L=500\text{m}^3/\text{h}$，共 10 个。

回风：一层的回风管道设在办公大堂的北侧，吊顶上设置条形散流器回风口，宽150mm。设置的单层百叶回风口为 400mm×300mm，共 8 个，回风经管道送入 1600mm×630mm 的竖井风道。

3. 半集中空调系统平面图识读

图 5-41 所示的是某建筑物标准层设置的半集中式空调系统平面图。

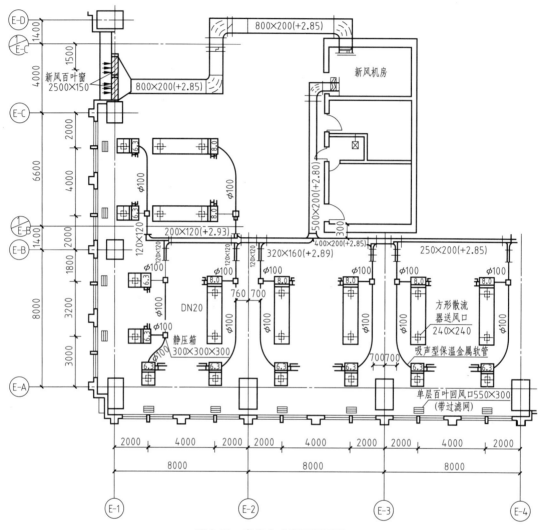

图 5-41 半集中式空调平面图

（1）系统设置 建筑空调系统采用风机盘管加新风系统，逐层设置新风机组，处理风量为 $L=4000\text{m}^3/\text{h}$。

（2）空调管道与设备 新风系统采用新风百叶窗进风，在 E-C 轴和 1/E-C 两轴之间，尺寸为 $2500\text{mm}\times150\text{mm}$，底标高为 $+2.68\text{mm}$。新风管道断面尺寸为 $800\text{mm}\times200\text{mm}$，底标高为 $+2.85\text{m}$。新风由管道进入新风机房，经过新风机组处理（过滤、加热或冷却、加湿、消声）后，经风道送入各个空调房间，保证房间的新风和湿度要求。从新风机房送出的新风管道，断面尺寸为 $500\text{mm}\times200\text{mm}$，底标高为 $+2.80\text{m}$，送至各空调房间，末端管道断面尺寸为 $120\text{mm}\times120\text{mm}$。设置 $300\text{mm}\times300\text{mm}\times300\text{mm}$ 的静压箱，接直径为 100mm 的圆形风管。在各空调房间设有风机盘管，利用方形散流器送风口 $240\text{mm}\times240\text{mm}$ 送风，利用单层百叶回风口 $550\text{mm}\times300\text{mm}$ 回风。室内空气由回风口进入吊顶，经过风机盘管处理（加热或冷却）后，由送风口送入室内，不断循环往复，以保证室内的设计温度要求。房间的风机盘管是根据室内的设计负荷确定。图中所示的工程风机盘管为卧式安装型,图中风机盘管型号为 FP6.3AW,FP 指风机盘管机组,6.3 指名义风量,即风量为 $6.3 \times 100\text{m}^3/\text{h}=630\text{m}^3/\text{h}$,A 指暗装,W 指卧式。

（三）通风与空调工程剖面图

剖面图是表示通风与空调系统管道和设备在建筑物高度上的布置情况,标注相应的尺寸。在剖面图中,建筑物的建筑轮廓线也是用细线绘制的,而剖切出的通风空调系统管道是用粗线绘出的。图中应标注建筑物地面和楼面的标高、通风空调设备和管道的位置尺寸和标高、风管的截面尺寸及风口的大小。

（四）通风与空调工程系统轴测图

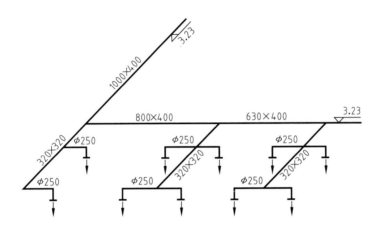

图 5-42　空调系统轴测图

通风与空调系统管路纵横交错,在平面图和剖面图上难以表达管线的空间位置。通风与空调系统轴测图是表示通风与空调系统管道和设备在空间的立体走向,并注有相应的尺寸。系统图是把整个通风与空调系统的管道、设备及附件采用单线图或双线图,用轴测投影方法形象地绘制出风管、部件及附属设备之间的相对位置的空间关系。如图 5-42 所示。在系统轴测图中,要标出通风与空调系统的设置编号,如空调系统 K-1、新风系统 X-1、排风系统 P-1、排烟系统 PY-1 等。要画出系统主要设备的轮廓,注明编号或标出设备的型号、规格等。画出通风空调管道及附件,标注通风管断面尺寸和标高,画出风口及空气的流动方向。

（五）详图

详图是表示通风与空调系统设备的具体构造和安装情况,表明风管、部件及附属设备制作安装的具体形式和方法。详图可选用标准图或自行绘制。

━━━━━━━━━━━━◦ **思考与练习** ◦━━━━━━━━━━━━

1. 室内采暖工程图包括哪些图纸?

2. 什么是室内采暖系统图?

3. 通风与空调工程的施工图包括哪些图纸?

4. 什么是通风与空调工程平面图?什么是通风与空调系统轴测图?

第三节 电气工程施工图

【学习目标】

1. 了解电气工程施工图的分类。
2. 熟悉电气工程施工图识读的方法。
3. 掌握电气工程施工图的识读。

设备安装施工是基本建设中最重要的一个环节，工程图纸是施工的依据和最基本的技术文件。电气工程图描述电气装置的工作原理，是电气安装人员与电气设计人员进行技术交流不可缺少的重要手段，是提供安装接线和维护使用信息的施工图。

一、概述

（一）电气工程图的组成

建筑电气施工图是建筑设备施工图中的一种，包括电气总平面图、电气系统图、单元电气平面图、控制原理图、接线图、大样图、电缆清册、图例及设备材料表等。

1. 图纸目录

为了便于查阅和保管，一个项目工程的施工图纸按一定的名称和顺序归纳编排成图纸目录，通过图纸目录可以知道每张图纸的名称、编号以及这个工程都由哪些图纸组成，共有多少张。

2. 设计说明书

设计说明书是施工设计的总说明，用来补充图纸上未能表明的特殊要求、注意事项、测试参数等。通过识读设计说明书，可以全面了解设计单位、建设单位、工程名称、工程编号、施工地点以及设计思想、工程特点、技术要求、施工标准和与其他专业的配合及界限划分、采用的图例等。

3. 设备、元件、材料及电缆汇总表

设备、元件、材料及电缆汇总表是用来列出设备、元件、材料以及电缆的型号、规格、数量、备注、说明等的表格。

4. 电气总平面图

电气总平面图是表示电源及电力负荷分布的图，表示各建筑物的名称或用途、电力负荷的装机容量、电气电路的走向及变配电装置的位置、容量和电源进户的方向等。通过电气总平面图可了解工程的概况，掌握电气负荷的分布及电源装置等。一般大型工程都有电气总平面图，中小型工程则由动力平面图或照明平面图代替。

5. 电气系统图

电气系统图是表示电能或电信号按回路分配出去的图，主要表示各个回路的名称、用途、容量以及主要电气设备、开关元件及导线电缆的规格型号等。通过电气系统图可了解系

统的回路个数及主要用电设备的容量、控制方式等。建筑电气工程中动力、照明、变配电装置、通信广播、电缆电视、火灾报警、防盗保安、微机监控、自动化仪表等都要用系统图表达回路、电气设备容量、控制方式。

6. 电气设备平面图

电气设备平面图是在建筑物的平面图上标出电气设备、元件、管线实际布置的图，主要表示其安装位置、安装方式、规格型号数量及接地网等。通过平面图可了解每幢建筑物各个不同的标高上装设的电气设备、元件及其管线等平面位置，是进行电气安装施工的重要依据。电气平面图可以分为变电所平面布置图、电气设备平面布置图、电缆敷设平面布置图、防雷接地平面布置图等。

7. 控制原理图

控制原理图是表示电气设备及元件控制方式及其控制电路的图，主要表示电气设备及元件的启动、保护、信号、联锁、自动控制及测量等。通过控制原理图可以知道各设备元件的工作原理、控制方式，掌握建筑物的功能实现的方法等。动力、变配电装置、火灾报警、防盗保安、微机监控、自动化仪表、电梯等都要用控制原理图表达，较复杂的照明及声光系统也要用到控制原理图。

8. 接线图

安装接线图（表）包括单元接线图（表）、互连接线图（表）、端子接线图（表）三种。单元接线图（表）是表示成套装置或设备中一个结构单元内部各元件间连接情况的图（表）。互连接线图（表）是表示成套装置或设备内两个或两个以上单元之间线缆连接关系的图（表）。端子接线图（表）是用于表示成套装置或设备的端子及其与外部导线的连接关系的图（表）。

安装接线图是根据系统图和原理图用元件或设备正投影和粗实线绘制的表示导线、电缆接线位置、走向及线束走向的安装接线示意图，又称接线图或排线图。安装接线表是表示电气设备或装置的连接关系的一种表格。安装接线图或安装接线表都是用来进行安装接线、线路检查、线路维修和故障处理的，只是表达相同内容的两种不同形式，两者的功能完全相同，可以单独使用，也可以组合在一起使用，一般以接线图为主，接线表给予补充。安装接线图上的导线、电缆、回路、元件或设备等编号和系统图、原理图一致，引向外部或引自外部的导线通常都经过端子板连接并与导线编号相同，注有文字说明去向，标注电缆型号规格等。

接线图和接线表是在原理图、平面布置图等类图的基础上绘制和编制出来的，因此在实际应用中，接线图通常要和原理图、平面布置图结合使用。看接线图时，也要先看主电路，再看控制电路。看接线图要根据端子标志、回路标号，从电源端顺次查下去，搞清线路的走向和电路的连接方法，即搞清每个元件是如何通过连线构成闭合回路。看主电路时，从电源输入端开始，顺次经控制元件和线路到用电设备。看控制电路时，要从电源的一端到电源的另一端，按元件的顺序对每个回路进行分析。

9. 大样图

大样图是用来表示某一具体部位或某一设备元件的结构或具体安装方法，通过大样图可以了解一项工程的复杂程度，通常采用标准通用图集。

10. 图例

图例是用表格的形式列出该系统中使用的图形符号或文字符号，目的是使读图者容易读懂图样。

（二）电气符号

电气工程中使用的元件、设备、装置、连接线很多，结构类型千差万别，安装方法多种多样。因此，在电气工程中，元件、设备、装置、线路及安装方法等，都要用电气符号来表示。电气符号包括图形符号、文字符号、项目代号和回路标号等，它们相互关联、互为补充，以图形和文字的形式从不同角度为电气图提供了各种信息。电气工程图中的文字和图形符号均按国家标准规定绘制。只有弄清楚电气符号的含义、构成及使用方法，才能正确地看图。

1. 图形符号

电气图形符号有两大类，一类是用在电气系统图、电路图、安装接线图上的电路图符号，另一类是用在电气平面图上的平面图符号。

2. 文字符号

文字符号由基本符号、辅助符号和数字序号组成。如：FU2 表示第二组熔断器。在读文字符号时，同一个字母在组合中的位置不同，可能有不同的含义。即文字符号只有明确了它在组合中的具体位置才有意义。如 F 表示保护器件，U 表示调制器，这两个意思组合起来是无意义的，只有熔断器 FU 是有意义的。

文字符号中的字母为英文字母。基本文字符号用来表示电气设备、装置和元件以及线路的基本名称、特性。分为单字母符号和双字母符号。单字母符号用来表示按国家标准划分的二十三大类电气设备、装置和元器件，见表 5-11。双字母符号由表 5-11 中的单字母符号后面另加一个字母组成，目的是更详细和更具体地表示电气设备、装置和元器件的名称。常用双字母符号，见表 5-12。辅助文字符号用来表示电气设备装置和元器件，表示线路的功能、状态和特征。常用辅助文字符号，见表 5-13。

表 5-11　单字母符号

字母代码	项目种类	举　例
A	组件 部件	分离元件放大器、磁放大器、激光器、微波激发器、印刷电路板 本表其他地方未提及的组件、部件
B	变换器 （从非电量到电量或相反）	热电传感器、热电池、光电池、测功计、晶体换能器、送话器、拾音器、扬声器、耳机、自整角机、旋转变压器
C	电容器	
D	二进制单元 延迟部件 存储器件	数字集成电路和器件、延迟线、双稳态元件、单稳态元件、磁芯存储器、寄存器、磁带记录机、盘式记录机
E	杂项	光器件、热器件 本表其他地方未提及的元件
F	保护器件	熔断器、过电压放电器件、避雷器
G	发电机电源	旋转发电机、旋转变频机、电池、振荡器、石英晶体振荡器
H	信号器件	光指示器、声指示器
K	继电器、接触器	
L	电感器 电抗器	感应线圈、线路陷波器 电抗器（并联和串联）
M	电动机	
N	模拟集成电路	运算放大器、模拟数字混合器件

字母代码	项目种类	举 例
P	测量设备 试验设备	指示、记录、运算、测量设备、信号发生器、时钟
Q	电力电路的开关	断路器、隔离开关
R	电阻器	可变电阻器、电位器、变阻器、分流器、热敏电阻
S	控制电路的开关选择器	控制开关、按钮、限制开关、选择开关、选择器、拨号接触器、连接器
T	变压器	电压互感器、电流互感器
U	调制器 变换器	解调器、变频器、编码器、逆变器、交流器、电报译码器
V	电真空器件 半导体器件	电子管、气体放电管、晶体管、二极管
W	传输通道 波导、天线	导线、电缆、母线、波导、波导定向耦合器、偶极天线、抛物面天线
X	端子 插头 插座	插头和插座、测试塞孔、连接片、电缆封端和接头
Y	电气操作的机械装置	制动器、离合器、气阀
Z	终端设备 混合变压器 滤波器、均衡器 限幅器	电缆平衡网络 压缩扩展器 晶体滤波器 网络

表 5-12 常用双字母符号

序号	名称	单字母	双字母
1	发电机 直流发电机 交流发电机	G G G	G GD GA
2	电动机 直流电动机 交流电动机	M M M	M MD MA
3	绕组 电驱绕组 控制绕组	W W W	W WA WC
4	变压器 电力变压器 稳压器 互感器	T T T T	T TM TS
5	整流器 变频器	U U	
6	断路器 隔离开关 自动开关 转换开关 刀开关	Q Q Q Q Q	QF QS QA QC QR
7	控制开关 行程开关	S S	SA ST
8	继电器 中间继电器 电压继电器 电流继电器	K K K K	KM KV KA

序号	名称	单字母	双字母
9	电磁铁	Y	YA
10	电阻器 电位器	R R	 RP
11	电容器	C	
12	电感器	L	
13	电线 电缆 母线	W W W	
14	避雷针 熔断器	F F	 FU
15	照明灯	E	EL
16	蓄电池	G	GB
17	晶体管 电子管	V V	 VE
18	调节器 放大器 晶体管放大器	A A A	 AD
19	变换器 压力变换器	B B	 BP
20	天线	W	
21	插头 插座	X X	XP XS
22	测量仪器	P	

表 5-13　常用辅助文字符号

序号	名称	符号	序号	名称	符号
1	高	H	16	交流	AC
2	低	L	17	电压	V
3	升	U	18	电流	A
4	降	D	19	时间	T
5	主	M	20	闭合	ON
6	辅	AUX	21	断开	OFF
7	中	M	22	附加	ADD
8	正	FW	23	异步	ASY
9	反	R	24	同步	SYN
10	红	RD	25	自动	A,AUT
11	绿	GN	26	手动	M,MAN
12	黄	YE	27	启动	ST
13	白	WH	28	停止	STP
14	蓝	BL	29	控制	C
15	直流	DC	30	信号	S

3. 特殊文字符号

在电气工程图中，一些特殊用途的接线端子、导线等，采用专用文字符号标注。常用一些特殊用途文字符号，见表 5-14。

表 5-14　特殊用途文字符号

序号	名称	文字符号	序号	名称	文字符号
1	交流系统电源第 1 相	L1	8	直流系统电源正极	L+
2	交流系统电源第 2 相	L2	9	直流系统电源负极	L−
3	交流系统电源第 3 相	L3	10	直流系统电源中间线	M
4	中性线	N	11	接地	E
5	交流系统电源第 1 相	U	12	保护接地	PE
6	交流系统电源第 2 相	V	13	不接地保护	PU
7	交流系统电源第 3 相	W	14	保护接地线和中性线共用	PEN

（三）各种线及表达方法

1. 箭头与指引线

电气施工图中使用开口和实心两种形式的箭头。开口箭头用于电气连接线上表示能量和信号的流向，如图 5-43（a）所示。实心箭头用于表示力、运动、可变性方向，如图 5-43（b）所示。电气施工图中的指引线是用于指示注释的对象，末端指向被注释部位，并在其末端加注标记。末端在轮廓线内时，用一个黑点表示，如图 5-43（c）所示。末端在轮廓线上时，用一个箭头表示，如图 5-43（d）所示。末端在电路线上时，用短画线表示，如图 5-43（e）所示。图中指引导线分别为 $2\times2.5\text{mm}^2$ 和 $2\times16\text{mm}^2$。

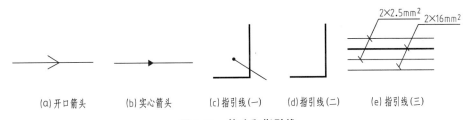

（a）开口箭头　　（b）实心箭头　　（c）指引线（一）　　（d）指引线（二）　　（e）指引线（三）

图 5-43　箭头和指引线

2. 连接线

电气施工图中的连接线为直线，可以采用水平布置、垂直布置，当需要把元件连接成对称的格局时，也可采用斜交叉线，如图 5-44 所示。

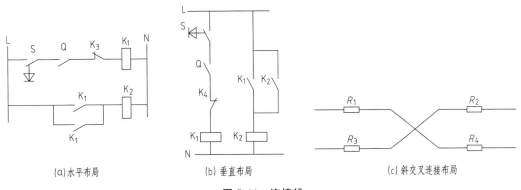

（a）水平布局　　　　　　（b）垂直布局　　　　　　（c）斜交叉连接布局

图 5-44　连接线

元件的排列按因果关系、动作顺序从左到右或从上到下布置。识读时，也按这一排列规律分析识读。例如，在图 5-44（a）、（b）中，S、K_3、Q 闭合后，K_1 动作。K_1 的常开触点闭合后，K_2 动作。

3. 连线

连线是电气施工图的主要组成部分，连线可分别表示导线、导线组、电缆、电力线路、信号线路、母线、总线以及用以表示某一电磁关系、电气功能关系等。导线的表示方法示例如图 5-45 所示。连线用实线，未来计划扩展的电气工程内容则用虚线。连线的粗细应一致，有时为突出某些电路以及电气功能，可以采用不同粗细的连线。主电路、主信号通路等可采用粗线，其余部分用细线，以作区别。

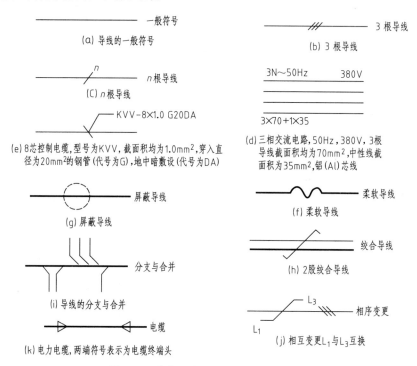

图 5-45　电气图中导线的一般表示方法

4. 断线

为简化作图，使工程图面清晰，在电气工程图中广泛使用断线的表示方法。

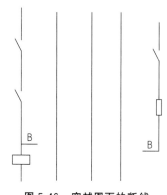

图 5-46　穿越图面的断线

（1）穿越图面较长或需要穿越图形稠密区域的连接线，可以中断，并在中断处加注相应的标记，如图 5-46 中导线 B-B。

（2）引向另一图纸去的连接线，应该中断，并在中断处注明图号、张次、图幅分区代号等标记。例如图 5-47 中，导线 1，一端接在 20 号图的 B5 区，另一端接在 40 号图的 A3 区，则相互标记为对端位置分区，代号分别为"20/B5"和"40/A3"。导线 2 连接到 37 号图的 C5 区，则标记为"37/C5"。导线 3 连接到 9 号图的 F 行，则标记为"9/F"。

（3）不同装置、元件、端子排相互间的连接线，数量很多时，也一般采用断线表示。

二、电气施工图的识读

（一）识读方法

识读电气施工图，应在掌握图纸中的图形符号和文字符号的基础上进行。然后按照粗读、细读、精读的顺序进行识读。

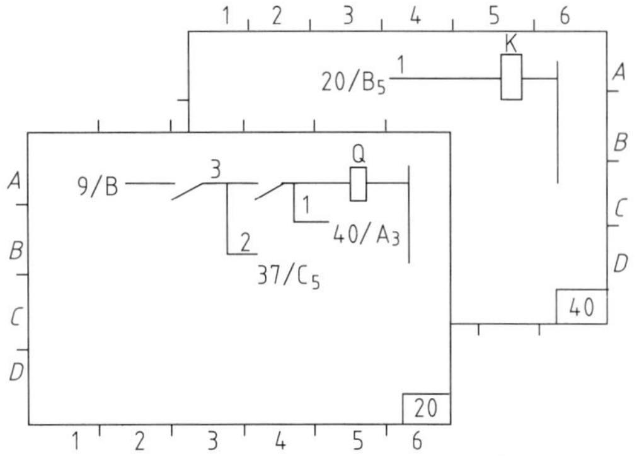

图 5-47　引向另一图纸的导线的断线表示法

1. 查看图纸目录

在看图时首先查看图纸目录能迅速了解电气工程的大概内容。

2. 阅读设计说明

施工图中的设计说明是表达图中无法表示或不易表示内容，主要是与施工工程质量或做法有关的问题，因此要认真阅读设计说明。

3. 图形符号

在识读电气施工图前，首先必须明确和熟悉这些图形、符号所代表的内容和含义，这是识图的基础，符号掌握得越多，记得越牢，读起图来就越方便。当然想要一下记住那么多的图形、符号是有一定困难的，这可以在识图的过程中边读图、边查看、边记忆。

4. 综合看图，相互对照

一套建筑图，是由各专业图纸组成的，而各专业图纸之间，往往密切配合，相互联系。因此，看图时不仅要从粗到细顺序地看图，应将各种图纸互相对照、联系地综合看图。只有这样才可以把整套图纸从总体到分部再到细部，一层一层地把图纸全部看完并融会贯通。

5. 结合实际看图

对初学识图的人来说，为了迅速地学会看图，先熟悉建筑物的基本构造及各部位的名称与做法。用已经施工完毕的实物和在图纸上的表示方法相互对应起来看，从中比较实物是用什么方法在图纸上表示的，从每个细部到整套图纸全部看完，这样能比较快地记住各图纸所表达的内容和作用。

（二）识图步骤

阅读电气工程施工图应按粗读—细读—精读的步骤进行，对于小型且较简单或项目单一的工程可直接进行精读。

1. 粗读

粗读就是将施工图从头到尾大概浏览一遍，主要了解工程的概况，做到心中有数，主要是阅读电气总平面图、电气系统图、设备材料表和设计说明。

2. 细读

细读就是按读图程序和读图要点，每一张施工图每项内容仔细阅读，掌握以下内容：

（1）每台设备和元件安装位置及要求。

（2）每条线缆走向、布置及敷设要求。

（3）所有线缆连接部位及接线要求。

（4）所有控制、调节、信号、报警工作原理及参数。

3. 精读

精读就是将施工图中的关键部位及设备、贵重设备及元件、电力变压器、大型电机及机房设施、复杂控制装置的施工图重新仔细阅读，掌握中心作业内容和施工图要求。

三、建筑电气动力与照明配电工程图

（一）动力与照明配电系统图

动力与照明配电系统图是表示建筑物内外的动力、照明，包括电风扇、插座和其他日用电器等供电与配电的基本情况的图纸。在动力与照明配电系统图上，集中反映动力、照明的安装容量、计算容量、计算电流、配电方式、电缆与电线的型号和截面积，电线与电缆的基本敷设方法和穿管管径，开关与熔断器的型号规格等。系统图上还标注有整个系统中电路的电压损失和受电设备的型号、功率、名称及编号等。

图 5-48 所示为某企业锅炉房动力配电系统图，图中一般按电能输送关系画出电源进线及母线、配电电路、启动控制设备、受电设备等主要部分。对电路标注了导线的型号规格、敷设方式及穿线管的规格，对开关、熔断器等控制保护设备标注了设备的型号规格、熔体的额定电流等，对受电设备标注了设备的型号、功率、名称，必要时还应有编号。此外，在系统图上还应标注整个系统的计算容量 P_c、计算电流 I_c、设备容量 P_s 等。在图中可见进线段采用 VLV-1.0-3×25 聚氯乙烯绝缘电力电缆穿线管埋地暗敷设，各电动机进线采 BLX 型铝芯橡皮绝缘导线穿钢管埋地暗敷设和 VLV 型聚氯乙烯护套电力电缆沿电缆沟内敷设。用电设备有 4 台 J02 系列电动机和 3 台 Y 系列 7.5kW 电动机。

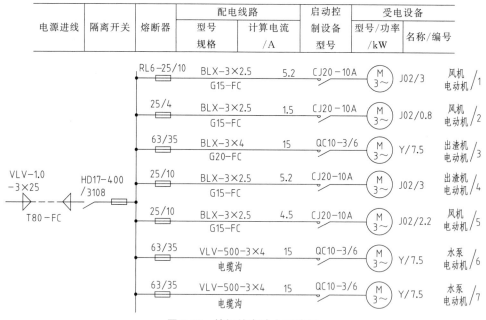

图 5-48　某锅炉房动力系统图

图 5-49 所示为照明配电系统图，从图中可知安装容量为 10.14kW，计算容量为 9.1kW，计算电流为 13.9A。建筑物的进线电源是 380/220V 三相四线制，用额定电压 500V、3 根 25mm²、1 根 16mm² 的铝芯橡皮绝缘电线，自室外架空线引入后穿入最小管径为 50mm 的电线钢管，引至配电箱。配电箱用暗配方式，箱内经 HL30-63/3 型隔离开关进入低压母线 WB。图 5-49 中出线安装了 7 个单极低压断路器（C45N-10～15A1P）和 1 个三极低压断路器（C45N-10A3P），可以引出七路 220V 单相、一路 380V 三相电路。W_1、W_2、W_3 为向三相插座供电的，W_7 单供一台照明变压器，其余各回路供照明与单相插座。

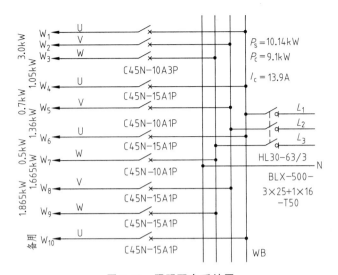

图 5-49 照明配电系统图

P_s—安装容量；P_c—计算容量；I_c—计算电流

（二）动力与照明配电电路图

电路图用于详细表示电路、设备或成套装置的组成、连接关系和作用原理，为调整、安装和维修提供依据，为编制接线图和接线表等接线文件提供信息。动力及照明配电电路如图 5-50 所示。

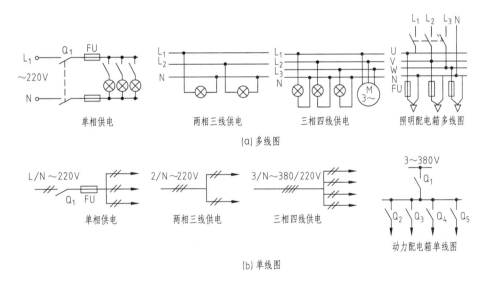

图 5-50 动力及照明配电电路图

配线原理接线图按用电设备的实际连接次序画图，不反映平面布置，图形简单、清晰。接线图有两种画法。一种是多线画法，例如电路如为 4 根线就画 4 根线。另一种画法，也就是通常用的是单线图。单相、三相都用单线表示，一个回路的线如用单线表示时，则在线上加斜短线表示线数，加 3 条斜短线就表示 3 根线，2 条斜短线表示 2 根线。对线数多的也可画 1 条斜短线加注几根线的数字来表示。横线上面可加注供电电压相数，如"$3N\sim380V$"，表示三相四线交流 380V。横线下面可加导线规格，如 2×2.5 表示 2 根 2.5mm^2 的导线，也可加注导线型号。图 5-51（a）为单相双线接线图，图中电源为单相 220V，主开关 QM 为熔断器式开关，总线为 BX 型 2.5mm² 的导线，接有 60W 电灯 1 盏，明装单板壁开关控制。双管荧光灯 1 套，容量 80W，带接地插孔的单相插座 1 只，它们的连接次序如图所示。简单明了的图也可不加文字符号，有的直接用型号来标示。图 5-51（b）为单相单线接线图，装有 2 盏电灯和 1 只插座。2 个开关一个为壁开关，另一个为拉线开关。

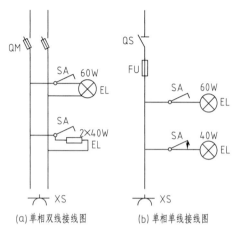

（a）单相双线接线图　　（b）单相单线接线图

图 5-51　配线原理接线图

（三）电气照明平面图

电气照明平面图是建筑设计单位提供给施工、使用单位从事电气照明安装和电气照明维护管理的电气图，是利用照明平面图的图形符号在建筑平面图上绘制而成的图纸。

1. 主要内容

电气照明平面图又称照明平面布线图，简称照明平面图。照明平面图主要描述照明电气电路和照明设备，反映建筑物中各种电气设备的安装（敷设）位置和方式，设备的规格、型号、数量及房间的设计照度值等。包括下列内容：

（1）电源进线和电源配电箱及各分配电箱的形式、安装位置，以及电源配电箱内的电气系统。

（2）照明电路中导线的根数、型号、规格（截面积）、电路走向、敷设位置、配线方式、导线的连接方式等。

（3）照明电光源类型、照明灯具的类型、灯泡灯管功率、灯具的安装方式、安装位置等。

（4）照明开关的类型、安装位置及接线等。

（5）插座及其他日用电器的类型、容量、安装位置及接线等。

（6）照明房间名称和照度。

2. 照明器具与其附件的表示方法

（1）照明器具的表示方法　照明器具采用图形符号和文字标注相结合的方法表示，文字标注的内容通常包括电光源种类、灯具类型、安装方式、灯具数量、额定功率等。电气照明平面图属于一种简图，它要在一个平面上表示上述如此多的内容，因而不可能按照实物的实际形状来描述，而只能采用图形符号和文字符号来描述。常用照明灯具图形符号见表 5-15，电光源种类的代号见表 5-16，常见灯具类型的符号见表 5-17，灯具安装方式的符号见表 5-18。

表 5-15　常用照明灯具图形符号

序号	名称	图形符号	说　明
1	灯	⊗	灯或信号灯的一般符号，与电路图上的符号相同
2	投光灯	⊗→	
3	荧光灯	（荧光灯符号，下方标 3）	数字 3 是荧光灯的数量

序号	名称	图形符号	说　明
4	应急灯		自带电源的事故照明灯装置
5	球形灯		
6	吸顶灯		
7	壁灯		
8	安全灯		
9	隔爆灯		

表 5-16　电光源种类的代号

电光源种类	代号	电光源种类	代号
氖灯	Ne	弧光灯	ARC
氙灯	Xe	荧光灯	FL
钠灯	Na	红外线灯	IR
汞灯	HG	紫外线灯	UV
碘钨灯	I	发光二极管	LED
白炽灯	N		

表 5-17　常用灯具类型的符号

灯具名称	符号	灯具名称	符号
普通吊顶	P	防水防尘灯	F
壁灯	B	卤钨探照灯	L
吸顶灯	D	荧光灯灯具	Y
隔爆灯	G 或专用代号	投光灯	T

表 5-18　灯具安装方式的符号

安装方式	符号	安装方式	符号
自在器线吊	X	壁装式	B
固定线吊式	X1	吸顶式	D
防水线吊式	X2	台上安装式	T
人字线吊式	X3	吸顶嵌入式	DR
链吊式	L	座装式	ZH
管吊式	G		

（2）照明附件及其他日用电器的一般表示方法　　在电气平面图上，除了表示灯具和布线外，还应表示出开关、插座及其他日用电器，如电风扇、空调等。照明开关主要指对照明电器进行控制的开关，常用照明开关的图形符号见表 5-19。插座在平面图上的图形符号见表 5-20，插座的接线如图 5-52 所示。

表 5-19　照明开关在平面布置图上的图形符号

序号	名称	图形符号	说明
1	开关	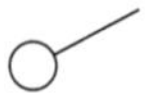	开关的一般符号
2	单极开关	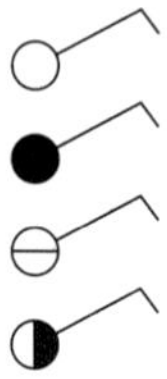	分别表示明装、暗装、密闭（防水）、防爆
3	双极开关	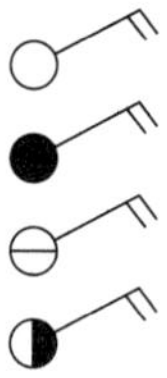	分别表示明装、暗装、密闭（防水）、防爆
4	双控开关	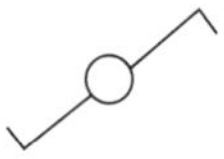	
5	三极开关	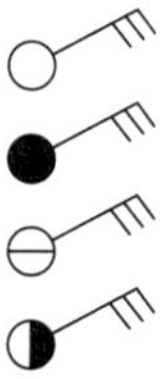	分别表示明装、暗装、密闭（防水）、防爆
6	单极拉线开关	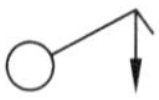	
7	单极双控拉线开关	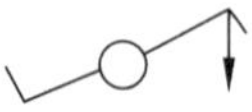	
8	带指示灯开关		
9	多拉开关		
10	定时开关	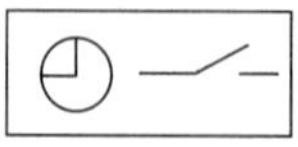	

表 5-20　插座在平面布置图上的图形符号

序号	名称	图形符号	说　明
1	插座		插座或插孔的一般符号,表示一个极
2	单相插座		分别表示明装、暗装、密闭(防水)、防爆
3	单相三孔插座		分别表示明装、暗装、密闭(防水)、防爆
4	三相四孔插座	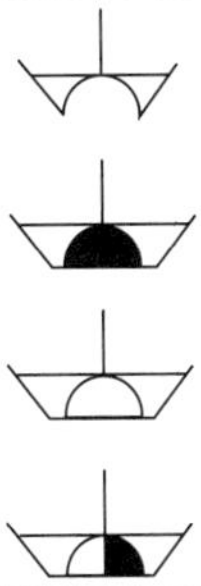	分别表示明装、暗装、密闭(防水)、防爆
5	多个插座	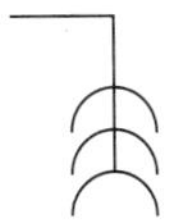	表示 3 个
6	带开关插座	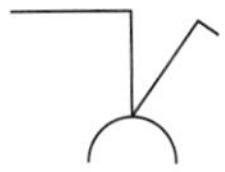	装一个单极开关

　　照明器具、插座等通常都是并联接于电源进线的两端，火线（相线）经开关至灯头，零线直接连接灯头，保护地线与灯具金属外壳连接。在一个建筑物内，灯具、开关、插座等很多，它们之间的相互连接方法通常有两种。一种是直接接线法，即各照明电器开关、插座等直接从电源线上引线连接，导线中间允许有接头的接线方法。另一种是共头接线法，即导线的连接只能通过开关、设备接线端子引线，导线中间不允许有接头的接线方法。采用不同的接线方法，在电气平面图上的导线的根数是不同的。共头接线法虽然耗用导线较多，但接线可靠，是广泛采用的安装接线方法。

　　图 5-53 是某建筑物内两个房间的照明平面布置图。图中的 3 盏灯分别用 3 个开关控制，图 5-53（a）采用直接接线法，导线走向及导线根数已示于图中。图 5-53（b）采用共头接

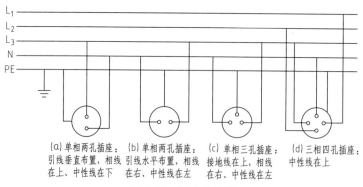

(a) 单相两孔插座：　(b) 单相两孔插座：　(c) 单相三孔插座：　(d) 三相四孔插座：
引线垂直布置，相线　引线水平布置，相线　接地线在上，相线　中性线在上
在上、中性线在下　　在右、中性线在左　　在右、中性线在左

图 5-52　插座的接线

L_1，L_2，L_3——相线（火线）；N—中性线（零线）；PE—接地线

线法，由于不能从中间分支接线，而只能从开关、灯头接线，因此导线的根数和长度要比图 5-53（a）多。由图可见，采用共头接线法的导线用量比较大，但其可靠性要比直接接线法高且检修方便，因此被广泛采用。

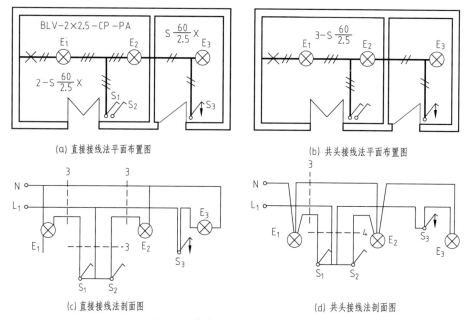

(a) 直接接线法平面布置图　　　　　　　　　(b) 共头接线法平面布置图

(c) 直接接线法剖面图　　　　　　　　　　　(d) 共头接线法剖面图

图 5-53　电气照明平面图与剖面图

从图 5-53 的平面图上可以看出灯具、开关、电路的具体布置情况。在左侧的较大房间中装设 2 盏灯，由安装在进门一侧的 2 只开关 S_1、S_2 控制。在右侧一间房间中装设 1 盏灯，由 1 只开关 S_3 控制。由图形符号和标注可知，这 3 盏灯都是搪瓷伞罩灯（S），白炽灯灯泡功率为 60W，线吊式安装（X），安装高度为 2.5m，2 只开关为单极明装翘板式开关，1 只开关为单极拉线开关。室内照明布线为 BLV 型塑料绝缘导线，截面积为 2.5mm²，采用瓷瓶配线，暗藏于天棚内敷设。

由平面图看出，在灯 E_1 与 E_2 之间以及这 2 盏灯至 2 只开关 S_1、S_2 之间采用 3 根导线，其余均为 2 根导线。画出剖面图便一目了然。在剖面图上画出了导线的实际连接。

图 5-53（a）、（c）采用直接接线法，即由电源而来的一根相线 L_1 与一根中性线 N，其中的中性线分别从干线上分支，直接与各灯相连。从两灯之间的干线上引 1 根相线至开关

S_1、S_2，经过 2 只开关分别引至 E_1、E_2。由此看出，E_1 与 S_1、S_2 之间的 3 根线是 1 根相线、1 根中性线、1 根开关线（也是相线），S_1、S_2 与 E_2 之间也是这种情况。图 5-53（c）上 3 根虚线所连的 3 根线与该平面图（a）是一一对应的。

若将直接接线法改为共头接线法，则在平面图上表示的各段导线的根数也相应增加，如图 5-53（d）所示。图 5-53（c）、（d）中的虚线表示了其中 3 根、4 根导线的对应关系。接至开关 S1、S2 的导线有 4 根。

图 5-54 所示为房间的照明平面图，有 3 盏灯，1 个单极开关，1 个双极开关，采用共头接线法。图 5-54（a）为平面图，在平面图上可以看出灯具、开关和电路的布置。1 根相线和 1 根中性线进入房间后，中性线全部接于 3 盏灯的灯座上，相线经过灯座盒 2 进入左面房间墙上的开关盒，此开关为双极开关，可以控制 2 盏灯，从开关盒出来 2 根相线，接于灯座盒 2 和灯座盒 1。相线经过灯座盒 2 同时进入右面房间，通过灯座盒 3 进入开关盒，再由开关盒出来进入灯座盒 3。因此，在 2 盏灯之间出现 3 根线，在灯座 2 与开关之间也是 3 根线，其余是 2 根线。由灯的图形符号和文字代号可以知道，这 3 盏灯为一般灯具，灯泡功率为 60W，吸顶安装，开关为翘板开关，暗装。图 5-54（b）为电路图，图 5-54（c）为透视图。从图中可以看出接线头放在灯座盒内或开关盒内，因为共头接线，所以导线中间不允许有接头。

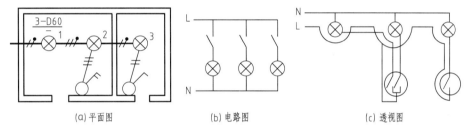

（a）平面图　　　　　　（b）电路图　　　　　　（c）透视图

图 5-54　房间的照明平面图示例

在电气照明平面图上导线较多，在图面上不能一一表示清楚，对于读图者来说，看图有一定困难。为了读懂电气照明平面图，作为一个读图过程，可以画出灯具、开关、插座的电路图或透视图。弄懂平面图、电路图、透视图的共同点和区别，再看复杂的照明电气平面图就容易多了。

在电力和照明电路平面图上采用图线和文字符号相结合的方法进行标注，表示出电路的走向，导线的型号、规格、根数、长度以及电路配线方式。电路标注的一般格式是回路标号-型号-电压（kV）-根数（或芯数）×截面-保护管径-敷设部位和方式。如 WL_1-BV-0.5-3×6+1×2.5-PVC20V-WC，其含义是：WL_1 回路的导线采用 0.5kV 的铜芯塑料线，其中 3 根是 $6mm^2$、1 根是 $2.5mm^2$，穿在直径为 $20mm^2$ 的硬质塑料管中，沿墙暗敷。

（四）动力配电平面图

建筑动力工程图主要包括系统图和平面图。平面图是按系统图以一定的比例表示建筑物外部或内部的电源布置情况的图纸，是以统一规定的图形符号辅以简单扼要的文字说明，把电气设计人员所设计的电气设备安装位置、配管配线方式，以及其他一些特征和它们相互之间的联系及其实际形状表示出来的一种图样。建筑动力平面是在总平面图、建筑物平面图上用 GB/T 4728 中规定的图形符号详细表示各种电气成套装置、设备、组件和元件的实际位置的图纸，表示导线的连接线及它们之间的供用电关系。

动力配电平面图是假设经过建筑物门、窗沿水平方向将建筑物切开，移去上面部分，人再站在高处往下看。根据看见的建筑物平面形状、大小、墙柱的位置、厚度、门窗的类型，绘出建筑平面的墙体、门窗、吊车梁、工艺设备等外形轮廓，再用中实线绘出电气部分。动力配电平面图的土建平面是完全按比例绘制的，电气部分的导线和设备的形状和外形尺寸则不完全按比例画出。导线和设备的垂直距离和空间位置一般也不另用立面图表示，而是采用文字标注安装标高或附加必要的施工说明的办法来说明。

动力配电平面图主要表示动力电路的敷设位置、敷设方式、导线规格型号、导线根数、穿管管径等，同时还要标出各种用电设备（如电动机、插座等）及配电设备（配电箱、开关等）的编号、数量、型号及安装方式，在连接线上标出导线的敷设方式、敷设部位以及安装方式等。在一个电气动力工程中，由于动力设备比照明灯具数量少，且多布置在地坪或楼层地面上，采用三相供电，配线方式多采用穿管配线。图 5-55 是某车间动力配电平面图。

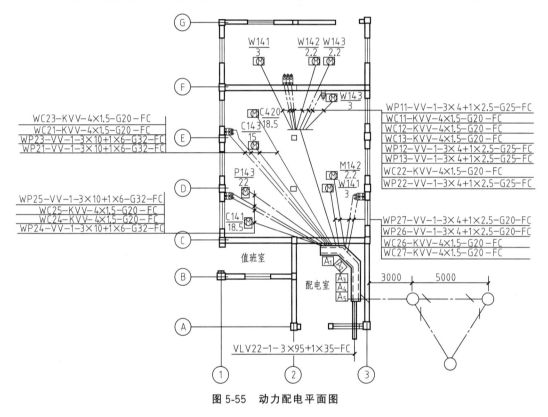

图 5-55　动力配电平面图

图 5-56 是三个房间组成的某车间动力平面布置图，图 5-57 是动力干线配置图，表 5-20 是动力干线配置表。

图 5-57 详细地表示了各电力配电电路（干线、支线）、配电箱、各电动机等的平面布置及其有关内容。

1. 配电干线

配电干线主要是指外电源至总电力配电箱（0 号）、总电力配电箱至各分动力配电箱（1～5 号）的配电电路。描述了线缆的布置、走向、型号、长度（由建筑物尺寸数据确定）、敷设方式等。例如，由总电力配电箱（0 号）至 4 号配电箱的线缆，图中标注为：BLX-3×120+1×50-kW，表示导线型号为 BLX，截面积为 $3×120+1×50mm^2$，沿墙，采用交瓷绝缘子敷设（kW），其长度约为 40m。

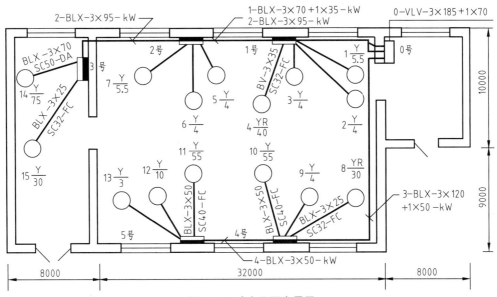

图 5-56　动力平面布置图

注　1. 进线电缆引自室外 380V 架空电路第 42 号杆。

2. 各电动机配线除注明者外，其余均为 BLX-3×2.5-SC15-FC。

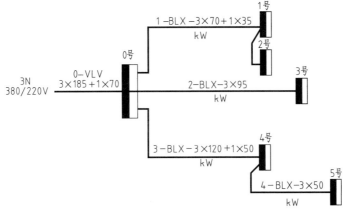

图 5-57　动力干线配置图

表 5-21　动力干线配置表

线缆编号	线缆型号及规格	连接点		长度/m	敷设方式
		Ⅰ	Ⅱ		
0	VLV-3×185+1×70	42 号杆	0 号配电箱	150	电缆沟
1	BLX-3×70+1×35	0 号配电箱	1、2 号配电箱	18	kW
2	BLX-3×95	0 号配电箱	3 号配电箱	25	kW
3	BLX-3×120+1×50	0 号配电箱	4 号配电箱	40	kW
4	BLX-3×50	4 号配电箱	5 号配电箱	50	kW

2. 动力配电箱

这个车间一共布置了 6 个动力配电箱（柜）。0 号配电箱为总配电箱，布置在右侧配电室内，电缆进线，3 回出线分别至 1、2 号，3 号，4、5 号动力配电箱。1 号配电箱布置在主车间，4 回出线。2 号配电箱布置在主车间，3 回出线。3 号配电箱布置在辅助车间，2 回出线。4 号配电箱布置在主车间，3 回出线。5 号配电箱布置在主车间，3 回出线。

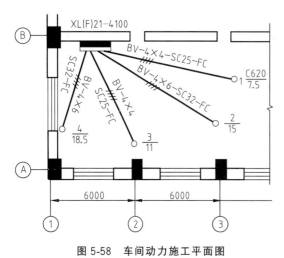

3. 动力设备

图 5-56 中所描述的电力设备主要是电动机，共 15 台，各电动机按序编号为 1～15。由于此图是按比例绘制的，因此，电动机的位置可用比例尺在图上直接量取。必要时还应参阅有关的建筑基础平面图、工艺图等而确定。电动机的型号、规格等标注举例：3Y/4 中 3 表示电动机编号，Y 表示电动机型号，4 表示电动机容量（kW）。

4. 配电支线

由各动力配电箱至各电动机的连接线，称为配电支线。图中详细描述了这 15 条配电支线的位置、导线型号、规格、敷设方式、穿线管规格等。

图 5-58 车间动力施工平面图

图 5-58 所示为车间动力施工平面图。平面图是画在简化了的土建平面图上面，图中小圆圈表示动力用电设备出线口，是用防水弯头与地面内伸出来的管子相连接。图中 XL（F）21-4100 表明车间动力配电箱的型号，动力管线用穿钢管保护铜芯塑料绝缘线，导线根数均为 4 根。

四、防雷和接地工程图

（一）组成

建筑物防雷接地工程图一般包括防雷工程图和接地工程图两部分。防止直接雷击的主要措施是将雷击时的雷电流按预先安排好的通道引入大地，从而避免雷云向被保护的建筑物放电。

防止直击雷的防雷装置由接闪器、引下线和接地装置三部分组成。接闪器是直接用来接受雷击的部分，包括避雷针、避雷带、避雷网以及用作接闪器的金属屋面和金属构件等。避雷针是附设在建筑物顶部或独立装设在地面上的针状金属杆。避雷带是沿着建筑物的屋脊、屋檐、屋角及女儿墙等易受雷击部位敷设的带状金属线。避雷网是在较重要的建筑物或面积较大的屋面上，纵横敷设金属线组合成矩形平面网格，或以建筑物外形构成一个整体较密的金属大网笼，实行较全面的保护。安装接闪器时，应优先采用避雷网或避雷带。引下线又称引流器，把雷电流引向接地装置，是连接接闪器与接地装置的金属导体。接地装置是引导雷电流安全地泄入大地的导体，是接地体和接地线的总称。接地体是埋入土壤中或混凝土基础中作为散流用的导体，接地线是从引下线的断接卡或接线处至接地体的连接导体。保护接地是用导体把电气设备中所有正常不带电、当绝缘损坏时可能带电的外露金属部分（电动机、变压器、测量仪表及配电装置的金属外壳或金属构件等）和埋在地下的接地极连接起来。它是预防人身触电的一项极其重要的措施。

（二）防雷接地工程图实例

建筑物防雷接地工程图一般包括防雷工程图和接地工程图两部分。图 5-59 为某住宅建筑防雷工程图。图 5-60 为某住宅建筑接地工程图。

1. 施工说明

（1）避雷带、引下线均采用 25mm×4mm 扁钢，镀锌或作防腐处理。

（2）引下线在地面上 1.7m 至地面下 0.3m 一段，用 φ50 硬塑料管保护。

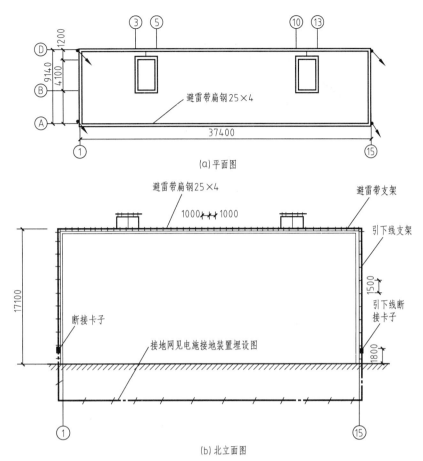

(a) 平面图

(b) 北立面图

图 5-59 某住宅建筑防雷工程图

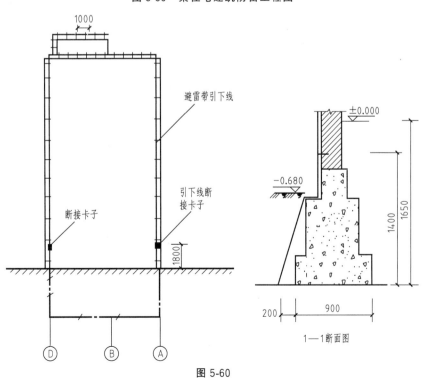

图 5-60

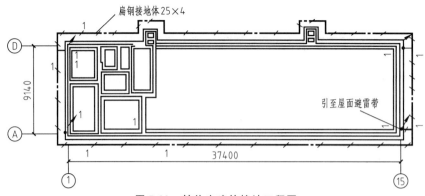

图 5-60　某住宅建筑接地工程图

（3）本工程采用 25mm×4mm 扁钢作水平接地体，围建筑物一周埋设，其接地电阻不大于 10Ω。施工后达不到要求时，可增设接地极。

（4）施工采用国家标准图集 D562、D563，并应与土建密切配合。

2. 工程概况

图 5-59 表达了住宅建筑避雷带沿屋面四周女儿墙敷设，支持卡子间距为 1m。在西面和东面墙上分别敷设 2 根引下线（25mm×4mm 扁钢），与埋于地下的接地体连接，引下线在距地面 1.8m 处设置引下线断接卡子。固定引下线支架间距为 1.5m。图 5-60 表达了接地体沿建筑物基础四周埋设，埋设深度为 0.7m，距基础中心距离为 0.65m。

五、建筑消防火灾自动报警及消防联动系统工程图

火灾自动报警系统可用于人员居住和经常有人滞留的场所、存放重要物资或燃烧后产生严重污染需要及时报警的场所。探测火灾早起特征，发出火灾报警信号，为人员疏散、防止火灾蔓延和启动自动灭火设备提供控制与指示的消防系统。火灾自动报警系统由火灾探测系统、消防联动控制系统、可燃气体探测系统及电气火灾监控系统组成。图 5-61 为系统的组成示意图。

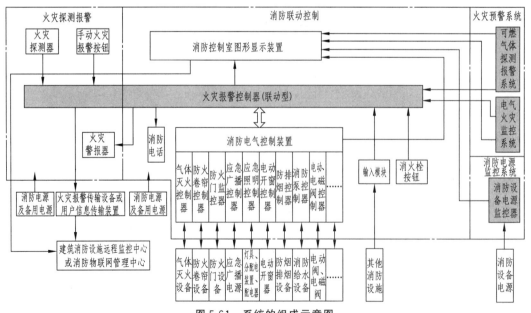

图 5-61　系统的组成示意图

（一）火灾自动报警系统分类

1. 区域报警系统

区域报警系统由火灾探测器、手动火灾报警按钮、火灾声光警报器及火灾报警控制器等组成，适用于仅需要报警，不需要联动自动消防设备的保护对象。图 5-62 所示为区域报警系统组成示意图。

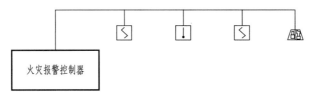

序号	图例	名称	备注
1	S	感烟火灾探测器	
2	↓	感温火灾探测器	
3	S↓	烟温火灾探测器	
4		火灾声光报警器	
5		线性光束探测器	
6	Y	手动报警按钮	
7	Ψ	消火栓报警按钮	
8		报警电话	
9	FI	火灾显示盘	
10	SFJ	送风机	
11	XFB	消防泵	
12	M	输入模块	GST-LD-8300
13	C	控制模块	GST-LD-8301
14	H	电话模块	GST-LD-8304
15	G	广播模块	GST-LD-8305

图 5-62 区域报警系统组成示意图

2. 集中报警系统

集中报警系统由火灾探测器、手动火灾报警按钮、火灾声光警报器、消防应急广播、消防专用电话、消防控制室图形显示装置、火灾报警控制器、消防联动控制器等组成。集中报警系统适用于具有联动要求的保护对象。图 5-63 所示为集中报警系统组成示意图。

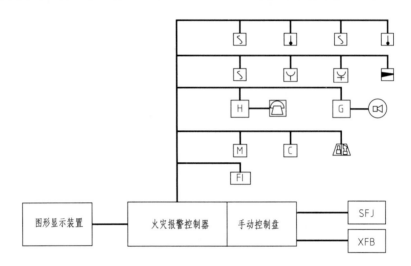

图 5-63　集中系统组成示意图

3. 控制中心报警系统

控制中心报警系统由火灾探测器、手动火灾报警按钮、火灾声光警报器、消防应急广播、消防专用电话、消防控制室图形显示装置、火灾报警控制器、消防联动控制器等组成，且包含两个及两个以上集中报警系统。控制中心报警系统一般适用于建筑群或体量很大的保护对象，这些保护对象中可能设置几个消防控制室，图 5-64 所示为控制中心报警系统组成示意图。

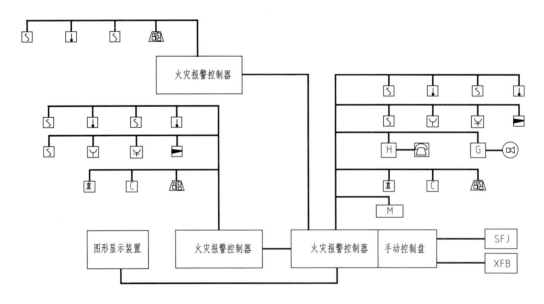

图 5-64　控制中心报警系统组成示意图

（二）火灾自动报警系统工程图实例

某展览馆，钢筋混凝土结构，共七层，建筑高度 53m，建筑面积 5300m² 。工程的火灾自动报警及消防联动控制系统平面图如图 5-65～图 5-69 所示。

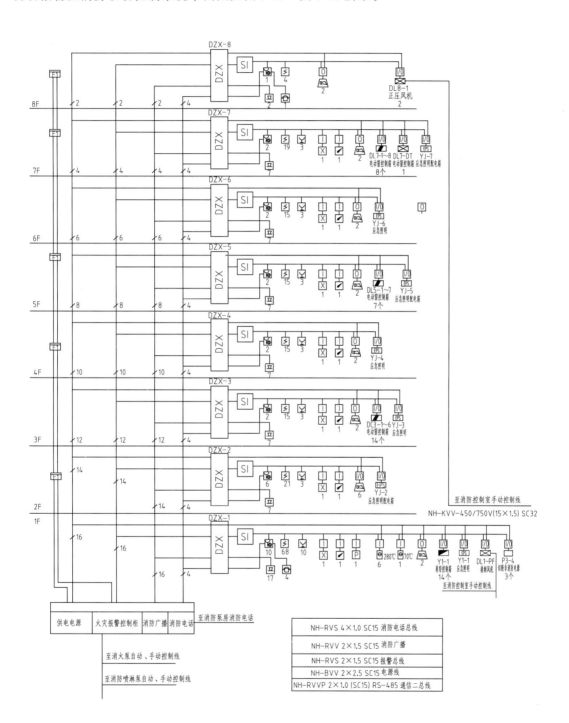

图 5-65 自动报警及消防联动控制系统平面图（一）

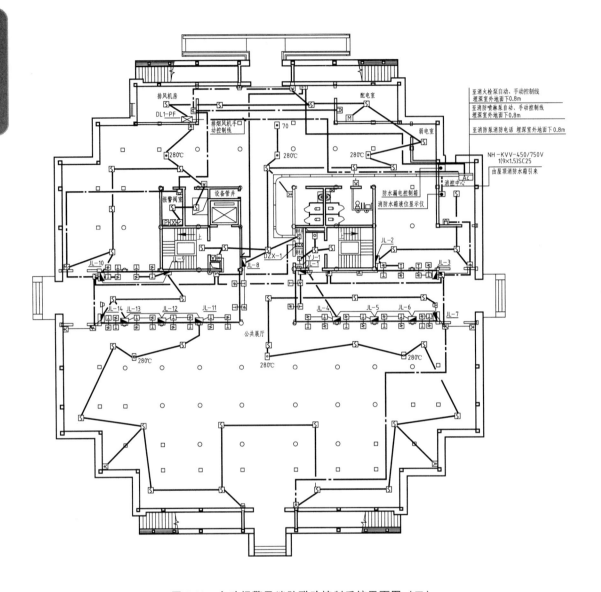

图 5-66 自动报警及消防联动控制系统平面图（二）

从系统图上可以看出消防控制中心设在 1 层，火灾自动报警及消防联动控制系统采用二总线控制方式，报警和联动控制合用总线。每层设置消防接线端子箱，用于本层报警与联动设备、消防电话、消防广播与报警控制主机的接线，以及联动设备电源线与消防控制中心电源之间的接线。每层报警联动总线设有短路隔离器。

从一层火灾自动报警及消防联动控制系统平面图可以看出报警总线、消防电话总线、联动设备电源线和消防广播线路由消防控制中心通过吊顶内的线槽敷设至一楼管道井，在井内设消防接线端子箱，由端子箱引出报警总线、消防电话总线和消防广播线路连接各设备。在楼梯间和出入口处设置手动报警按钮、火灾声光报警器。

从二层火灾自动报警及消防联动控制系统平面图可以看出设置有设备专业配置的水流指示器、信号阀、防火阀和排烟防火阀。在电梯、前室、公共展厅、储物间、通道等处设置有

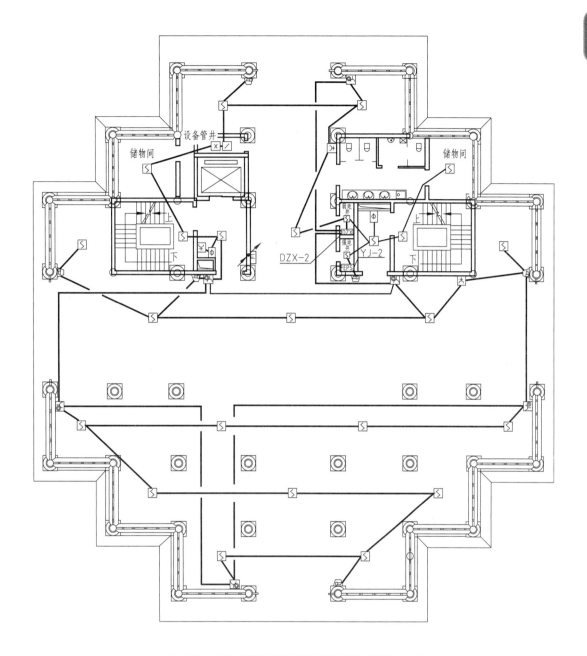

图 5-67 自动报警及消防联动控制系统平面图（三）

感烟探测器，楼梯间和出入口处设有手动报警按钮、火灾声光报警器。

三至七层火灾自动报警及消防联动控制系统平面图基本与二层报警设计相同，只增加了5个电动窗联动设备，输出模块接在报警总线上。

从顶层火灾自动报警及消防联动控制系统平面图可以看出这层设有消防水箱，消防水箱的液位显示仪直接接到消防控制室。设有感烟探测器、消防电话、手动报警按钮和声光报警器，分别与各自总线相连。设有正压风机，直接接在报警总线上，同时连接联动电源线。

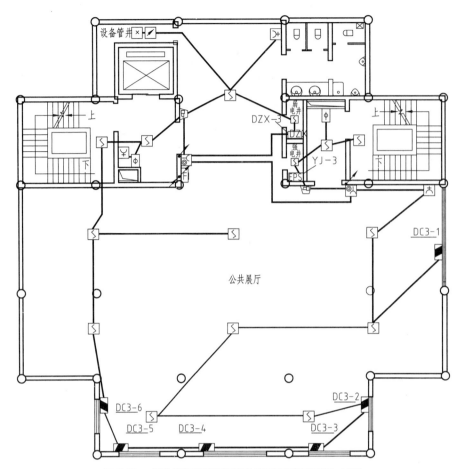

图 5-68 自动报警及消防联动控制系统平面图（四）

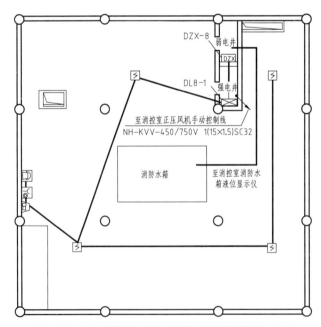

图 5-69 自动报警及消防联动控制系统平面图（五）

○ **思考与练习** ○
---

1. 电气工程施工图包括哪些图纸？

2. 什么是电气工程图的电气符号？它的作用是什么？

3. 电气工程施工图的识图方法是什么？给水排水施工图的识图要点是什么？

4. 火灾自动报警系统分为哪几类？

第六章
消防专业图

消防专业图是指消防队伍为更好地完成灭火与抢险救援、火灾原因调查工作，根据制图国家标准和消防行业标准绘制而成的独具消防专业特色的图。它是灭火救援或火灾原因调查人员进行业务交流的一种"语言"，能够识读和绘制消防专业图是灭火救援或火灾原因调查人员需具备的一项基本技能。

》》 第一节 概述

○ 【学习目标】

1. 了解消防专业图的种类。
2. 熟悉绘制消防专业图的基本要求。
3. 掌握消防专业图图例的着色要求和标注规定。

一、消防专业图的种类

根据消防专业图的用途，消防专业图可分为基础建设方面、灭火救援战斗方面和火因调查方面三种。

（一）基础建设方面的消防专业图

基础建设方面的消防专业图是消防队伍在建设责任区及责任区内消防重点保卫单位档案资料库时绘制的一种图。由于责任区及责任区内重点单位的消防基本情况是不断发生变化的，因此绘制或修改这类图是消防队伍开展的一项经常性基础工作。

基础建设方面的消防专业图包括责任区图和灭火救援作战计划图两种。按照消防队伍的组织与指挥层级，责任区图可分为中队责任区图、大队责任区图、支队责任区图、总队责任区图和消防局责任区图，除中队、大队责任区图外，由于后三种责任区图责任区面积较大，无法在责任区图中详细表达责任区消防基本情况，实际工作中后三种责任区图直接由地图代替。因此本章研究的重点是中队、大队责任区图的绘制。灭火救援作战计划图是消防灭火救援人员在制定消防重点保卫单位灭火作战计划时绘制的一种图，它是消防重点保卫单位档案建设的重要组成部分。

（二）灭火救援战斗方面的消防专业图

灭火救援战斗方面的消防专业图主要是指灭火救援战斗力量部署图，它是灭火救援人员在灭火救援战斗结束后，为进行战斗总结而绘制的一种图。灭火救援战斗力量部署图主要用于战斗总结、书面汇报和经验交流。根据灭火救援行动的不同阶段以及各阶段灭火救援战斗力量部署的变化，灭火救援战斗力量部署图可绘制一张、两张或数张，分别称为第一阶段战斗力量部署、第二阶段战斗力量部署、第三阶段战斗力量部署等。

（三）火因调查方面的消防专业图

火因调查方面的消防专业图是指火灾原因调查图。火灾原因调查图准确地描绘了火灾现场火灾前后的基本情况，它是火灾原因认定的重要依据，是火灾现场勘查记录的重要组成部分。根据火灾原因调查的需要，火灾原因调查图主要有火灾现场图和火灾现场复原图两种。火灾现场图是指在火灾现场平面图、立面图或剖面图的基础上，利用图例及文字说明准确醒目地描绘出火灾现场物证、燃烧及烟熏痕迹的形状、状态、位置及相互关系而形成的图。火灾现场复原图是指通过调查了解，在火灾现场平面图、立面图或剖面图的基础上，利用图例及文字说明描绘出火灾现场在火灾发生前的物资名称，摆放位置、状态、数量及相互关系而形成的图。

二、绘制消防专业图的基本要求

为方便灭火救援或火灾原因调查人员进行业务交流，绘制消防专业图时应尽量做到简单明了，生动形象，使识读人员能够迅速了解其表达内容。从消防专业图所表达的内容上看，它可分为基础部分和消防专业部分两大部分。基础部分是指已有且能够收集得到的工程图资料，如绘制责任区图所需的市区图；绘制灭火救援作战计划图所需的与重点单位及其重点部位相关的建筑工程图；绘制灭火救援战斗力量部署图和火灾原因调查图所需的与着火单位及其着火部位相关的建筑工程图等。消防专业部分是指在基础部分上绘制或加注的能够反映保护区域或保卫单位消防基本情况、灭火救援战术思想或火灾现场物证痕迹特征等图例部分的内容。消防专业图的基础部分一般都可从相关单位收集获得，这样可大大减少绘制消防专业图的工作量。若受客观条件限制收集不到基础部分的图纸资料，此部分的图应由消防专业图绘制人员参照建筑工程制图国家标准实地测绘绘制出来。由于基础部分工程图的绘制标准、方法、基本要求已在前面相关章节做了详细的介绍，此处重点介绍消防专业图消防专业部分的基本绘制要求。

（一）消防专业图的图名

与建筑工程图纸图名的位置不同，消防专业图的图名应写在图的正上方，字体要工整、醒目、大方，字体大小应与图幅相适应，如图 6-1 所示。

（二）消防专业图标题栏

为了便于存档、查阅，消防专业图应设置标题栏（也称图标栏）。标题栏绘制在图纸图框线内的右下角，如图 6-1 所示，标题栏的格式及尺寸参见图 6-2 所示。

在标题栏内，保卫单位是指重点单位或着火单位的全称；保卫项目是指重点单位重点部位的名称，或是着火单位着火部位的名称。在责任区图中，保卫单位和保卫项目可不填写。图别是指消防专业图的类别，可简化填写成基础建设、灭火救援或火因调查。图号是指本类消防专业图纸的顺序编号。

（三）消防专业图标号

1. 消防专业图标号种类与绘制要求

标号是由图形、代字、汉字、数字和颜色等实现标图的各元素的总称，标号包括队标和队号。按照标号所表达的内容，消防队伍常用标号分为消防水源标号、消防车辆器材装备标号、级别人员标号、危险物品标号、常用建筑标号、战斗行动标号、灭火器与灭火设施标号七种，每类标号的绘制方法与要求详见表 6-1～表 6-7。

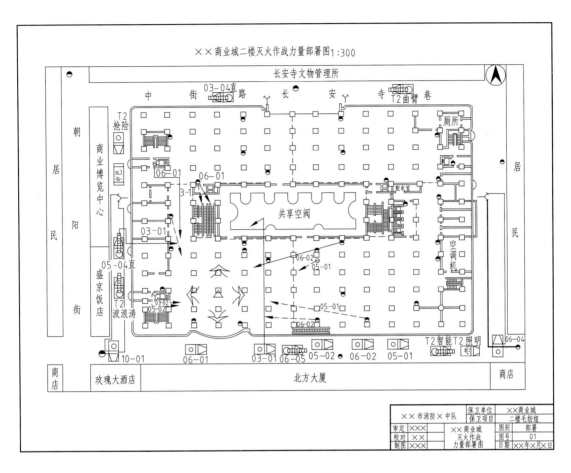

图 6-1　消防专业图图名的位置

(消防队名称)				保卫单位		
				保卫项目		
审定			(图名)	图别		
校对				图号		
制图				日期		
20	20	20	60	20	40	
			180			

图 6-2　消防专业图标题栏

除规定的消防专业图标号外，消防专业图中还可以采用自制标号。自制标号即绘图者绘制制定的标号。国家标准图例和消防专业标号未作规定，但绘制消防专业图时又必须表达的图示内容，一般需绘图者绘制制定。自制标号要力求简单、形象，并应在图纸的空白或标号处加以说明，如图 6-3 所示的木材堆垛标号。

在使用标号绘图时应遵循准确、清晰、规范，队标和队号结合使用时方向应保持一致，符号的大小可以与本标准中的图形符号相同，也可按比例放大或缩小的原则。

表 6-1　消防水源标号

名称	标号	名称	标号	名称	标号
室内消火栓		储水池		雨水井	
地上室外消火栓		污水池		河流	
地下室外消火栓		井		湖泊	
水泵结合器（地上）		水泵结合器（地下）		水泵结合器（墙壁）	
消防水鹤		地下管网	$\phi150mm$	阀	

表 6-2　消防车辆、器材装备标号

名称	标号	名称	标号	名称	标号
水罐消防车		泡沫干粉联用消防车		照明消防车	
中低压泵水罐消防车		二氧化碳消防车		防化洗消车	
高低压泵水罐消防车		举高喷射消防车		排烟消防车	
压缩空气泡沫消防车		云梯消防车		抢险救援消防车	
泡沫消防车		登高平台消防车		救护车	
干粉消防车		通讯指挥消防车		消防艇	
牵引消防泵		直流水枪		排吸器	
手抬机动消防泵		开花水枪		泡沫钩管	
单杠梯		喷雾水枪		二分水器	
挂钩梯		带架水枪		分水器三	
二节拉梯		位于屋顶水枪		机动水枪	
三节拉梯		位于地下室水枪		泡沫管枪	
泡沫发生器		位于楼层水枪	8	干粉喷枪	

表 6-3　级别、人员标号

名称	标号	名称	标号	名称	标号
支队	 ZHD	大队	 DD	中队	 ZD
火场总指挥		中队指挥		通讯员	
火场副总指挥		战斗班长		驾驶员	
指挥长		战斗员	① ② ③	安全员	
侦察员		侦察组		作战指挥部	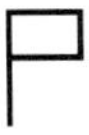

表 6-4　危险物品标号

名称	标号	名称	标号	名称	标号
爆炸品		易燃气体		不燃气体	
有毒气体		易燃液体		易燃固体	
自燃物品		遇湿易燃物品		氧化剂	
放射性物质		腐蚀性物质		带电物质	

表 6-5　常用建筑标号

名称	标号	名称	标号
建筑物	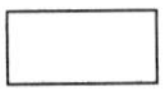	半地下储罐	
民用建筑	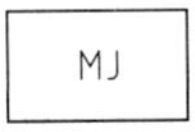 MJ	发电厂	
重点单位	 ZDW	防火卷帘门	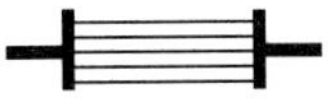
建筑物下面的通道	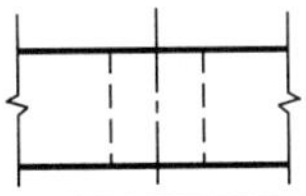	中间层楼梯	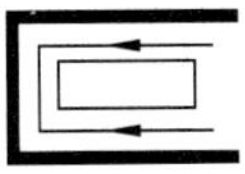
高架式料仓		加油站	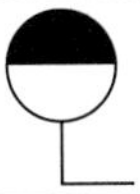

名称	标号	名称	标号
地下建筑物或构筑物		地下储罐	
工业建筑	GJ	变电站	
重大火灾隐患	YH	顶层楼梯	
散装材料露天堆场		底层楼梯	
地上储罐		公路	

表 6-6　战斗行动标号

名称	标号	名称	标号
堵截火势蔓延		水带桥保护	
进攻方向		冷却降温	
室内火灾		火灾蔓延方向箭头	
外部烤着部分		起火点	
火灾突破外墙		被困人员、死亡人员	
室内充满烟雾		风力和指向	
预计行动路线		深入内攻	
安全撤退路线		围歼灭火	

表 6-7　灭火器与灭火设施标号

名称	标号	名称	标号
手提式清水灭火器	△QS	手提式二氧化碳灭火器	△CO₂
手提式 ABC 类干粉灭火器	△ABC	手提式 BC 类干粉灭火器	△BC
手提式泡沫灭火器	△PM	推车式灭火器	
疏散路线、方向		疏散路线终出口	
消防控制中心	X K	开式喷头	
闭式喷头		手动火灾报警按钮	
固定式灭火系统(局部)		固定式灭火系统(全淹没)	
干式立管(入口无阀门)		湿式立管	
泡沫液罐		消防水罐(池)	

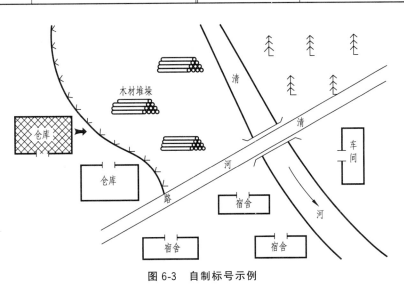

图 6-3　自制标号示例

2. 消防专业图标号着色要求

（1）标示消防队伍机构、作战人员的队标用红色，对于有被困人员的区域标号内衬红色；

（2）标示重点单位、部位轮廓线用红色线；标示着火部位、燃烧面积、火势蔓延方向、爆炸区域、救援的对象、消防站标时用红色；

（3）标示消防车辆、枪（炮）等消防装备的队标用红色，标示消防通信设备的队标用红色；

（4）标示各种消防水源、供水线路（干线）、给水设施队标时用蓝色；

（5）不同阶段的执勤、灭火救援等作战情况，其队标可用不同式样的线或衬以不同的颜色加以区别，所有衬色宜淡不宜浓。

（6）标示作战行动中灾害现场堵截火势蔓延方向、进攻方向、内攻路线、救援深入的路线、救援的范围等标号时用红色；

（7）标示有毒、放射性射线物质泄漏和污染区域轮廓线内衬黄色；增援队消防车轮廓线内衬黄色；

（8）标示各种队号时用黑色。

3. 队标线形

标示消防队伍的实际力量部署、行动的队标用实线；标示计划（准备）、预备或已经转移阵地的部署、行动的队标应用虚线。

4. 队号注记

（1）注记消防队伍机关的名称，应按照地名、数字，级别代字的顺序，由左至右书写，地名同数字等大，应比代字稍大，字下缘取齐。如二中队，应写为"2ZD"，吉林省消防总队写为"吉林 XFZOD"。队号一般应写在队标内，也可写在队标的右方或下方，其大小要与队标的大小相适应。

（2）使用法定计量单位表示数值时，应先写数字，后写计量单位，不加括号，如5吨应写为"5t"。

（3）标记编号的数字用阿拉伯数字表示。

（4）对于器材、车辆装备等有多个参数需要标记时，一般应标记在标号的下方，应按照其所属的单位、编号和技术指标的顺序进行标记，每个参数之间用斜线"/"隔开。例如，长春市消防支队一中队二号水罐消防车，其技术参数是功率为50匹马力、容量为20吨的标示如下所示：

长春ZHD-1ZD-2-50B/20t

5. 时间标记

应按年、月、日、时、分的次序，用数字由左向右书写，将年、月、日、时用"."隔开，时和分的数字要连写，并在分数下加一划线。时数和分数不足两位时，均应在十位上加"0"。例如，2012 年 05 月 05 日 08 时 05 分，应写为：2012.05.05.0805。

6. 消防水源的标注

消防水源的标注可采用消防水源名称加编号的方式进行标注，消防水源名称同样采用汉语拼音声母缩写形式，如"WX02"表示 02 号室外消火栓，"NX04"表示 04 号室内消火栓，"SJ01"表示 01 号水井等。

7. 水泵接合器的标注

水泵接合器的标注同消防水源的标注，但必须标明水泵接合器所供灭火系统的名称。如

"XJH02"表示为供消火栓灭火系统的 02 号水泵接合器。

◦ 思考与练习 ◦

1. 常见的消防专业图有哪些？

2. 从内容上看，消防专业图可分为几个部分？各部分包括哪些内容？

3. 消防专业图图例的种类有哪些？

4. 对消防专业图图例进行着色和标注的要求是什么？

》 第二节 责任区图

○ 【学习目标】

1. 了解责任区图的种类。

2. 熟悉责任区图的用途和基本内容。

3. 掌握绘制责任区图的基本原理。

一、责任区图的用途与种类

（一）责任区图的用途

责任区图是每个消防队伍必备的基本图纸。它是消防指战员熟悉和掌握责任区消防基本情况，制定灭火及抢险救援作战计划，研究实施灭火战斗与抢险救援行动指挥，在发生灾害事故时选择战斗行动路线，调集战斗力量，掌握战斗实力而使用的一种消防专业图。

（二）责任区图的种类

理论上根据各级消防队伍的需要，责任区图可分为部级消防局责任区图、省级消防总队责任区图、消防支队责任区图、消防大队责任区图和消防中队责任区图。但在实践的具体操作上，前两种责任区图一般直接用地图代替，后三种责任区图则需要消防队伍经常性绘制或修改。本节以消防中队责任区图为例介绍责任区图的基本内容和绘制方法。

二、责任区图的基本内容

图 6-4 为"××消防中队责任区图"，从图中可以看出，消防中队责任区图应反映以下基本内容。

（1）责任区与相邻区域的分界线。

（2）消防水源分布。应反映出江河、湖泊、水库等天然水源的方位，标注出市政消火栓、水鹤等市政消防供水设施的具体位置。

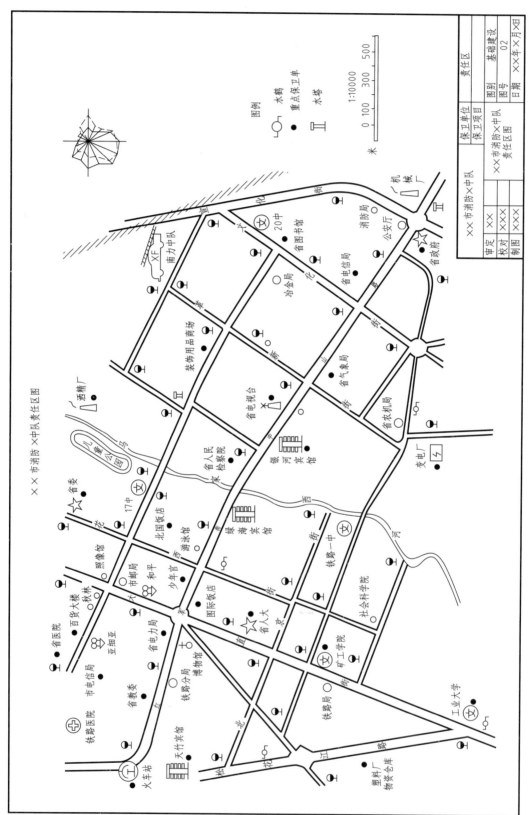

图 6-4 ××消防中队责任区图

（3）道路情况。反映责任区铁路、公路、主要街道、巷道，以及桥梁、涵洞、隧道等基本情况。

（4）重点保卫单位分布情况。标注出重点保卫单位的名称和具体位置，反映重点保卫单位的数量及其周边环境情况。

（5）消防队伍及其他社会救援力量的分布情况。在责任区图上标注出消防队伍、医疗、供水供电、驻军等社会救援力量的具体位置和名称。

（6）风玫瑰图。通过风玫瑰图表明责任区地物方位，表明责任区常年主导风向。

三、责任区图常如图例及绘制责任区图的基本方法

（一）责任区图常如图例

绘制责任区图应统一使用国家统一规定的地物图例符号和消防专业行业图例符号，自制图例应在责任区图中给予说明。责任区图常如图例符号见表6-8。

表 6-8　责任区图常用标号

名称	图例	名称	图例	名称	图例
政府机关	 ☆	影剧院	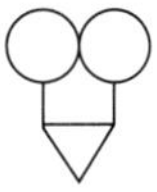	窑	
学校	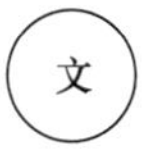 文	饭店		医院	 ✛
工厂		火车站		飞机场	
电视塔		消防部队	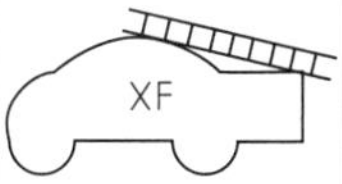 XF	一般单位	○

（二）绘制责任区图的基本方法

责任区图是在市（县）区地图的基础上，结合消防工作的内容和需要绘制而成的。绘制责任区图通常应按以下几个步骤进行：

（1）收集市（县）区地图资料，开展实地调查，修改、补充地图资料。

（2）标出责任区与相邻区域的分界线。

（3）标注出天然水源和市政消防水源（市政消火栓、水鹤等）的具体位置。

（4）标注出重点保卫单位的位置。

（5）标注出消防中队、专职消防队、医疗、供水供电、驻军等社会救援力量的具体位置。

- - - - - - - - - - - - - - - - - - - ◇ **思考与练习** ◇ - - - - - - - - - - - - - - - - - - -

1. 责任区图的用途是什么？

2. 怎样绘制责任区图？

第三节　灭火救援作战计划图

【学习目标】

1. 了解灭火救援作战计划图的概念及用途。
2. 熟悉灭火救援作战计划图的基本内容。
3. 掌握绘制灭火救援作战计划图的基本方法。

一、灭火救援作战计划图的概念和组成

（一）灭火救援作战计划图的概念

灭火救援作战计划图是消防队伍针对辖区内某一重点保卫单位开展灭火救援演练而绘制的一种消防专业图。灭火救援作战计划图是重点保卫单位灭火预案的重要组成部分，它反映了消防队伍对责任区内重点保卫单位灭火救援行动的设想和计划。绘制科学合理的灭火救援作战计划图，能较好地指导消防指战员实地进行演练，进一步熟悉重点保卫单位消防基本情况，为成功处置重点保卫单位火灾奠定坚实基础。

（二）灭火救援作战计划图的组成

根据灭火救援演练的工作需要，灭火救援作战计划图一般应包括文字说明、重点保卫单位方位图、重点部位方位图、重点部位建筑平面图、灭火作战计划力量部署图（附力量部署说明）和重点部位力量部署立面图。如果需要，还应包括人员疏散图、物资疏散图、重点危险目标分布图、扩散预测图（针对有易燃易爆气体及有毒气体）、警戒区域划分图（针对有易燃易爆气体及有毒气体）、保障供给图等。

二、灭火救援作战计划图的基本内容

重点单位灭火作战计划图主要包括以下内容：

（1）重点保卫单位（部位）面积、形状、围墙、界线和有关毗邻情况。

（2）重点单位的主要建筑物和地形情况，应突出标绘生产或储存易燃易爆、有毒物质的厂房和仓库。

（3）消防水源情况。包括单位内和附近地上（地下）消火栓的数量和具体位置，以及消防水池、池塘、水井等。

（4）主要道路（街区）名称和方位。

（5）预想的火场情况。内容包括主要起火点（部位）、火势蔓延方向、燃烧面积、有毒物品、爆炸、建筑物塌落及人员被困等情况。

（6）消防指挥员灭火作战决心和兵力部署情况。主要包括参战的消防兵力数量与具体任

务、位置战术手段和战斗行动消防车的数量、型号和具体位置；供水方法，水枪阵地及水枪手的位置等。

（7）指北方向和风向风力标识。

三、绘制灭火救援作战计划图的基本方法

（1）收集重点保卫单位（灭火演练单位）总平面图，重点保卫项目（灭火演练对象）建筑平面图、建筑立面图、建筑剖面图、建筑详图、建筑设备施工图，在熟读这些建筑工程图后实地进行调查，掌握重点保卫单位基本情况。

（2）在责任区图上标注出重点保卫单位（灭火演练单位）位置，形成重点保卫单位方位图。

（3）删除重点保卫单位（灭火演练单位）总平面图尺寸标注图示内容，在总平面图上标注出重点保卫项目（灭火演练对象）的具体位置，形成重点部位方位图。

（4）删除重点保卫项目（灭火演练对象）建筑平面图尺寸标注图示内容，在建筑平面图上标注出建筑消防设施的类型与位置，并标注出假定起火楼层储存物资的类型、数量及位置，形成重点部位建筑平面图。

（5）在已删除尺寸标注图示内容的重点保卫单位（灭火演练单位）总平面图上标注出水泵接合器、室外消火栓等消防水源的具体位置；标注出风力方向标志，表明火灾蔓延方向；标注出消防车种类、编号、停车位置、供水方式、水枪位置等，表明突破、阻击、隔离等灭火作战行动计划，形成灭火救援作战计划力量部署图。

四、灭火救援作战计划图的绘制步骤

（1）确定图幅和比例。

（2）预留出图名位置，画出图框与图标栏。

（3）用重点单位资料图为底图，先绘道路，再绘建筑物。

（4）标绘消防水源。

（5）标绘出起火点或爆炸点的位置，燃烧蔓延的方向、路线和部位。

（6）根据火灾标识图例符号绘出起火点、燃烧蔓延部位、蔓延方向图例符号，内着红色。

（7）确定灭火行动方案，布置消防车辆、水枪、水带、消防泵位置。

（8）标注建筑物和消防装备名称。

（9）上墨着色。

（10）用墨线笔注字写图名。图上字体要求大小一致，排列均匀，笔画正规。

五、灭火救援作战计划图示例

下面以某塑料厂物资仓库灭火作战计划为例介绍灭火救援作战计划图的基本内容。

1. 文字说明

文字说明部分用于对灭火作战计划作概括性说明，一般应包括四个方面的内容，一是对重点保卫单位的基本情况作个大致介绍，如重点保卫单位的地理位置、生产经营性质、人员情况、消防装备等方面的内容；二是对重点部位（建筑）作介绍，如重点部位的规模、结构类型、使用性质、消防设施等；三是对假定起火楼层的建筑面积、使用性质、房间和物资分布情况、固定消防设施的位置及数量等加以说明，同时要说明假定起火部位和火灾蔓延规

律、途径；四是介绍灭火作战计划的战术指导思想、力量部署计划等。

2. 重点保卫单位方位图

重点保卫单位方位图是在消防队伍责任区图上标注出其具体位置的一张图纸。通过重点保卫单位方位图可使消防指战员清楚地了解重点保卫单位的具体方位，掌握重点保卫单位周边道路、消防水源、社会救援力量等消防基本情况，为消防指战员选择灭火救援出警路线、确定取水水源、调集社会救援力量等提供可靠依据。图6-5为某塑料厂物资仓库方位图，从图中可以看出消防中队位于责任区的东北方向，塑料厂物资仓库位于责任区的西南方向，位置处在松花江路的西侧，并且处于常年主导风向的上风方向。距塑料厂物资仓库最近的消防水源有两处，一处是工业大学附近的市政室外消火栓和消防水鹤，一处是塑料厂物资仓库沿松花江路向北第一个十字路口处有一市政室外消火栓。

3. 重点部位方位图

重点部位是重点保卫单位的重点保卫项目，是一次灭火演练的具体对象。重点部位方位图需在重点保卫单位的总平面图上标注出来，通过重点部位方位图可了解到重点部位在重点保卫单位的具体位置，掌握重点部位周边的消防车道、水源以及其与相邻建筑物关系等环境情况。图6-6为塑料厂物资仓库2号库房的方位图，2号库房即为此次灭火作战计划的灭火演练对象。为使2号库房明显突出，容易识别，实际操作中可以将2号库房外形轮廓线着红色或是利用粗线加以识别。从图6-6可以看出，2号库房周边为环形消防车道，南边与办公室相邻，在北边和西边分别与3号库房和1号库房、车库相邻。在2号库房西南方向的车库旁有一室外消火栓，在2号库房的西北方向的路口转角处有一室外消火栓。

4. 重点部位建筑平面图

重点部位建筑平面图表明重点部位各楼层的平面形状，反映各楼层房间、门窗、疏散通道、楼梯、室内消火栓等建筑消防设施的平面分布情况。同时，根据灭火作战计划的需要，还应标注出假定起火房间或部位的具体位置，假定起火楼层储存物资或物品的摆放分布情况。重点部位建筑平面图的数量应根据灭火作战计划的实际需要而定，但除两层及两层以下的建筑需每层都绘制建筑平面图外，对于三层及三层以上的多层或高层建筑而言，至少应绘制假定起火楼层和假定起火楼层的上下层三个楼层的建筑平面图，这样才可以充分体现起火楼层采用"灭"，上下楼层采用"堵"的灭火救援战术指导思想。图6-7为塑料厂物资仓库2号库房的建筑平面图。2号库房为单层建筑，因此只需绘制一张建筑平面图，由图可以看出，重点部位的建筑平面图是在删除建筑平面图尺寸标注的基础上，加绘消防专业图图例符号完成的。图6-7表明了2号库房的建筑平面形状，表明了房间和门窗分布情况；用消防专业图图例标注了建筑内各个房间储存物资的摆放位置和数量，标注了假定起火部位的具体位置。由图可以看出，此次灭火作战计划的假定起火点为汽油桶摆放点。

5. 灭火救援作战计划力量部署图

灭火救援作战计划力量部署图是在掌握保卫单位及其保卫项目基本情况的基础上，假定起火部位和起火点及火灾蔓延方向，假定最不利的风级和风向，按照火灾蔓延发展规律进行认真研究，制定出科学合理的灭火作战计划，最后经专人绘制而成。灭火救援作战计划力量部署图是在重点保卫单位总平面图和重点部位建筑平面图的基础上绘制出来的，在总平面图上绘制出消防车辆和水枪方阵等力量部署体现外攻排兵布阵，在假定起火楼层及其上下层绘制出水枪方阵力量部署体现内攻"灭"与"堵"的战术指导思想。如图6-8所示，由图可知，

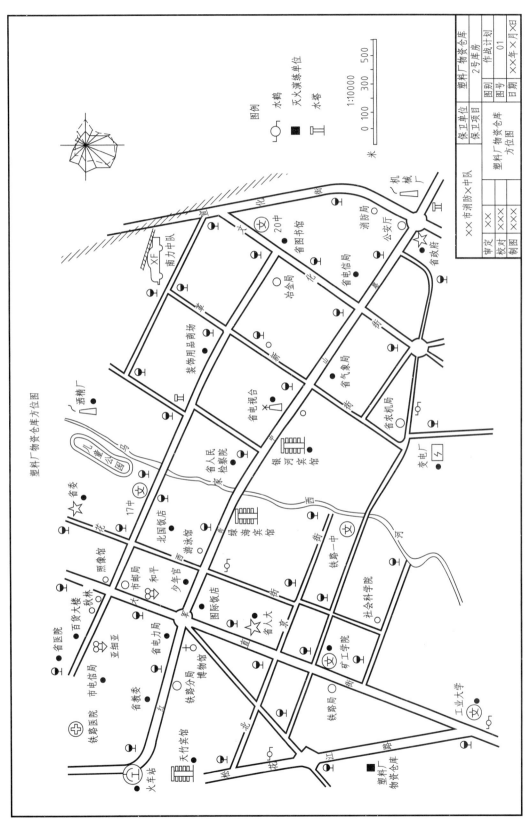

图 6-5 塑料厂物资仓库方位图

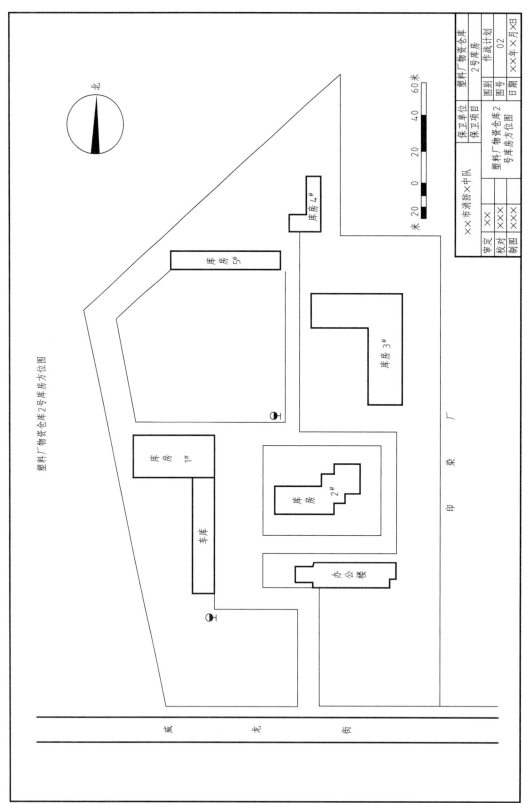

塑料厂物资仓库2号库房方位图

图 6-6　塑料厂物资仓库 2 号库房方位图

×× 市消防 × 中队			塑料厂物资仓库 2 号库房方位图	保卫单位	塑料厂物资仓库
审定	××			保卫项目	2号库房
校对	×××			图别	作战计划
制图	×××			图号	02
				日期	×××年×月×日

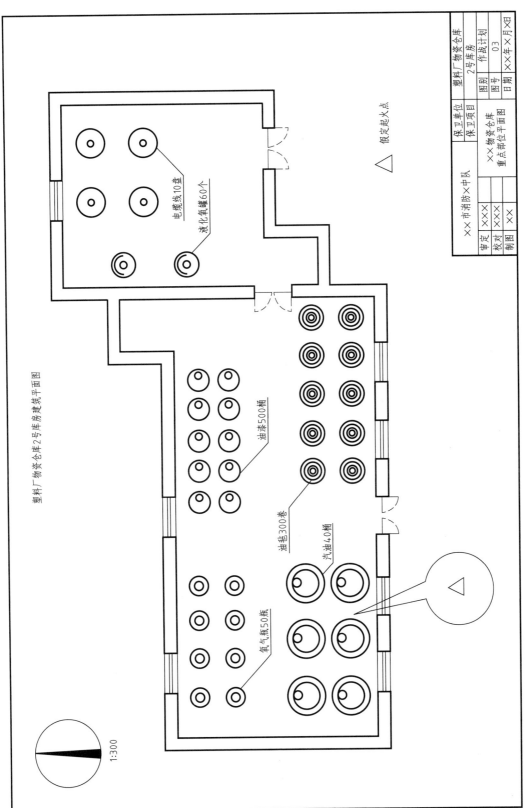

塑料厂物资仓库 2 号库房建筑平面图

电缆线10盘
液化氧罐60个

油漆500桶

油毡300卷
汽油40桶

氧气瓶50瓶

假定起火点

1:300

	×× 市消防 × 中队	保卫单位	塑料厂物资仓库
		保卫项目	2号库房
审定	××××	图别	作战计划
校对	××××	图号	03
制图	××	日期	××年×月×日

×× 物资仓库
重点部位平面图

图 6-7 塑料厂物资仓库 2 号库房建筑平面图

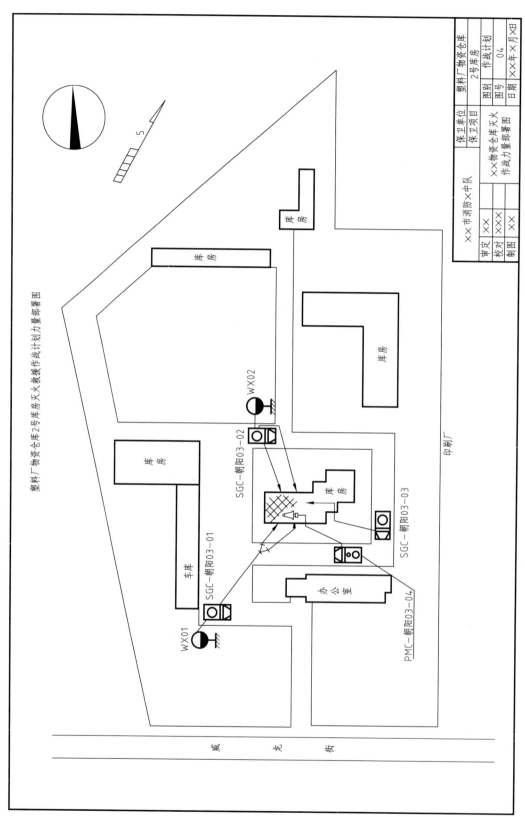

塑料厂物资仓库2号库房天火救援作战计划力量部署图

图 6-8 塑料厂物资仓库 2 号灭火救援作战计划力量部署图

库房

库房

库房

库房

车库

库房

办公室

印刷厂

威 光 街

WX02

SGC－朝阳03－02

SGC－朝阳03－03

SGC－朝阳03－01

WX01

PMC－朝阳03－04

5

保卫单位		塑料厂物资仓库
保卫项目		2号库房
×× 物资仓库部署图 作战力量部署图	图别	作战计划
	图号	04
	日期	×××年×月×日

×× 市消防×中队
审定	××
校对	×××
制图	××

该物资仓库为朝阳消防3中队的重点保卫单位，3中队进行灭火演练时出动了4台消防车，01号水罐车停在01号室外消火栓旁，出两支水枪，一支直射起火点，一支冷却未燃油桶；02号水罐车停在02号室外消火栓旁，出两支水枪，一支直射起火点，一支冷却氧气瓶及未燃物资；03号水罐车停在2号库房的东侧，出一支水枪，堵截火势向东面发展，并向起火部位延伸；04号泡沫车停在2号库房南侧，出一支泡沫管枪灭油桶溢流火，降低火场温度。

思考与练习

1. 灭火救援作战计划图的概念和用途是什么？
2. 灭火救援作战计划图由哪几个部分组成？
3. 怎样绘制灭火救援作战计划图？

第四节　灭火救援战斗力量部署图

【学习目标】

1. 了解灭火救援战斗力量部署图的概念及用途。
2. 熟悉灭火救援战斗力量部署图的基本内容。
3. 掌握绘制灭火救援战斗力量部署图的基本方法。

一、灭火救援战斗力量部署图的概念

（一）灭火救援战斗力量部署图的概念

灭火救援战斗力量部署图是消防指战员在灭火救援战斗结束后，为进行灭火救援战斗总结而绘制的一种消防专业图，它以平面图为主，有时也有立面图和剖面图相配合，并配以文字说明，以表述灭火战斗的全过程。

（二）灭火救援战斗力量部署图的用途

灭火救援战斗力量部署图能使识读者清楚地了解到灭火救援战斗行动的力量部署、指导思想、战术原则和方法，因此除了用于战斗总结外，灭火救援战斗力量部署图还用于书面汇报和经验交流。

（三）灭火救援战斗力量部署图的组成

灭火救援战斗力量部署图的图示内容是一次灭火救援行动的情景再现，为达到总结经验

的目的，绘制灭火救援战斗力量部署图必须全面、客观、真实。它应该由文字说明、着火单位方位图、着火部位方位图、着火部位建筑平面图和灭火救援战斗力量部署图五个部分组成。其中，根据灭火救援战斗行动的不同阶段和力量部署变化，可绘制一张、两张或数张灭火救援战斗力量部署图，分别称为第一阶段灭火救援战斗力量部署图、第二阶段灭火救援战斗力量部署图等等。

二、灭火救援战斗力量部署图的基本内容

（一）灭火救援战斗力量部署图与灭火救援作战计划图的区别

灭火救援战斗力量部署图与灭火救援作战计划图最显著的区别是用途不同，前者主要用于战斗总结、书面汇报和经验交流，是事后行为；后者主要用于指导灭火救援演练，进一步熟悉重点保卫单位的消防基本情况，属事先行为。

从图的组成、图示内容，绘制基本原理与方法步骤上看，灭火救援战斗力量部署图与灭火救援作战计划图的绘制方法与步骤基本相同，如着火单位方位图是在责任区图上标注出着火单位的具体位置；着火部位方位图是在着火单位总平面图基础上标注出着火部位（建筑）的具体位置；着火部位建筑平面图是在已删除尺寸标注的建筑平面图基础上用图例绘制出着火楼层及其上下楼层的物资或物品摆放分布情况，并在着火楼层标注出起火部位和火灾蔓延方向；灭火救援战斗力量部署图是分别在着火单位总平面图和着火部位（建筑）建筑平面图上绘制出内外战斗力量部署情况。

归纳而言，灭火战斗力量部署图所表示的内容、图面线条的应用和着色的规定与灭火作战计划图中的战斗力量部署图基本相同，但需增加以下内容。

（1）标绘出起火点（或爆炸点）的位置，燃烧蔓延的方向、路线和部位。

（2）标绘起火点、燃烧蔓延部位、蔓延方向等图例符号，并内着红色。

（3）根据灭火战斗的不同阶段和灭火战斗力量部署变化等实际情况，可绘制一张、两张或数张灭火战斗力量部署图。

（4）灭火战斗力量部署图应该让人们清楚地了解灭火战斗力量部署的指导思想、战术原则和战术方法。

（二）灭火救援战斗力量部署图基本内容

这里重点介绍灭火救援战斗力量部署图的文字说明部分和分阶段的灭火救援战斗力量部署图的基本内容。

1. 文字说明

绘制灭火救援战斗力量部署图的目的是全面、客观、真实地展现重、特大火灾的灭火救援过程，进而对灭火救援过程进行分析研究，总结经验得失和制定改进措施，最终形成文字材料，为将来开展类似灭火救援提供重要参考。

灭火救援战斗力量部署图的文字部分大致应包括以下四个部分：

（1）着火单位的基本情况，如地理位置、生产经营情况、人员与消防装备情况等。

（2）着火部位（建筑）的基本情况，如建筑规模、结构类型、使用性质、消防设施的设置等。

（3）火灾发展及灭火救援战斗经过，如接出警时间、到达时间、成功处置时间，以及起火部位、燃烧物质、火灾状态等。

（4）作战体会、存在问题及改进措施等经验总结。

其中，上述（3）是对战斗力量部署图的具体说明。抢险救援力量部署图可参照灭灭火战斗力量部署图绘制。绘制时，应注意特殊图例符号的运用要符合相关规定。

2. 分阶段的灭火救援战斗力量部署图的基本内容

处置重、特大火灾，初次出警往往力量不足，随着火灾的蔓延扩大，需分阶段、跨区域调集灭火救援战斗力量，每一次战斗力量集结完毕到达灾害现场后，都需重新排兵布阵，为客观真实地展现灭火救援过程，灭火救援战斗力量部署图的绘制也需分阶段进行，形成不同阶段的灭火救援战斗力量部署图。

三、灭火救援战斗力量部署图示例

下面分别以某物资仓库石油醚库房火灾和某高层公寓火灾为例，介绍危险化学品仓库火灾和建筑火灾战斗力量部署图的基本内容和绘制方法。

（一）某物资仓库石油醚库房火灾战斗力量部署图

（1）此次火灾扑救过程分两个阶段进行，因此需绘制两张灭火救援战斗力量部署图，分别为第一阶段战斗力量部署图和第二阶段战斗力量部署图，如图6-9和图6-10所示。

（2）图上显示了着火部位、火灾蔓延方向和着火部位周围环境。从图6-9可以看出着火部位是石油醚库，与其相邻的是柴油库，在火灾蔓延方向上还有杂品间、四氟乙烯间、油库、油压机房和四氟乙烯三车间。

（3）从第一阶段战斗力量部署图（图6-9）可以看出是石油醚库的石油醚起火，火势向西蔓延，严重威胁到与其相邻且处于下风方向的柴油库。某市消防六中队出动四台消防车前去处置，06-03号水罐消防车和06-05号水罐消防车停靠在西北角S1号水池旁，分别取水向06-04号水罐消防车和06-06号泡沫消防车接力供水，06-04号水罐消防车出两支水枪冷却柴油库，06-06号泡沫消防车出三支泡沫管枪对石油醚库喷射灭火。

（4）第二阶段战斗力量部署图（图6-10）上显示了石油醚桶受热后温度过高，冷却不及时引起爆炸，造成二次火灾。由于火势增大，第一阶段战斗力量已难控制火势蔓延，需调集其他战斗力量前来增援。消防六中队的四台消防车于现场继续战斗，调集了消防五中队四台消防车和石化企业专职消防队两台消防车赶来增援。五中队05-01号和05-02号干粉消防车停在球场边布置干粉枪向石油醚库喷射干粉，05-07号水罐消防车向05-03号泡沫消防车接力供水，05-03号泡沫消防车布置一只泡沫管枪向柴油罐覆盖泡沫。石化企业专职消防队的石化-01号水罐消防车向石化-02号泡沫消防车供水，石化-02号泡沫消防车布置两支泡沫管枪扑救石油醚库火灾。另外，为避免火势进一步扩大蔓延，消防六中队在06-04号水罐消防车继续向油库射水冷却的同时，迅速组织现场人员搬出油库内的油桶。

（二）某高层公寓大楼火灾战斗力量部署图

1. 火灾基本情况

某高层公寓大楼发生火灾，该大楼地上28层，地下1层，高度约85m，地上部分全部为居民住宅，每层6套。由于小区正在进行节能改造，施工建筑四周被聚氨酯泡沫保温材料、脚手架竹垫和防护网包裹，火势受高空风力及火场小气候等综合因素的影响，在建筑外

扑救某物资仓库石油醚库房火灾第一阶段战斗力量部署图

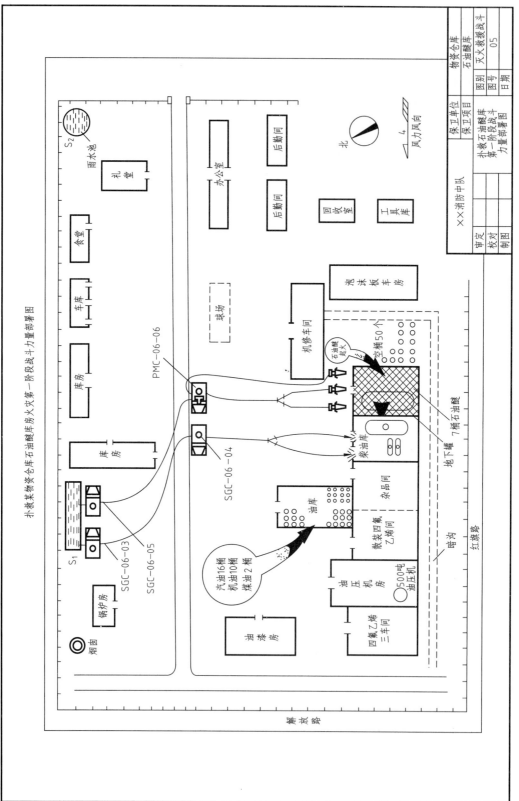

图 6-9　第一阶段战斗力量部署图

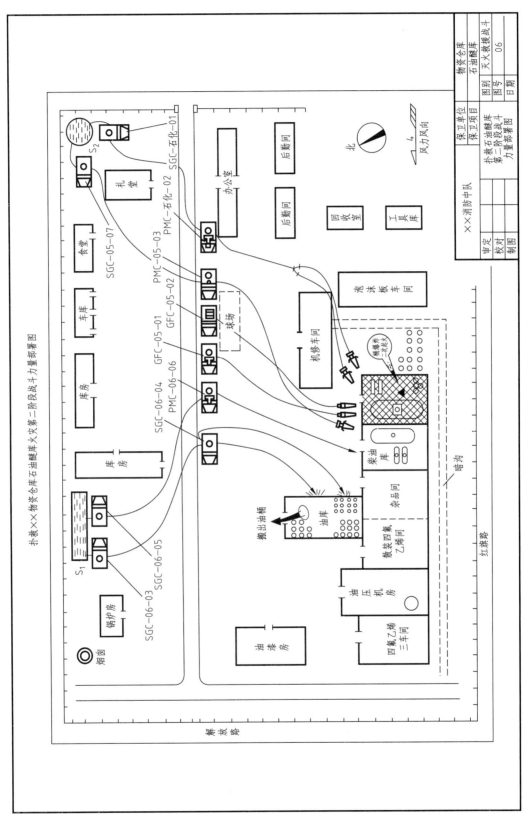

扑救××物资仓库石油醚库火灾第二阶段战斗力量部署图

图 6-10 第二阶段战斗力量部署图

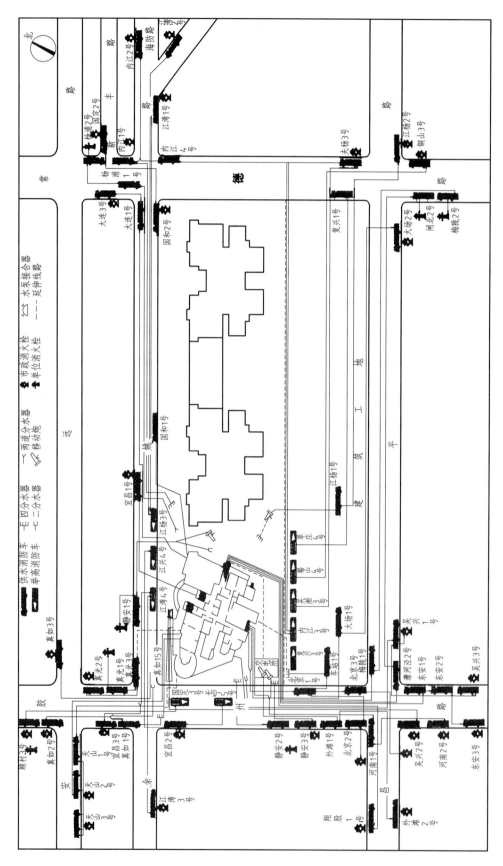

图 6-11 ××高层公寓大楼火灾战斗力量部署平面图

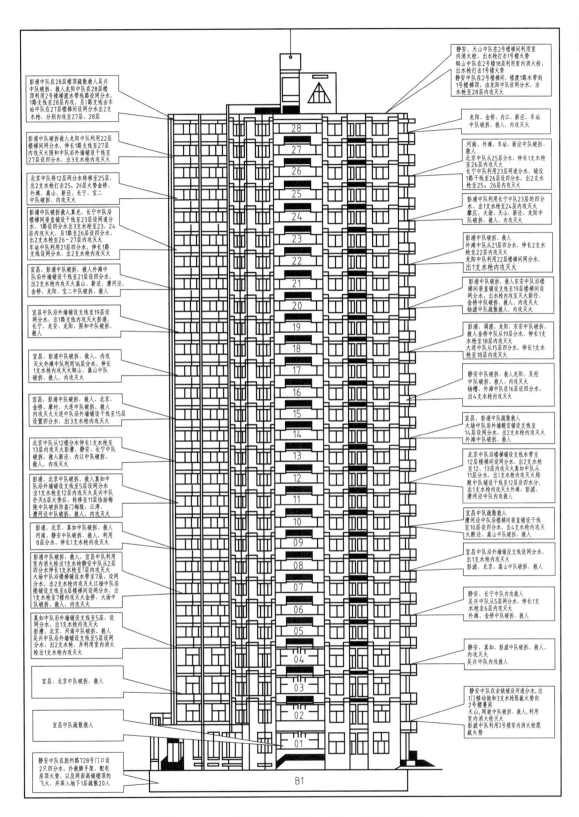

图 6-12　××高层公寓大楼火灾战斗力量部署立面图

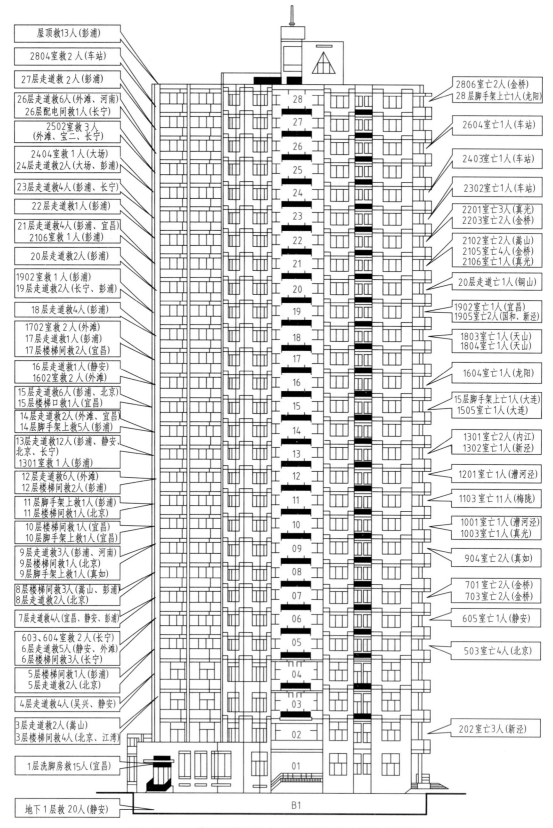

屋顶救13人(彭浦)
2804室救2人(车站)
27层走道救2人(彭浦)
26层走道救6人(外滩、河南)
26层配电间救1人(长宁)
2502室救3人
(外滩、宝二、长宁)
2404室救1人(大场)
24层走道救2人(大场、彭浦)
23层走道救4人(彭浦、长宁)
22层走道救1人(彭浦)
21层走道救4人(彭浦、宜昌)
2106室救1人(彭浦)
20层走道救2人(彭浦)
1902室救1人(彭浦)
19层走道救2人(长宁、彭浦)
18层走道救4人(彭浦)
1702室救2人(外滩)
17层走道救1人(彭浦)
17层楼梯间救2人(宜昌)
16层走道救1人(静安)
1602室救2人(外滩)
15层走道救6人(彭浦、北京)
15层楼梯口救1人(宜昌)
14层走道救2人(外滩、宜昌)
14层脚手架上救5人(彭浦)
13层走道救12人(彭浦、静安、
北京、长宁)
1301室救1人(彭浦)
12层走道救6人(外滩)
12层楼梯间救2人(彭浦)
11层脚手架上救1人(彭浦)
11层楼梯间救1人(北京)
10层楼梯间救1人(宜昌)
10层脚手架上救1人(宜昌)
9层走道救3人(彭浦、河南)
9层楼梯间救1人(北京)
9层脚手架上救1人(真如)
8层楼梯间救3人(嵩山、彭浦)
8层走道救2人(北京)
7层走道救4人(宜昌、静安、彭浦)
603、604室救2人(长宁)
6层走道救5人(静安、外滩)
6层楼梯间救3人(长宁)
5层楼梯间救1人(彭浦)
5层走道救2人(北京)
4层走道救4人(吴兴、静安)
3层走道救2人(嵩山)
3层楼梯间救4人(北京、江湾)
1层洗脚房救15人(宜昌)
地下1层救20人(静安)
2806室亡2人(金桥)
28层脚手架上亡1人(龙阳)
2604室亡1人(车站)
2403室亡1人(车站)
2302室亡1人(车站)
2201室亡3人(真光)
2203室亡2人(金桥)
2102室亡2人(嵩山)
2105室亡4人(金桥)
2106室亡1人(真光)
20层走道亡1人(铜山)
1902室亡1人(宜昌)
1905室亡2人(国和、新泾)
1803室亡1人(天山)
1804室亡1人(天山)
1604室亡1人(龙阳)
15层脚手架上亡1人(大连)
1505室亡1人(大连)
1301室亡2人(内江)
1302室亡1人(新泾)
1201室亡1人(漕河泾)
1103室亡11人(梅陇)
1001室亡1人(漕河泾)
1003室亡1人(真光)
904室亡2人(真如)
701室亡2人(金桥)
703室亡2人(金桥)
605室亡1人(静安)
503室亡4人(北京)
202室亡3人(新泾)
28
27
26
25
24
23
22
21
20
19
18
17
16
15
14
13
12
11
10
09
08
07
06
05
04
03
02
01
B1

图 6-13　××高层公寓大楼火灾被困及遇难人员分布位置图

立面迅速燃烧，并通过外窗开口部位，迅速引燃室内众多可燃物，约6min后，即形成全面立体燃烧，消防队伍到场后，火场指挥员决定实施内攻救人、堵截防御的战术措施，如图6-11和图6-12所示。

在内攻救人方面采取的战术措施：利用着火楼室内消火栓、铺设水带供水线路，扑灭封堵安全出口的火势，成立以特勤人员为主的攻坚组，在水枪的掩护下，梯次轮换、强行登楼，逐层逐户敲门或破拆防盗门，通过引导和背、抱、拾等方式营救被困人员，将搜救人员、内攻灭火、破拆排烟、火场供水等任务分配到每个中队，实行二个中队坚守二个楼层，扑灭残火，对房间、电梯井、管道井等部位进行反复地毯式搜索，搜救幸存人员，搜寻遇难者。

在堵截防御方面采取的战术措施：铺设水带供水线路，使用水枪、水炮扑灭着火建筑周边堆放的建材堆垛的火势；在着火建筑东北侧设置水枪、水炮阵地，阻截火势向东侧毗邻的高层居民楼蔓延；在大楼外部，使用车载水炮控制火势、阻止蔓延，冷却脚手架防止其变形倒塌造成次生灾害；组织配套供水，利用举高消防车水炮从外部压制和打击火势，冷却钢管脚手架，防止其局部或整体倒塌造成次生灾害，并营救出通过建筑外窗逃至脚手架的遇险人员；通过建筑疏散楼梯间蜿蜒铺设或垂直铺设水带形成15路供水线路，重点在十层以上各燃烧层布设分水阵地，纵深打击火势。在着火建筑北侧部署压缩空气泡沫消防车，通过沿外墙垂直施放水带进入室内近战灭火，组织力量在着火建筑下风方向20m范围内设置水枪阵地，有效截断了火势向下风方向毗邻建筑蔓延。在着火建筑东侧毗邻高层居民楼顶层设置水枪阵地，射水阻挡辐射热和飞火对毗邻建筑脚手架的威胁。

经全力扑救，火势于1h后被控制，4h基本扑灭，营救疏散居民160余人，保护了东侧毗邻2幢高层居民住宅及西侧相近的已被飞火涉及的12幢高层居民楼。火灾事故造成58人死亡、71人受伤。被困人员及遇难人员分布位置如图6-13所示。

此公寓大楼火灾的扑救，具有以下两个明显特点：一是高层公寓楼着火层多，每层房间功能布局相同，且建筑在极短的时间内即形成立体火灾，无明显火灾发展阶段划分；二是参战消防力量多，内攻救人、堵截防御的战术措施明确，形成内外夹攻、上下合击之势纵深打击火势，并且每层有多个中队同时开展破拆、排烟、救人和内攻灭火等作战计划。

2. 高层建筑火灾战斗力量部署图的特点

对于高层建筑火灾，尤其是具有上述特征的高层建筑火灾，为减少绘图工量，可以根据实际情况，采取平面图和立面图相结合的形式说明灭火战斗力量的部署情况，其中，在立面图中采用引出加文字说明的方式，更方便、简洁地表达作战任务的实施以及被困人员和遇险人员的分布情况。

思考与练习

1. 灭火救援战斗力量部署图的概念和用途是什么？
2. 试比较灭火救援战斗力量部署图与灭火救援作战计划图。

第五节　火灾现场图

○ 【学习目标】

1. 了解火灾现场图的基本内容。

2. 熟悉火灾现场图的种类。

3. 掌握绘制火灾现场图的基本方法和要求。

火灾事故发生后，火灾调查人员综合运用现场笔录（录音）、现场照相（摄像）、火灾原因调查绘图等手段，将火灾现场火灾前后的客观情况如实地记录下来，制成火灾现场勘查记录。火灾现场勘查记录是研究分析火灾原因的重要依据，一份完整的火灾现场勘察记录一般由现场笔录（录音）、现场照相（摄像）、现场物证、火灾现场图等组成。

一、火灾现场图的种类、基本内容及绘制基本方法

（一）火灾现场图

火灾现场图是根据火灾现场的具体情况，灵活地运用建筑平面图、展开图、剖面图等形式，准确醒目地描绘出火灾或爆炸后，现场痕迹和物证的形状、尺寸、位置及其相互关系。火灾现场图既可形象地表达出笔录（录音）难以叙述清楚的痕迹及物证的形状、尺寸等，又可具体补充现场照相、摄像难以反映出的痕迹及物证的方位和距离等，能够使读图者对火灾现场情况一目了然。火灾现场图一般包括着火单位方位图、火灾现场方位图、火灾现场展开图、火灾现场痕迹物证节点详图等。

1. 着火单位方位图

在市区图的基础上醒目地标注出着火单位的具体位置即可形成着火单位方位图，制作方法与灭火救援作战计划图中的重点单位方位图基本相同。通过着火单位方位图可掌握着火单位的具体方位，及其与周边单位、环境等相互关系，从着火单位与外围的关系方面获取与火灾原因相关的信息。

2. 火灾现场方位图

在着火单位总平面图的基础上标注出起火部位（建筑）具体位置的图为火灾现场方位图。火灾现场方位图清楚地表明了火灾发生时的风力风向；表明了起火部位（建筑）的平面形状、轮廓和朝向，在着火单位所处的具体位置；表明了受灾区域基本情况等，如图 6-14 所示。

从图 6-14 可知，着火单位为某商学院，起火部位（建筑）是商学院的机修车间（瓦屋面砖木建筑），火灾发生时风向为东南风，风力 4 级。机修车间为南北朝向建筑，北面为空地，南面为空旷的休闲绿化地，在东西两侧分别与木工车间和印刷楼相邻。

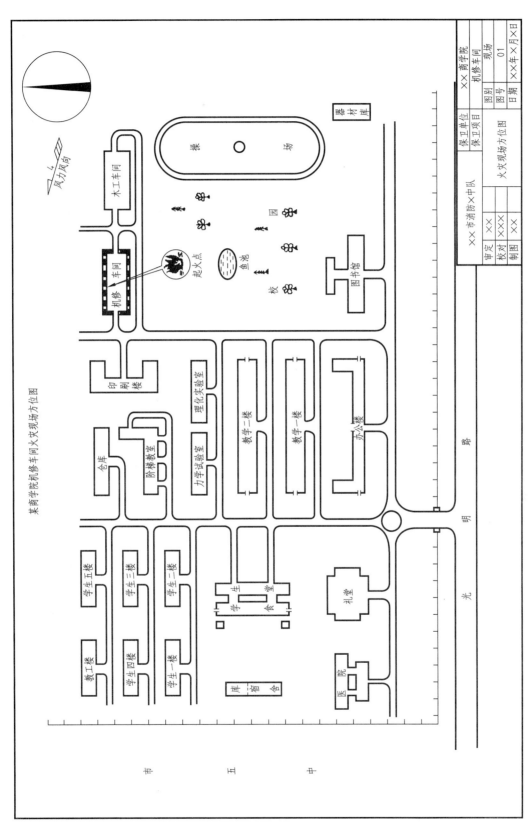

某商学院机修车间火灾现场方位图

图 6-14　某商学院机修车间火灾现场方位图

3. 火灾现场展开图

火灾原因调查是一个逐步缩小勘查范围的过程，它的关键环节是找出起火点。对建筑群体火灾来说，首先是确定最先起火的建筑，即起火建筑，然后依次确定起火楼层、起火房间、起火点。确定起火点后，对起火点范围内的设备装置、燃烧残留物等进行重点分析研究，综合其他火灾现场勘查记录最终查明火灾原因。

要准确认定起火点，必须对火灾现场的建筑构配件、设备装置和燃烧残留物的状态、烧损程度，建筑室内外烟熏痕迹等火灾现场基本情况做仔细的观察分析。火灾是在三维空间上发展蔓延的，为客观、完整地记录火灾现场基本情况，通常的做法是采用火灾现场展开图来表达，如图 6-12 所示。展开图是将建筑平面图和建筑立面图相结合的一种表现方式，它是在某楼层（房间）建筑平面图的基础上，按照"长对正、宽相等"的投影特性要求，将楼层（房间）外围四个墙面内侧立面图绘制在楼层（房间）建筑平面图的四周，形成展开图。简言之，展开图就是保持楼层（房间）的建筑平面不动，将楼层（房间）外围的四个墙面由内向外推倒展开，然后对其作水平投影形成的投影图。展开图形成后，再采用图例在建筑平面图上标注出设备装置、燃烧残留物的分布状态，在内墙面上标绘出烟熏痕迹等火灾现场基本情况后即形成火灾现场展开图。

火灾现场展开图是调查火灾原因的重要勘查记录，如图 6-15 所示。从火灾现场展开图的后立面图可以看出，在机修车间内墙左侧房间闷顶线以下的墙面上有烟熏痕迹，而右侧房间是在闷顶线以上有烟熏痕迹，这说明左侧房间为起火房间。理由是左侧房间起火，火灾竖向蔓延烧穿闷顶后，在屋顶未被烧穿垮塌前，火灾由竖向蔓延转变为水平蔓延，从左至右蔓延到右侧房间。另外，在推理出起火房间后，由此图还可以进一步推理出起火点可能在靠近左侧房间后立面墙体附近的地面上，理由是对照机修车间墙体前、后立面可以看出，在左侧房间后立面闷顶线以下的墙面上有明显的三角形烟熏痕迹，而前立面没有。后立面墙面上有明显烟熏痕迹而前立面没有，说明起火点可能在靠近后立面附近；后立面闷顶线以下的墙面上有三角形烟熏痕迹，说明起火点是在地面上。

4. 火灾现场痕迹物证节点详图

对起火点和火灾原因认定起关键性作用的部位应重点研究分析，由于绘图比例的原因，这些部位上的燃烧痕迹物证在火灾现场展开图上一般难以详细表达，为详细表达这些重点研究的痕迹物证，需采用索引符号将这些部位依次引出，用较大比例详细绘制出来，统称为火灾现场痕迹物证节点详图，如图 6-16 所示。索引符号标注在火灾现场展开图上，如图 6-15 所示，可以看出某商学院机修车间火灾现场共绘制了 6 个痕迹物证节点详图，分别用分数的形式标注在火灾现场展开图上，其中分子表示详图的编号，分母表示详图所在的图号。在这 6 个火灾现场痕迹物证节点详图中，详图 1、2、3、4 痕迹物证的部位处在机修车间左侧的房间，详图 5、6 痕迹物证的部位处在机修车间右侧的房间。通过对图 6-16 中的 6 个节点详图研究分析，可获取以下信息。

详图 1 表明铁壳开关刀闸处于合闸状态，刀闸无齿形痕迹，并且烧断的线头呈锥形状，胶皮黏结铜丝，说明铁壳开关虽处于合闸通电状态，但火灾不是由短路引起。

详图 2 和详图 3 为两堆燃烧残留物的节点详图，分别绘制了节点的水平投影图和断面图。从详图可以看出，两者断面图的分层情况相同，在最上面的残留物为碎砖瓦泥土层，下面为灰炭层，不同的是详图 2 的灰炭层是木板充分燃烧的产物，详图 3 的灰炭层是油腻擦洗布充分燃烧的产物，这些信息说明在此处火是由地面燃烧起来的，后来屋顶才着火垮塌下

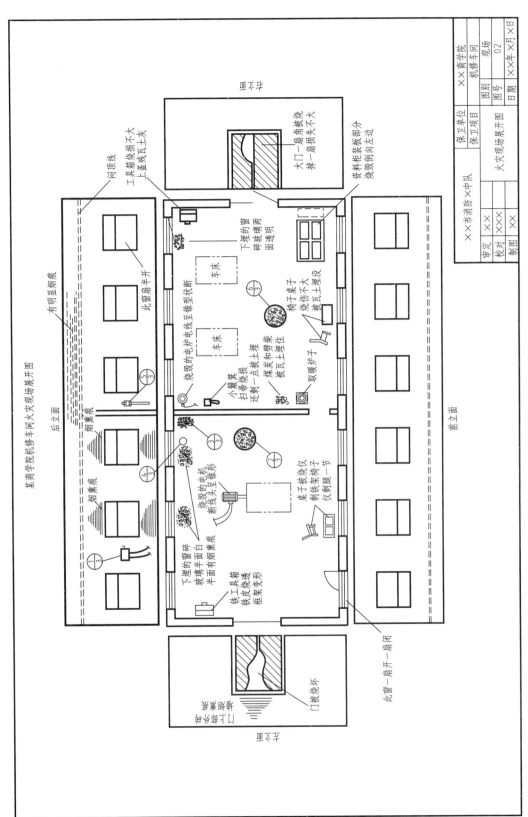

图 6-15　火灾现场展开图

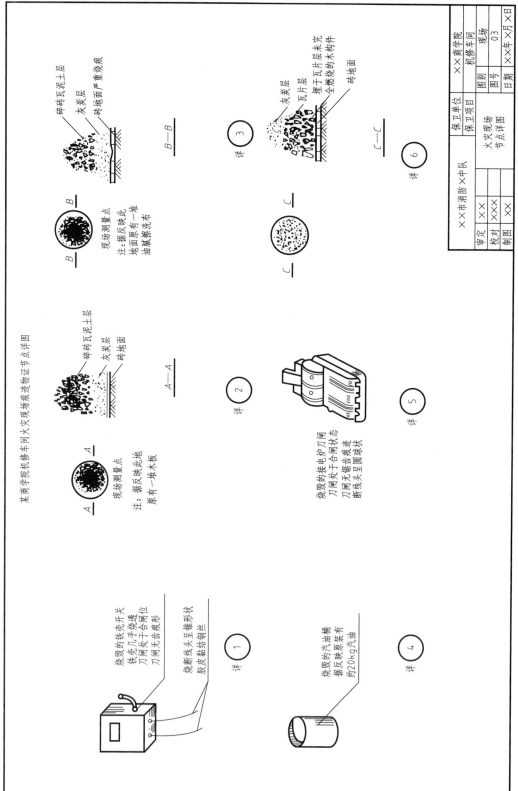

某商学院机修车间火灾现场痕迹物证节点详图

图 6-16 火灾现场痕迹物证节点详图

来，在燃烧残留物上面形成碎砖瓦泥土层，进一步证明了由火灾现场展开图得出的起火部位为左侧房间，起火点在地面上的推理。另外，详图3处的砖地面有严重烧痕，说明此处很有可能为起火点。

详图4为被烧毁的汽油桶，处于详图3节点的左侧，从详图4的描述中未获取与火灾原因相关的信息。详图5为烧毁的接电炉刀闸，刀闸为合闸，说明火灾时刀闸处于通电状态，所接电炉在持续工作；刀闸无锯齿痕迹，且烧断线头呈圆球状，说明火灾非电气短路造成，烧断线头呈圆球状是高温下形成的。详图6节点燃烧残留物的断面分层刚好与详图2、3相反，灰炭层在上，碎砖瓦泥土层在下，说明右侧房间的火不是从地面烧起来的，而是屋顶先着火后，砖瓦碎片掉下来埋住杂物，最后屋顶木结构垮塌下来压在上面，燃烧至尽形成灰炭层。

（二）火灾现场复原图

火灾现场复原图是指用以表达在灾害发生前火灾现场原有状态的图，它对大型复杂火灾的原因认定具有一定的意义。火灾现场复原图一般由火灾现场平面复原图、火灾现场立体剖面复原图、火灾现场平面展开复原图、火灾现场鸟瞰复原图等组成。在实际火灾原因调查工作中，使用率较高的是火灾现场平面复原图，这里重点介绍火灾现场平面复原图的基本内容和绘制基本方法。

火灾现场平面复原图是根据现场勘查和调查走访结果，用平面图的形式把被烧毁或炸毁的建筑物及其室内物品恢复原貌，模拟出事故发生前的平面布局图，如图6-17所示。火灾现场平面是其他复原图的基础和依据。

二、火灾现场图的绘制要求

（一）火灾现场图的绘制要求

（1）熟悉现场，突出重点。在绘制火灾现场图之前，应对整个火灾现场有一个总体的概念，了解火灾发生、发展情况，熟悉火灾现场环境。要明确绘制的内容能说明什么问题，绘制应突出重点，对与火灾无关的现场内容可不绘制。

（2）绘制内容要与勘验笔录记载相吻合。火灾现场图应标明疑似起火点及其周围物体、残留物、烟熏痕迹等的原始位置，火灾原因认定后要准确标明；注明某些人的位置和行动，对尸体要注意标明其位置和姿态。做到与勘验笔录记载的内容相吻合。

（3）火灾现场图的图例符号应采用标准图例。在绘制火灾现场图时，涉及采用国家工程制图标准图例和行业标准图例时，要采用标准图例，国家和行业标准图例未作规定的，可绘制自制图例，但自制图例应简单、直观、形象。

（4）火灾现场图绘制完毕后，应由绘制人签字。

（二）火灾现场平面复原图的绘制要求

（1）图示内容应反映现场灾前基本情况。火灾现场平面复原图中的设备和物品种类、数量及其摆放位置应根据通过现场勘查和调查走访收集到的资料绘制出，并采用文字注明的形式加以说明，设备和物品数量较多时可对其图例符号进行编号后再列表加以说明，使火灾现场平面复原图反映现场灾前基本情况。

（2）绘制应突出重点。绘制火灾现场平面复原图时应尽量收集原始的建筑平面图，对面积较大的火灾现场，绘图应抓住重点，直接受灾部分要详细绘制，对烧损不重的部分或与火灾原因认定关系不大的部分可简明扼要绘制。

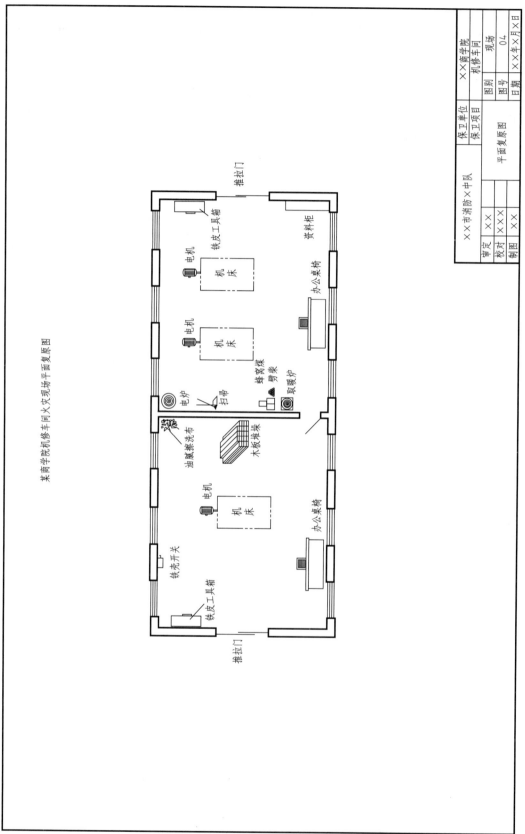

某商学院机修车间火灾现场平面复原图

推拉门

铁皮工具箱

电机

机床

电机

机床

资料柜

办公桌椅

蜂窝煤

劈柴柴

取暖炉

电炉

扫帚

油腻擦洗布

木板堆垛

电机

机床

铁壳开关

铁皮工具箱

办公桌椅

推拉门

图 6-17　火灾现场平面复原图

×××市消防×中队		保卫单位	××商学院	现场
		保卫项目	机修车间	
		图别		04
		图号		
		日期		××年×月×日
审定	××			
校对	×××	平面复原图		
制图	××			

（3）在火灾现场平面复原图中应标明疑似起火部位和起火点的位置，火灾原因认定后要准确标明。

────────────○ **思考与练习** ○────────────

1. 火灾现场图的种类有哪些？
2. 各类火灾现场图的绘制基本方法是什么？

第七章
消防专业图计算机辅助绘制

通过第六章的学习可知，消防专业图主要有责任区图、灭火救援作战计划图、灭火救援战斗力量部署图和火灾原因调查图四大类，这四大类消防专业图基本上都可以通过在市区图和保卫单位建筑施工图的基础上加注消防专业图例绘制而成。因此，利用计算机绘制消防专业图，需要做好两项前期准备工作：一是收集市区图和保卫单位建筑施工图资料；二是建立消防专业图例数据库。市区图可通过互联网获得，但保卫单位建筑施工图的收集在实际工作中可能会出现三种情况：一是能收集到电子档建筑施工图；二是仅能收集到纸质建筑施工图；三是不能收集到任何形式的建筑施工图。第一种情况对绘制消防专业图最为有利，只需用绘图软件打开建筑施工图稍做编辑后，按消防专业需要加注消防专业图例即可；第二种情况需利用计算机绘图软件抄绘纸质建筑施工图形成电子档后加注消防专业图例绘制成消防专业图；第三种情况最不利，首先需到保卫单位现场进行测绘，然后利用计算机绘图软件绘制出保卫单位建筑施工图，最后加注消防专业图例绘制出消防专业图。

无论是建筑施工图的编辑、抄绘或绘制，还是建立消防专业图例数据库，都需要应用计算机工程绘图软件。目前国际上应用广泛的计算机工程绘图软件是美国 Autodesk 公司开发的通用计算机辅助设计（Computer Aided Design，CAD）软件，简称 AutoCAD。到目前为止，Autodesk 公司开发的 AutoCAD 已达几十个版本，本章主要介绍如何利用 AutoCAD2007 绘制消防专业图。

第一节　AutoCAD2007 绘制消防专业图入门基础

【学习目标】

1. 了解 AutoCAD2007 界面组成。

2. 熟悉使用命令与系统变量。

3. 掌握图形文件管理；掌握参数选项、图形单位、绘图图限的设置；掌握键盘常用功能键的操作。

一、AutoCAD2007 经典界面组成

中文版 AutoCAD2007 为用户提供了"AutoCAD 经典"和"三维建模"两种工作空间模式。对于习惯于 AutoCAD 传统界面用户来说，可以采用"AutoCAD 经典"工作空间。主要由菜单栏、工具栏、绘图窗口、文本窗口与命令行、状态行等元素组成，如图 7-1 所示。

（一）标题栏

标题栏位于应用程序窗口的最上面，用于显示当前正在运行的程序名及文件名等信息，如果是 AutoCAD 默认的图形文件，其名称为 DrawingN. dwg（N 是数字）。单击标题栏右端的按钮，可以最小化、最大化或关闭应用程序窗口。标题栏最左边是应用程序的小图标，单击它将会弹出一个 AutoCAD 窗口控制下拉菜单，可以执行最小化或最大化窗口、恢复窗

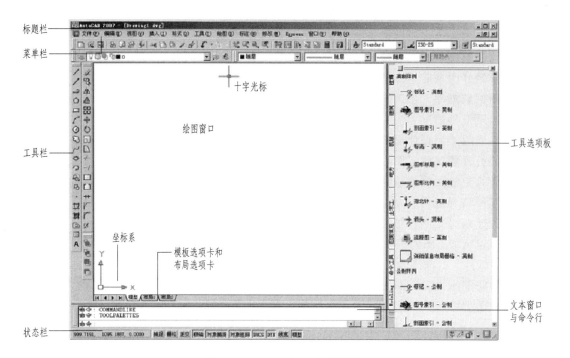

图 7-1　AutoCAD2007 绘图界面

口、移动窗口、关闭 AutoCAD 等操作。

（二）菜单栏与快捷菜单

中文版 AutoCAD 2007 的菜单栏由"文件"、"编辑"、"视图"等菜单组成，几乎包括了 AutoCAD 中全部的功能和命令。

快捷菜单又称为上下文相关菜单。在绘图区域、工具栏、状态行、模型与布局选项卡以及一些对话框上右击时，将弹出一个快捷菜单，该菜单中的命令与 AutoCAD 当前状态相关。使用它们可以在不启动菜单栏的情况下快速、高效地完成某些操作。

（三）工具栏

工具栏是应用程序调用命令的另一种方式，它包含许多由图标表示的命令按钮。在 AutoCAD 中，系统共提供了二十多个已命名的工具栏。默认情况下，"标准"、"属性"、"绘图"和"修改"等工具栏处于打开状态。如果要显示当前隐藏的工具栏，可在任意工具栏上右击，此时将弹出一个快捷菜单，通过选择命令可以显示或关闭相应的工具栏，如图 7-2 所示。

（四）绘图窗口

在 AutoCAD 中，绘图窗口是用户绘图的工作区域，所有的绘图结果都反映在这个窗口中。可以根据需要关闭其周围和里面的各个工具栏，以增大绘图空间。如果图纸比较大，需要查看未显示部分时，可以单击窗口右边与下边滚动条上的箭头，或拖动滚动条上的滑块来移动图纸。

在绘图窗口中除了显示当前的绘图结果外，还显示了当前使用的坐标系类型以及坐标原点、X 轴、Y 轴、Z 轴的方向等。默认情况下，坐标系为世界坐标系（WCS）。

绘图窗口的下方有"模型"和"布局"选项卡，单击其标签可以在模型空间或图纸空间

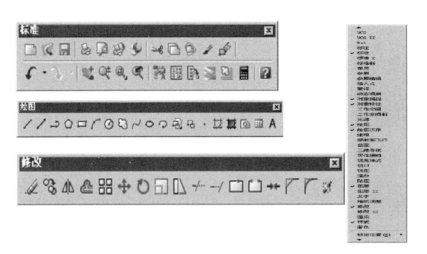

图 7-2 AutoCAD2007 工具栏

之间来回切换。

（五）命令行与文本窗口

"命令行"窗口位于绘图窗口的底部，用于接收用户输入的命令，并显示 AutoCAD 提示信息。在 AutoCAD2007 中，"命令行"窗口可以拖放为浮动窗口。

"AutoCAD 文本窗口"是记录 AutoCAD 命令的窗口，是放大的"命令行"窗口，它记录了已执行的命令，也可以用来输入新命令。在 AutoCAD2007 中，可以选择"视图"-"显示"-"文本窗口"命令，或执行 TEXTSCR 命令或按 F2 键来打开 AutoCAD 文本窗口，它记录了对文档进行的所有操作，如图 7-3 所示。

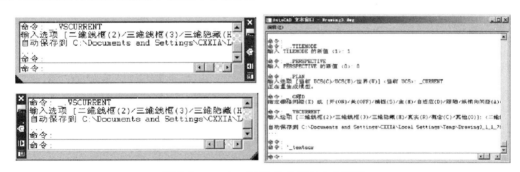

图 7-3 AutoCAD2007 命令行与文本窗口

（六）状态行

状态行用来显示 AutoCAD 当前的状态，如当前光标的坐标、命令和按钮的说明等。

在绘图窗口中移动光标时，状态行的"坐标"区将动态地显示当前坐标值。坐标显示取决于所选择的模式和程序中运行的命令，共有"相对""绝对"和"无"3 种模式。

状态行中还包括如"捕捉""栅格""正交""极轴""对象捕捉""对象追踪""DUCS""DYN""线宽""模型"（或"图纸"）10 个功能按钮，如图 7-4 所示。用鼠标单击任意一个功能按钮可凹陷下去和突出出来，按钮凹陷下去打开功能，突出出来关闭功能。

（七）三维建模界面组成

在 AutoCAD2007 中，选择"工具"-"工作空间"-"三维建模"命令，或在"工作空间"

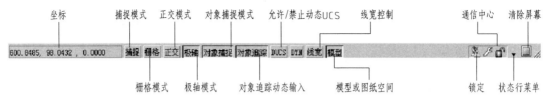

图 7-4　AutoCAD2007 状态行

工具栏的下拉列表框中选择"三维建模"选项，都可以快速切换到"三维建模"工作空间界面。

"三维建模"工作界面对于用户在三维空间中绘制图形来说更加方便。默认情况下，"栅格"以网格的形式显示，增加了绘图的三维空间感。另外，"面板"选项板集成了"三维制作控制台""三维导航控制台""光源控制台""视觉样式控制台"和"材质控制台"等选项组，从而使用户绘制三维图形、观察图形、创建动画、设置光源、为三维对象附加材质等操作提供了非常便利的环境，如图 7-5 所示。

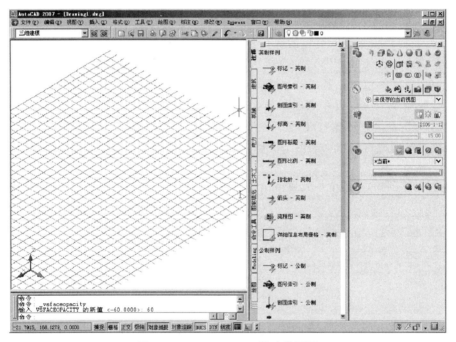

图 7-5　AutoCAD2007 三维建模界面

二、AutoCAD2007 图形文件管理

在 AutoCAD2007 中，图形文件管理包括创建新的图形文件、打开已有的图形文件、关闭图形文件以及保存图形文件等操作。

（一）创建新图形文件

选择"文件"-"新建"命令（NEW），或在"标准"工具栏中单击"新建"按钮，可以创建新图形文件，此时将打开"选择样板"对话框。

在"选择样板"对话框中，可以在"名称"列表框中选中某一样板文件，这时在其右面的"预览"框中将显示出该样板的预览图像。单击"打开"按钮，可以以选中的样板文件为样板创建新图形，此时会显示图形文件的布局（选择样板文件 acad. dwt 或 acadiso. dwt 除外）。例如，以样板文件 ISO A3 -Color Dependent Plot Styles 创建新图形文件后，如图 7-6 所示。

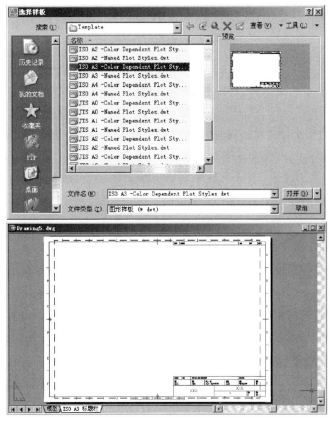

图 7-6　创建新图形文件

（二）打开图形文件

选择"文件"-"打开"命令（OPEN），或在"标准"工具栏中单击"打开"按钮，可以打开已有的图形文件，此时将打开"选择文件"对话框。选择需要打开的图形文件，在右面的"预览"框中将显示出该图形的预览图像。默认情况下，打开的图形文件的格式为 . dwg。

在 AutoCAD 中，可以用"打开""以只读方式打开""局部打开"和"以只读方式局部打开"4 种方式打开图形文件。当用"打开""局部打开"方式打开图形时，可以对打开的图形进行编辑，如果用"以只读方式打开"、"以只读方式局部打开"方式打开图形时，则无法对打开的图形进行编辑。

如果选择用"局部打开"、"以只读方式局部打开"打开图形，这时将打开"局部打开"对话框。可以在"要加载几何图形的视图"选项组中选择要打开的视图，在"要加载几何图形的图层"选项组中选择要打开的图层，然后单击"打开"按钮，即可在视图中打开选中图层上的对象。

（三）保存图形文件

在 AutoCAD 中，可以使用多种方式将所绘图形以文件形式存入磁盘。例如，可以选择

"文件"-"保存"命令（QSAVE），或在"标准"工具栏中单击"保存"按钮，以当前使用的文件名保存图形；也可以选择"文件"-"另存为"命令（SAVEAS），将当前图形以新的名称保存。

在第一次保存创建的图形时，系统将打开"图形另存为"对话框。默认情况下，文件以"AutoCAD 图形（*.dwg）"格式保存，也可以在"文件类型"下拉列表框中选择其他格式，如 AutoCAD2000/LT2000 图形（*.dwg）、AutoCAD 图形标准（*.dws）等格式。

（四）关闭图形文件

选择"文件"-"关闭"命令（CLOSE），或在绘图窗口中单击"关闭"按钮，可以关闭当前图形文件。如果当前图形没有存盘，系统将弹出 AutoCAD 警告对话框，询问是否保存文件。此时，单击"是（Y）"按钮或直接按 Enter 键，可以保存当前图形文件并将其关闭；单击"否（N）"按钮，可以关闭当前图形文件但不存盘；单击"取消"按钮，取消关闭当前图形文件操作，既不保存也不关闭。

如果当前所编辑的图形文件没有命名，那么单击"是（Y）"按钮后，AutoCAD 会打开"图形另存为"对话框，要求用户确定图形文件存放的位置和名称，如图 7-7 所示。

图 7-7 关闭图形文件对话框

（五）输出与打印图形文件

AutoCAD 不仅允许将所绘图形以不同样式通过绘图仪或打印机输出，还能够将不同格式的图形导入 AutoCAD 或将 AutoCAD 图形以其他格式输出。因此，当图形绘制完成之后可以使用多种方法将其输出。例如，可以将图形打印在图纸上，或创建成文件以供其他应用程序使用。

三、使用命令与系统变量

在 AutoCAD 中，菜单命令、工具按钮、命令和系统变量大都是相互对应的。可以选择某一菜单命令，或单击某个工具按钮，或在命令行中输入命令和系统变量来执行相应命令。可以说，命令是 AutoCAD 绘制与编辑图形的核心。

（一）使用鼠标操作执行命令

在绘图窗口，光标通常显示为"十"字线形式。当光标移至菜单选项、工具或对话框内时，它会变成一个箭头。无论光标是"十"字线形式还是箭头形式，当单击或者按动鼠标键时，都会执行相应的命令或动作。在 AutoCAD 中，鼠标键是按照下述规则定义的。

（1）拾取键：通常指鼠标左键，用于指定屏幕上的点，也可以用来选择 Windows 对象、AutoCAD 对象、工具栏按钮和菜单命令等。

（2）回车键：指鼠标右键，相当于 Enter 键，用于结束当前使用的命令，此时系统将根据当前绘图状态而弹出不同的快捷菜单。

（3）弹出菜单：当使用 Shift 键和鼠标右键的组合时，系统将弹出一个快捷菜单，用于设置捕捉点的方法。对于 3 键鼠标，弹出按钮通常是鼠标的中间按钮。

（4）滚轮：按住滚轮，十字光标变为手形光标用于平移视图，"滚轮"向前滚动放大视图；"滚轮"向后滚动缩小视图。

（二）使用命令行

在 AutoCAD2007 中，默认情况下"命令行"是一个可固定的窗口，可以在当前命令行提示下输入命令、对象参数等内容。对大多数命令，"命令行"中可以显示执行完的两条命令提示（也叫命令历史），而对于一些输出命令，例如 TIME、LIST 命令，需要在放大的"命令行"或"AutoCAD 文本窗口"中才能完全显示。

在"命令行"窗口中右击，AutoCAD 将显示一个快捷菜单。通过它可以选择最近使用过的 6 个命令、复制选定的文字或全部命令历史记录、粘贴文字，以及打开"选项"对话框。

在命令行中，还可以使用 BackSpace 或 Delete 键删除命令行中的文字；也可以选中命令历史，并执行"粘贴到命令行"命令，将其粘贴到命令行中。

（三）使用透明命令

在 AutoCAD 中，透明命令是指在执行其他命令的过程中可以执行的命令。常使用的透明命令多为修改图形设置的命令、绘图辅助工具命令，例如 SNAP、GRID、ZOOM 等。

要以透明方式使用命令，应在输入命令之前输入单引号（'）。命令行中，透明命令的提示前有一个双折号（>>）。完成透明命令后，将继续执行原命令。

（四）使用系统变量

在 AutoCAD 中，系统变量用于控制某些功能和设计环境、命令的工作方式，它可以打开或关闭捕捉、栅格或正交等绘图模式，设置默认的填充图案，或存储当前图形和 AutoCAD 配置的有关信息。

系统变量通常是 6～10 个字符长的缩写名称。许多系统变量有简单的开关设置。例如 GRIDMODE 系统变量用来显示或关闭栅格，当在命令行的"输入 GRIDMODE 的新值 <1>:"提示下输入 0 时，可以关闭栅格显示；输入 1 时，可以打开栅格显示。有些系统变量则用来存储数值或文字，例如 DATE 系统变量用来存储当前日期。

可以在对话框中修改系统变量，也可以直接在命令行中修改系统变量。例如要使用 ISOLINES 系统变量修改曲面的线框密度，可在命令行提示下输入该系统变量名称并按 Enter 键，然后输入新的系统变量值并按 Enter 键即可，详细操作如下。

命令：ISOLINES（输入系统变量名称）
输入 ISOLINES 的新值 <4>：32（输入系统变量的新值）

四、设置参数选项

通常情况下，安装好 AutoCAD2007 后就可以在其默认状态下绘制图形，但有时为了使用特殊的定点设备、打印机，或提高绘图效率，用户需要在绘制图形前先对系统参数进行必要的设置。

选择"工具"-"选项"命令（OPTIONS），可打开"选项"对话框。在该对话框中包含"文件""显示""打开和保存""打印和发布""系统""用户系统配置""草图""三维建模""选择"和"配置"10 个选项卡，如图 7-8 所示。

五、设置图形单位

在 AutoCAD 中，用户可以采用 1：1 的比例因子绘图，因此，所有的直线、圆和其他对象都可以以真实大小来绘制。例如，如果一个零件长 200cm，那么它也可以按 200cm 的真实大小来绘制，在需要打印出图时，再将图形按图纸大小进行缩放。

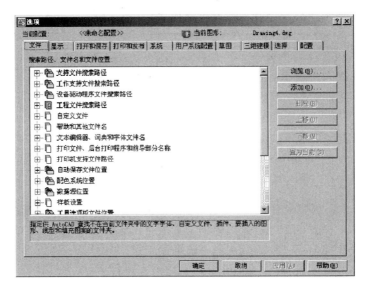

图 7-8　设置参数选项对话框

在中文版 AutoCAD2007 中，用户可以选择"格式"-"单位"命令，在打开的"图形单位"对话框中设置绘图时使用的长度单位、角度单位，以及单位的显示格式和精度等参数，如图 7-9 所示。绘制消防专业图时，一般单位设置为毫米，精度设置为 0。

六、设置绘图图限

在中文版 AutoCAD2007 中，用户不仅可以通过设置参数选项和图形单位来设置绘图环境，还可以设置绘图图限。使用 LIMITS 命令可以在模型空间中设置一个想象的矩形绘图区域，也称为图限。它确定的区域是可见栅格指示的区域，也是选择"视图"-"缩放"-"全部"命令时决定显示多大图形的一个参数，如图 7-10 所示。

图 7-9　设置图形单位对话框

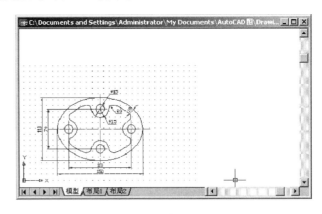

图 7-10　绘图图限

七、键盘常用功能键的操作使用

良好的绘图习惯是利用 AutoCAD 绘图软件快速准确绘制与编辑图形的关键。在绘制与编辑图形时，通常的做法左手负责操作键盘，右手负责操作鼠标。

（一）空格键和 Enter 键

利用 AutoCAD 绘制与编辑图形时，空格键和 Enter 键具有相同的功能。

执行命令：当输入一个命令需要执行命令时，敲击空格键或 Enter 键完成命令的执行。

结束命令：当命令处于持续执行状态，需要结束此命令时，敲击空格键或 Enter 键结束命令的执行。

重复上一命令：当一个命令操作刚刚结束，需要重复上一命令的操作时，敲击空格键或 Enter 键即恢复到上一命令的执行状态。注意此功能仅适用于重复刚结束的上一命令，不能间隔重复。

（二）Delete 键

在编辑图形对象时，用于删除选中的对象，此功能等同于修改工具栏中的删除命令。

（三）Esc 键

在绘图或编辑图形对象，由于误操作需退出命令时，用于退出当前操作。

（四）F8 键

用于正交模式的切换，功能等同于状态行的"正交"命令。

◦ 思考与练习 ◦

1. 怎样进行图形文件管理？
2. 怎样使用鼠标操作执行命令？
3. 怎样设置参数选项、图形单位和绘图图限？
4. 键盘常用功能键的功能是什么？

≫ 第二节　绘制简单二维图形对象

◯【学习目标】

1. 了解点、射线、构造线、椭圆弧的绘制方法。
2. 熟悉绘图菜单和绘图工具栏。
3. 掌握直线、矩形、正多边形、圆、圆弧、椭圆的绘制方法。

在 AutoCAD2007 中，使用"绘图"菜单中的命令，可以绘制点、直线、圆、圆弧和多边形等简单二维图形。二维图形对象是整个 AutoCAD 的绘图基础。

一、绘图方法

（一）绘图菜单

绘图菜单是绘制图形最基本、最常用的方法，其中包含了 AutoCAD2007 的大部分绘图命令。选择该菜单中的命令或子命令，可绘制出相应的二维图形，如图 7-11 所示。

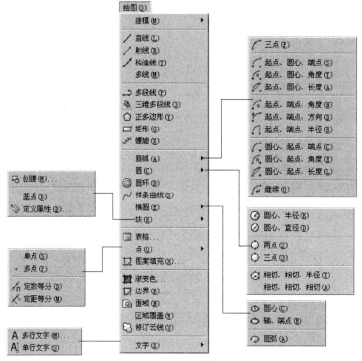

图 7-11　绘图菜单

（二）绘图工具栏

"绘图"工具栏中的每个工具按钮都与"绘图"菜单中的绘图命令相对应，是图形化的绘图命令，如图 7-12 所示。

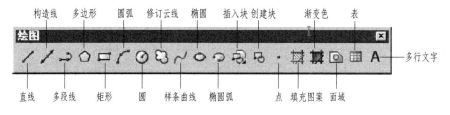

图 7-12　绘图工具栏

（三）绘图命令

使用绘图命令也可以绘制图形，在命令提示行中输入绘图命令，按 Enter 键，并根据命令行的提示信息进行绘图操作。这种方法快捷，准确性高，但要求掌握绘图命令及其选择项的具体用法。

AutoCAD2007 在实际绘图时，采用命令行工作机制，以命令的方式实现用户与系统的信息交互，而前面介绍的 3 种绘图方法是为了方便操作而设置的，是 3 种不同的调用绘图命令的方式。

二、绘制点对象

在 AutoCAD2007 中，点对象有单点、多点、定数等分和定距等分 4 种。

选择"绘图"-"点"-"单点"命令，可以在绘图窗口中一次指定一个点。

选择"绘图"-"点"-"多点"命令，可以在绘图窗口中一次指定多个点，最后可按 Esc 键结束。

选择"绘图"-"点"-"定数等分"命令，可以在指定的对象上绘制等分点。

选择"绘图"-"点"-"定距等分"命令，可以在指定的对象上按指定的长度绘制点。

三、绘制直线

"直线"是各种绘图中最常用、最简单的一类图形对象，只要指定了起点和终点即可绘制一条直线。在 AutoCAD 中，可以用二维坐标 (x, y) 或三维坐标 (x, y, z) 来指定端点，也可以混合使用二维坐标和三维坐标。如果输入二维坐标，AutoCAD 将会用当前的高度作为 Z 轴坐标值，默认值为 0。

选择"绘图"-"直线"命令（LINE），或在"绘图"工具栏中单击"直线"按钮，可以绘制直线。绘制直线在指定"第一点"后需指定"下一点"，可通过移动鼠标任意指定，或是输入数据精确指定，输入的数据为"下一点"距相邻"上一点"的距离。

四、绘制射线

射线为一端固定，另一端无限延伸的直线。选择"绘图"-"射线"命令（RAY），指定射线的起点和通过点即可绘制一条射线。在 AutoCAD 中，射线主要用于绘制辅助线。

指定射线的起点后，可在"指定通过点:"提示下指定多个通过点，绘制以起点为端点的多条射线，直到按 Esc 键或 Enter 键退出为止。

五、绘制构造线

构造线为两端可以无限延伸的直线，没有起点和终点，可以放置在三维空间的任何地方，主要用于绘制辅助线。选择"绘图"-"构造线"命令（XLINE），或在"绘图"工具栏中单击"构造线"按钮，都可绘制构造线。

六、绘制矩形

在 AutoCAD 中，可以使用"矩形"命令绘制矩形。选择"绘图"-"矩形"命令（RECTANGLE），或在"绘图"工具栏中单击"矩形"按钮，即可绘制出倒角矩形、圆角矩形、有厚度的矩形等多种矩形，如图 7-13 所示。

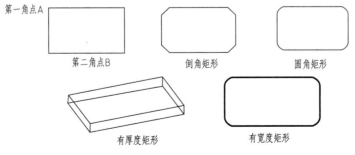

图 7-13　矩形的绘制

绘制矩形在指定"第一角点"后需指定"另一个角点"，可通过移动鼠标任意指定，或是输入坐标值精确指定，输入 X 坐标值后应加"，"，方可输入 Y 坐标值。

七、绘制圆

选择"绘图"-"圆"命令中的子命令，或单击"绘图"工具栏中的"圆"按钮即可绘制圆。在 AutoCAD2007 中，可以使用 6 种方法绘制圆，如图 7-14 所示。

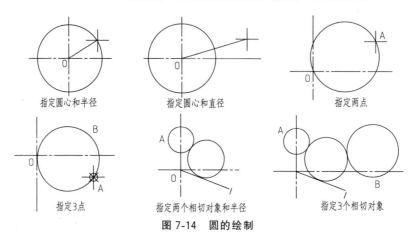

图 7-14　圆的绘制

绘制圆在指定圆心后需指定圆的半径或直径，可通过移动鼠标任意指定，或是输入数据精确指定。

八、绘制正多边形

在 AutoCAD 中，可以使用"正多边形"命令绘制正多边形。选择"绘图"-"正多边形"命令（POLYGON），或在"绘图"工具栏中单击"正多边形"按钮，可以绘制边数为 3～1024 的正多边形。

九、绘制圆弧

选择"绘图"-"圆弧"命令中的子命令，或单击"绘图"工具栏中的"圆弧"按钮，即可绘制圆弧。

十、绘制椭圆

选择"绘图"-"椭圆"子菜单中的命令，或单击"绘图"工具栏中的"椭圆"按钮，即可绘制椭圆。可以选择"绘图"-"椭圆"-"中心点"命令，指定椭圆中心、一个轴的端点（主轴）以及另一个轴的半轴长度绘制椭圆；也可以选择"绘图"-"椭圆"-"轴、端点"命令，指定一个轴的两个端点（主轴）和另一个轴的半轴长度绘制椭圆，如图 7-15 所示。

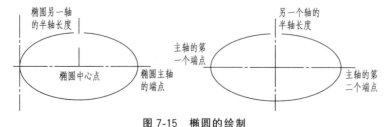

图 7-15　椭圆的绘制

十一、绘制椭圆弧

在 AutoCAD2007 中，椭圆弧的绘图命令和椭圆的绘图命令都是 ELLIPSE，但命令行的提示不同。选择"绘图"-"椭圆"-"圆弧"命令，或在"绘图"工具栏中单击"椭圆弧"按钮，都可绘制椭圆弧。

○ **思考与练习** ○

怎样绘制直线、矩形、正多边形、圆、圆弧、椭圆？

》 第三节 使用常用修改命令编辑对象

○ 【学习目标】

1. 了解常用修改命令的种类。
2. 掌握各常用修改命令的操作方法。

中文版 AutoCAD2007 的"修改"菜单中包含了大部分编辑命令，通过选择该菜单中的命令或子命令，可以帮助用户合理地构造和组织图形，保证绘图的准确性，简化绘图操作。本节将详细介绍移动、旋转、对齐、复制、偏移、镜像、倒角、圆角和打断对象等命令的使用方法。

一、选择对象与编辑对象的方法

（一）选择对象

在对图形进行编辑操作之前，首先需要选择要编辑的对象。在 AutoCAD 中，选择对象的方法很多，常用的有鼠标单击对象逐个拾取法和矩形窗口法。当对象被选中时，对象呈"虚线亮显"状态。如图 7-16 所示为选中了矩形的一条长边。当选择多个对象时，为提高绘图速度，多采用矩形窗口法选择对象。矩形窗口法选择对象分蓝矩形窗口和绿矩形窗口两种方法，蓝矩形窗口为用鼠标左键左上或左下为角点拖动的窗口；绿矩形窗口为用鼠标左键右上或右下为角点拖动的窗口。两者的区别在于，蓝矩形窗口需全覆盖选择对象才能选中；绿矩形窗口只需接触到选择对象即可选中对象。

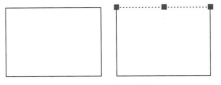

图 7-16 对象选中状态

（二）编辑对象的方法

1. 修改工具栏

"修改"工具栏的每个工具按钮都与"修改"菜单中相应的绘图命令相对应，单击即可执行相应的修改操作，如图 7-17 所示。

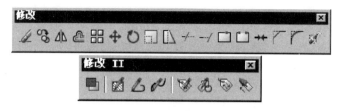

图 7-17 修改工具栏

2. 修改菜单

"修改"菜单用于编辑图形，创建复杂的图形对象。"修改"菜单中包含了 AutoCAD 2007 的大部分编辑命令，通过选择该菜单中的命令或子命令，可以完成对图形的所有编辑操作，如图 7-18 所示。

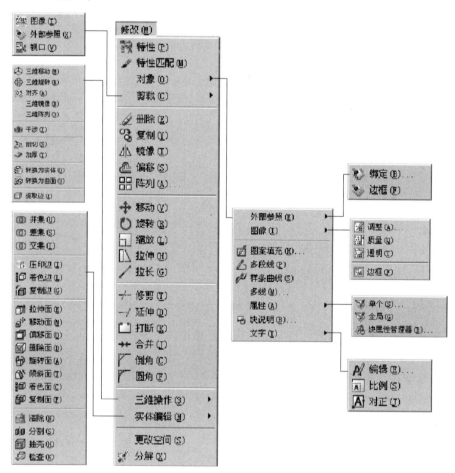

图 7-18 修改菜单

二、修改命令

（一）删除对象

在 AutoCAD2007 中，可以用"删除"命令，删除选中的对象。选择"修改"-"删除"

命令（ERASE），或在"修改"工具栏中单击"删除"按钮，都可以删除图形中选中的对象。

通常，当发出"删除"命令后，需要选择要删除的对象，然后按 Enter 键或 Space 键结束对象选择，同时删除已选择的对象。如果在"选项"对话框的"选择"选项卡中，选中"选择模式"选项组中的"先选择后执行"复选框，就可以先选择对象，然后单击"删除"按钮删除。

（二）复制对象

在 AutoCAD2007 中，可以使用"复制"命令，创建与原有对象相同的图形。选择"修改"-"复制"命令（COPY），或单击"修改"工具栏中的"复制"按钮，即可复制已有对象的副本，并放置到指定的位置。执行该命令时，首先需要选择对象，然后指定位移的基点和位移矢量（相对于基点的方向和大小）。使用"复制"命令还可以同时创建多个副本。在"指定第二个点或［退出（E)/放弃(U)]<退出>:"提示下，通过连续指定位移的第二点来创建该对象的其他副本，直到按 Enter 键结束。

（三）镜像对象

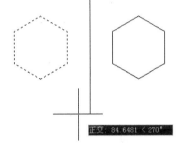

在 AutoCAD 2007 中，可以使用"镜像"命令，将对象以镜像线对称复制。选择"修改"-"镜像"命令（MIRROR），或在"修改"工具栏中单击"镜像"按钮即可。

执行该命令时，需要选择要镜像的对象，然后依次指定镜像线上的两个端点，命令行将显示"删除源对象吗？［是（Y)/否(N)]<N>:"提示信息。如果直接按 Enter 键，则镜像复制对象，并保留原来的对象；如果输入 Y，则在镜像复制对象的同时删除源对象，如图 7-19 所示。

图 7-19　镜像对象

（四）偏移对象

在 AutoCAD2007 中，可以使用"偏移"命令，对指定的直线作偏移复制，对指定的圆弧、圆等对象作同心偏移复制。在实际应用中，常利用"偏移"命令的特性创建平行线或等距离分布图形。

选择"修改"-"偏移"命令（OFFSET），或在"修改"工具栏中单击"偏移"按钮，执行"偏移"命令，其命令行显示如下提示：

指定偏移距离或［通过（T)/删除(E)/图层(L)]<通过>:

默认情况下，需要指定偏移距离，再选择要偏移复制的对象，然后指定偏移方向，以复制出对象。

（五）阵列对象

在 AutoCAD2007 中，还可以通过"阵列"命令多重复制对象。选择"修改"-"阵列"命令（ARRAY），或在"修改"工具栏中单击"阵列"按钮，都可以打开"阵列"对话框，可以在该对话框中设置以矩形阵列或者环形阵列方式多重复制对象。

1. 矩形阵列复制

在"阵列"对话框中，选择"矩形阵列"单选按钮，并输入行列数目，输入行偏移、列偏移距离及阵列角度，单击预览或确定即可完成矩形阵列方式复制对象，如图 7-20 所示。

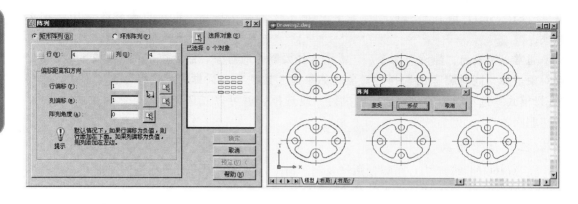

图 7-20　矩形阵列复制

2. 环形阵列复制

在"阵列"对话框中，选择"环形阵列"单选按钮，指定中心点位置，输入阵列项目总数和填充角度（绕中心点阵列角度），单击预览或确定即可完成环形阵列方式复制对象，如图 7-21 所示。

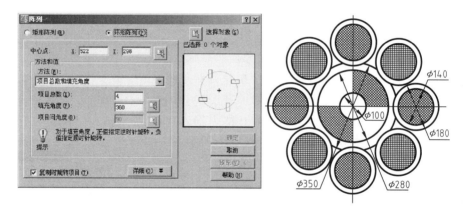

图 7-21　环形阵列复制

（六）移动对象

移动对象是指对象的重定位。选择"修改"-"移动"命令（MOVE），或在"修改"工具栏中单击"移动"按钮，可以在指定方向上按指定距离移动对象，对象的位置发生了改变，但方向和大小不改变。

要移动对象，首先选择要移动的对象，然后指定位移的基点和位移矢量。在命令行的"指定基点或［位移］＜位移＞"提示下，如果单击或以键盘输入形式给出了基点坐标，命令行将显示"指定第二点或＜使用第一个点作位移＞："提示；如果按 Enter 键，那么所给出的基点坐标值就作为偏移量，即将该点作为原点（0，0），然后将图形相对于该点移动由基点设定的偏移量。

（七）旋转对象

选择"修改"-"旋转"命令（ROTATE），或在"修改"工具栏中单击"旋转"按钮，可以将对象绕基点旋转指定的角度。

选择要旋转的对象（可以依次选择多个对象），并指定旋转的基点，命令行将显示"指定旋转角度或［复制（C）参照(R)]＜O＞"提示信息。如果直接输入角度值，则可以将对象绕基点转动该角度，角度为正时逆时针旋转，角度为负时顺时针旋转；如果选择"复制（C）"选项，旋转后源对象保留，为旋转式复制；如果选择"参照（R）"选项，将以参照方式旋转对象，需要依次指定参照方向的角度值和相对于参照方向的角度值。

（八）修剪对象

在 AutoCAD2007 中，可以使用"修剪"命令缩短对象。选择"修改"-"修剪"命令（TRIM），或在"修改"工具栏中单击"修剪"按钮，可以以某一对象为剪切边修剪其他对象。

在 AutoCAD2007 中，可以作为剪切边的对象有直线、圆弧、圆、椭圆或椭圆弧、多段线、样条曲线、构造线、射线以及文字等。剪切边也可以同时作为被剪边。默认情况下，选择要修剪的对象（即选择被剪边），系统将以剪切边为界，将被剪切对象上位于拾取点一侧的部分剪切掉。如果按下 Shift 键，同时选择与修剪边不相交的对象，修剪边将变为延伸边界，将选择的对象延伸至与修剪边界相交。

（九）延伸对象

在 AutoCAD2007 中，可以使用"延伸"命令拉长对象。选择"修改"-"延伸"命令（EXTEND），或在"修改"工具栏中单击"延伸"按钮，可以延长指定的对象与另一对象相交或外观相交。延伸命令的使用方法和修剪命令的使用方法相似，不同之处在于：使用延伸命令时，如果在按下 Shift 键的同时选择对象，则执行修剪命令；使用修剪命令时，如果在按下 Shift 键的同时选择对象，则执行延伸命令。

（十）缩放对象

在 AutoCAD2007 中，可以使用"缩放"命令按比例增大或缩小对象。选择"修改"-"缩放"命令（SCALE），或在"修改"工具栏中单击"缩放"按钮，可以将对象按指定的比例因子相对于基点进行尺寸缩放。先选择对象，然后指定基点，命令行将显示"指定比例因子或［复制（C)/参照(R)]＜1.0000＞:"提示信息。如果直接指定缩放的比例因子，对象将根据该比例因子相对于基点缩放，当比例因子大于 0 而小于 1 时缩小对象，当比例因子大于 1 时放大对象；如果选择"参照（R）"选项，对象将按参照的方式缩放，需要依次输入参照长度的值和新的长度值，AutoCAD 根据参照长度与新长度的值自动计算比例因子（比例因子＝新长度值/参照长度值），然后进行缩放。

（十一）拉伸对象

选择"修改"-"拉伸"命令（STRETCH），或在"修改"工具栏中单击"拉伸"按钮，就可以移动或拉伸对象，操作方式根据图形对象在选择框中的位置决定。执行该命令时，先选择对象，然后依次指定位移基点和位移矢量，将会移动全部选中对象，拉伸（或压缩）对象。

（十二）倒角对象

在 AutoCAD2007 中，可以使用"倒角"命令修改对象使其以平角相接。选择"修改"-"倒角"命令（CHAMFER），或在"修改"工具栏中单击"倒角"按钮，即可为对象绘制倒角。如图 7-22 所示，左图为倒角前的图形，右图为倒角后的图形。

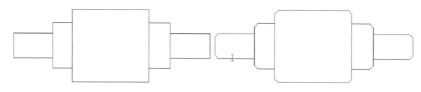

图 7-22　对象倒角前后对比

（十二）圆角对象

在 AutoCAD2007 中，可以使用"圆角"命令修改对象使其以圆角相接。选择"修改"-"圆角"命令（FILLET），或在"修改"工具栏中单击"圆角"按钮，即可对对象用圆弧修圆角。

修圆角的方法与修倒角的方法相似，在命令行提示中，选择"半径（R）"选项，即可设置圆角的半径大小。

（十三）分解对象

对于矩形、块等由多个对象编组成的组合对象，如果需要对单个成员进行编辑，就需要先将它分解开。选择"修改"-"分解"命令（EXPLODE），或在"修改"工具栏中单击"分解"按钮，选择需要分解的对象后按 Enter 键，即可分解图形并结束该命令。

○ **思考与练习** ○

使用修改命令编辑对象时，通常都需要进行的一步操作是什么？

第四节　认识图层和管理图层

【学习目标】

1. 了解图层在工程绘图中的应用。

2. 掌握打开/关闭图层的操作方法。

图层是绘图者组织和管理图形的强有力工具。在工程制图中，所有图形对象都具有图层、颜色、线型和线宽 4 个基本属性。用户可以使用不同的图层、不同的颜色、不同的线型和线宽绘制不同的对象和元素，方便控制对象的显示和编辑，从而提高绘制复杂图形的效率和准确性。

一、认识图层

在工程图样中，既包含有直线、圆、圆弧等带有形状和大小几何属性的图形元素，又包含有线型、线宽、颜色、尺寸、文字、图例符号等非几何属性的图形元素。在计算机绘图时，为了方便表达，便于对某一几何属性的图形元素进行修改编辑，绘图者常将属性相同或相近的图形元素绘制在同一图层上。每个图层就像是一张的透明薄片，多个采用相同比例绘制的图层叠加在一起就形成了一幅完整的工程图样。图层的层数和每一个图层的图形元素数量并没有严格的限制，绘图者可根据自己的绘图习惯自行设计，但为了绘图方便，一般宜根据绘图的步骤来确定图层的层数和每一个图层的图形元素数量。如绘制砖混结构的建筑平面图时，首先是绘制定位轴线，然后依次绘制墙身线、门窗图例、楼梯、散水与台阶等其他建筑构配件组成部分，最后是尺寸标准、文字部分，大致可设计成 7 个或 7 个以上图层，为区别显示表达，每个图层可赋予不同的颜色。按照绘图的先后顺序，完成一个绘图步骤即形成一个图层，多个图层叠加在一起即形成一幅完整的建筑平面图，如图 7-23 所示。从图中可以看出，绘制图示建筑平面图时，绘图者设计了 12 个图层，分别是（尺寸）标注图层、窗图层、花台图层、楼梯图层、落水管图层、门图层、墙体图层、散水图层、台阶图层、文本图层、轴线图层、柱图层。每个图层都赋予了不同的颜色，绘制出的建筑平面图的每个图层都按照设计图层时赋予的颜色呈现出来。

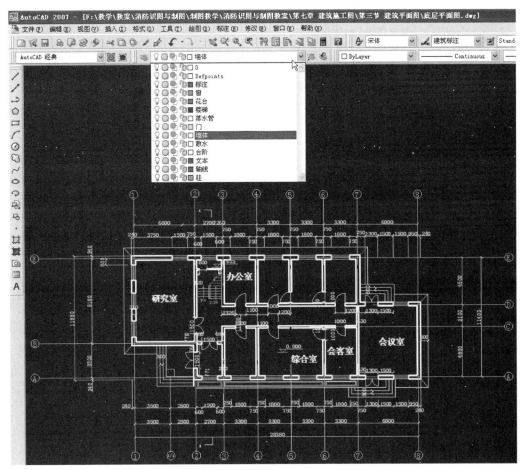

图 7-23　图层的应用

二、消防专业图计算机绘制中的图层管理

通过上一章（消防专业图）的学习可知，绘制消防专业图时有些图样可不必绘制出，如

建筑总面图中的等高线、尺寸标注部分；建筑平面图中的定位轴线、尺寸标注部分等等。若使用"删除"命令对收集来的建筑工程图样中不需要的部分进行逐一删除操作，势必会加大绘制消防专业图的工作量。学会图层管理，将使消防专业图的绘制变得更加方便快捷。AutoCAD关于图层管理的操作较多，涉及创建新图层、删除图层、切换当前图层、打开/关闭图层、冻结/解冻图层、加锁/解锁图层等多项操作。在绘制消防专业图时，只需将收集来的建筑工程图样中不需要的图层关闭，保留所需图层即可，因此这里仅重点介绍如何"打开/关闭图层"。

"打开/关闭图层"可通过图层特性管理器或图层工具栏来完成。

（一）图层特性管理器打开/关闭图层

选择"格式"-"图层"命令，即可打开"图层特性管理器"对话框，如图7-24所示。

图7-24　图层特性管理器

由图7-24可以看出，图层特性管理器列表框由状态、名称、开、冻结、锁定、颜色、线型、线宽、打印样式、打印、说明11个列表组成。"状态"列表下打"√"的图层为当前图层，图7-24所示的当前图层为墙体图层。在图层名的右侧为"开"例表，"开"例表下方的灯泡图标为图层开/关控制图标，如图7-24方框内所示。正常情况下，灯泡图标为全亮，工程图样的所有图层都处于打开状态，鼠标单击图层名右侧的灯泡图标，灯泡会变暗，此图层关闭，图样不再显示此图层；重复单击上述灯泡图标，灯泡又会变亮，表示此图层又被打开，图样恢复显示此图层。

以建筑平面图为例，关闭图样上的定位轴线和尺寸标注图层，建筑平面图将不再显示定位轴线和尺寸标注图层，如图7-25所示。

（二）图层工具栏打开/关闭图层

"图层"工具栏中的主要选项与"图层特性管理器"对话框中的内容相对应，因此也可以用来打开/关闭图层。在实际绘图时，为了便于操作，主要通过"图层"工具栏来实现打开/关闭图层，操作方法同通过图层特性管理器打开/关闭图层，如图7-26所示。

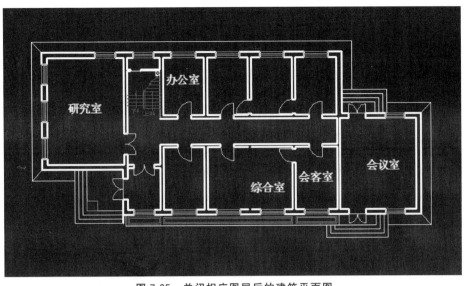

图 7-25　关闭相应图层后的建筑平面图

图 7-26　图层工具栏

○ **思考与练习** ○

1. 怎样确定图层的层数和每一个图层的图形元素数量？

2. 如何打开/关闭图层？

》》 第五节　视图屏幕显示控制

○ 【学习目标】

1. 了解缩放、平移视图的类型。

2. 掌握缩放、平移视图的操作方法。

图 7-27　缩放菜单

按一定比例、观察位置和角度显示的图形称为视图。在 AutoCAD 中，可以通过缩放和平移视图来观察图形对象，便于更加全面地观察图样和对图样进行修改编辑。

一、缩放视图

缩放视图可以增加或减少图形对象的屏幕显示尺寸，通过改变显示区域和图形对象的大小，更准确、更详细地绘图或观察图样，但对象的真实尺寸保持不变。

（一）"缩放"菜单和"缩放"工具栏

在菜单栏中选择"视图"-"缩放"命令（ZOOM）中的子命令可实现缩放视图，如图 7-27 所示。

也可通过鼠标将光标移至任意一处工具栏处单击鼠标右键弹出常用工具菜单，勾选"缩放"调出"缩放"工具栏来实现视图的缩放操作，如图 7-28 所示。左图为单击鼠标右键弹出的常用工具菜单，右图为勾选"缩放"调出的"缩放"工具栏。

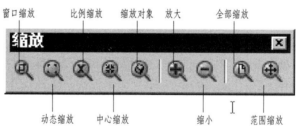

图 7-28　缩放工具栏

通常，在绘制图形的局部细节时，需要使用缩放工具放大该绘图区域，当绘制完成后，再使用缩放工具缩小图形来观察图形的整体效果。常用的缩放命令或工具有"实时""窗口""动态"缩放等。

（二）实时缩放视图

选择"视图"-"缩放"-"实时"命令，或在"标准"工具栏中单击"实时缩放"按钮，进入实时缩放模式，此时向前滚动鼠标滚轮可放大整个图形；向后滚动可缩小整个图形，释放鼠标滚轮后停止缩放，按 Esc 键或 Enter 键退出实时平移模式。另外，也可利用鼠标滚轮前滚和后滚的方式来实现视图的实时缩放。

（三）窗口缩放视图

选择"视图"-"缩放"-"窗口"命令，或在缩放工具栏中单击"窗口缩放"，在屏幕上拾取两个对角点以确定一个矩形窗口，之后系统将矩形范围内的图形放大至整个屏幕。

（四）动态缩放视图

选择"视图"-"缩放"-"动态"命令，或在缩放工具栏中单击"动态缩放"，可动态缩放视图。当进入动态缩放模式时，在屏幕中将显示一个带"×"的矩形方框。单击鼠标左键，此时选择窗口中心的"×"消失，显示一个位于右边框的方向箭头，拖动鼠标可改变选择窗口的大小，以确定选择区域大小，最后按下空格键或 Enter 键，即可缩放图形。

二、平移视图

使用平移视图命令，可以重新定位图形，以便看清图形的其他部分。此时不会改变图形中对象的位置或比例，只改变视图。

（一）"平移"菜单

选择"视图"-"平移"命令中的子命令，单击"标准"工具栏中的"实时平移"按钮，或在命令行直接输入 PAN 命令，都可以平移视图。

使用平移命令平移视图时，视图的显示比例不变。除了可以上、下、左、右平移视图外，还可以使用"实时"和"定点"命令平移视图。

（二）实时平移视图

选择"视图"-"平移"-"实时"命令，此时光标指针变成一只小手，按住鼠标左键拖动，窗口内的图形就可按光标移动的方向移动，释放鼠标，可返回到平移等待状态，按 Esc 键或 Enter 键退出实时平移模式。同样也可单击"标准"工具栏中的"实时平移"按钮，采用相同的操作方法来实现平移视图。另外，还可采用按住鼠标滚轮并拖动鼠标的方式来实现平移视图，释放鼠标滚轮退出实时平移状态。

（三）定点平移

选择"视图"-"平移"-"定点"命令，可以通过指定基点和位移值来平移视图。

思考与练习

1. 怎样对视图进行窗口和动态缩放？
2. 如何实时平移视图？

第六节 使用图案填充和创建文字表格

【学习目标】

1. 了解图案填充和创建文字表格对话框。
2. 掌握图案填充和创建文字表格的操作方法。

一、图案填充

要重复绘制某些图案以填充图形中的一个区域，从而表达该区域的特征，这种填充操作称为图案填充。图案填充的应用非常广泛，例如，在建筑工程图中，可以使用不同的图案填充来表达不同的断面材料，也可以使用图案填充来绘制图例符号，如剖面图和断面图的断面材料绘制，室内、外消火栓等图例符号的绘制。

（一）图案填充选项卡

选择"绘图"-"图案填充"命令（BHATCH），或在"绘图"工具栏中单击"图案填充"按钮，打开"图案填充和渐变色"对话框的"图案填充"选项卡，可以设置图案填充时的类型和图案、角度和比例等特性，如图7-29所示。

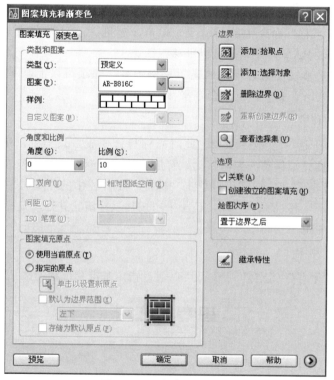

图7-29 图案填充对话框

1. 类型、图案和样式

（1）类型：在"类型"下拉列表中，可设置填充的图案类型，包括"预定义"、"用户定义"和"自定义"三个选项。其中，选择"预定义"选项，可以使用 AutoCAD 提供的图案；选择"用户定义"选项，则需要临时定义图案，该图案由一组平行线或者相互垂直的两组平行线组成；选择"自定义"选项，可以使用事先定义好的图案。对于绘制消防专业图，使用 AutoCAD 提供的图案基本上可以满足图案填充的需要。

（2）图案：在"图案"下拉列表中，可设置填充的图案，当在"类型"下拉列表框中选择"预定义"时该选项可用。在该下拉列表框中可以根据图案名称选择图案，也可以单击其后的按钮，在打开的"填充图案选项板"对话框中进行选择，采用后一种方式能较直观地选择图案。

（3）样例：在"样例"预览窗口，显示当前选中的图案样例，单击所选的样例图案，也可打开"填充图案选项板"对话框选择图案。

2. 角度和比例

（1）角度：在"角度"下拉列表框中，设置了填充图案的旋转角度，选项为 0°和 15°角的倍数角度，系统默认的旋转角度为 0°，当选择其他旋转角度时，填充图案将会按选择角度做逆时针旋转。

（2）比例：在"比例"下拉列表框中，设置图案填充时的比例值。每种图案在定义时的初始比例值为 1，绘图者可以根据放大或缩小填充图案的需要选择相应的比例值，放大选大于 1 的值；缩小选小于 1 的值，也可根据绘图实际输入需要的比例值。在"类型"下拉列表中选择"用户自定义"时，该选项不可用。

3. 边界中的添加"拾取点"选项

在填充图案时是以添加"拾取点"的形式来指定填充区域的边界。单击该按钮切换到绘图窗口，可在需要填充的区域内任意指定一点，系统会自动计算出包围该点的封闭填充边界，同时该填充边界线显亮，敲击空格键或 Enter 键返回"图案填充和渐变色"对话框进行其他操作。如果在拾取点后系统不能形成封闭的填充边界，则会显示错误提示信息。

（二）图案填充的一般步骤

在绘制消防专业图时，一般可以按照下列三个步骤对图形进行图案填充。

1. 打开"图案填充和渐变色"对话框的"图案填充"选项卡

2. 选中需填充的封闭区域

在"图案填充"选项卡中单击添加"拾取点"按钮切换到绘图窗口，在需要填充的区域内任意指定一点选中需填充的封闭区域，敲击空格键或 Enter 键返回"图案填充和渐变色"对话框进行其他操作。如图 7-30 所示。

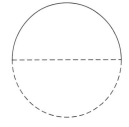

图 7-30　选中填充区域

3. 选择填充图案

在"类型"下拉列表中选择"预定义"选项，在"图案"选项中选择需填充的图案，点击"预览"按钮切换到绘图窗口观察图案填充效果。当图案填充效果没能满足要求时，敲击空格键或 Enter 键返回"图案填充和渐变色"对话框改变"角度和比例"数值，如此反复操作直至达到填充效果，点击"确定"按钮完成图案填充。如图7-31所示。

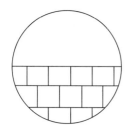

图 7-31　完成的图案填充

（三）使用渐变色填充图形

使用"图案填充和渐变色"对话框的"渐变色"选项卡，可以创建单色或双色渐变色，并对图案进行填充，操作方法同上述的图案填充。

（四）编辑图案填充

创建了图案填充后，如果需要修改填充图案，可选择"修改"-"对象"-"图案填充"命令，然后在绘图窗口中单击需要编辑的图案填充，这时打开"图案填充编辑"对话框；或是在绘图窗口中双击需要编辑的图案填充，打开"图案填充编辑"对话框。"图案填充编辑"对话框与"图案填充和渐变色"对话框的内容完全相同，打开对话框后，可在对话框内对图案填充的图案样例、角度和比例值进行修改。

二、创建文字表格

文字对象是 AutoCAD 图形中很重要的图形元素，是工程制图中不可缺少的组成部分。在一个完整的图样中，通常都包含一些文字注释来标注图样中的一些非图形信息。例如，消防专业图中保卫单位及其保卫部位的基本情况，假定或实际火灾特征及发展规律、过程，灭火救援计划或战术指导思想等等。另外，在 AutoCAD2007 中，使用表格功能可以创建不同类型的表格，还可以在其他软件中复制表格，以简化制图操作。

（一）创建多行文字

1. 打开"文字格式"工具栏和文字输入窗口

选择"绘图"-"文字"-"多行文字"命令（MTEXT），或在"绘图"工具栏中单击"多行文字"按钮，然后在绘图窗口中指定一个用来放置多行文字的矩形区域，将打开"文字格式"工具栏和文字输入窗口。利用它们可以设置多行文字的样式、字体及大小等属性。如图 7-32 所示。

2. "文字格式"工具栏

使用"文字格式"工具栏，可以设置

图 7-32　打开"文字格式"工具栏和文字输入窗口

文字样式、文字字体、文字高度、加粗、倾斜或加下划线效果。如图 7-33 所示。

图 7-33　"文字格式"工具栏

"文字高度"的系统默认值为 2.5mm，而消防专业图一般是在绘图比例小于或等于 1∶100 的建筑施工图的基础上完成的，因此若采用系统默认文字高度值输入文字，文字在显示完整建筑施工图的绘图窗口内会变得非常小，无法看到。所以在绘制消防专业图时一般将文字高度值设置为 150mm 左右较为合适。

3. 输入文字

在多行文字的文字输入窗口中，可以直接输入多行文字，也可以在文字输入窗口中右击，从弹出的快捷菜单中选择"输入文字"命令，将已经在其他文字编辑器中创建的文字内容直接导入到当前图形中。

4. 改变多行文字的矩形区域

在绘图窗口中显示的多行文字是一个矩形区域的整体块，单击多行文字矩形区域的四个端点显示为蓝色，单击四个端点中的任意一个并拖动可改变矩形区域的形状和大小，同时可改变多行文字的行数。如图 7-34 所示。

图 7-34　改变多行文字矩形区域

5. 编辑多行文字

要编辑创建的多行文字，可选择"修改"-"对象"-"文字"-"编辑"命令（DDEDIT），并单击创建的多行文字，打开多行文字编辑窗口，然后参照多行文字的设置方法，修改并编辑文字。

也可以在绘图窗口中双击输入的多行文字，或在输入的多行文字上右击，从弹出的快捷菜单中选择"重复编辑多行文字"命令或"编辑多行文字"命令，打开多行文字编辑窗口。

（二）创建和管理表格样式

表格使用行和列以一种简洁清晰的形式提供信息。表格样式控制一个表格的外观，用于保证标准的字体、颜色、文本、高度和行距。用户可以使用默认的表格样式，也可以根据需要自定义表格样式。

1. 新建表格样式

选择"格式"-"表格样式"命令（TABLESTYLE），打开"表格样式"对话框。单击"新建"按钮，可以使用打开的"创建新的表格样式"对话框创建新表格样式。

在"新样式名"文本框中输入新的表格样式名，在"基础样式"下拉列表中选择默认的表格样式、标准的或者任何已经创建的样式，新样式将在该样式的基础上进行修改。然后单击"继续"按钮，将打开"新建表格样式"对话框，可以通过它指定表格的行格式、表格方向、边框特性和文本样式等内容。如图 7-35 所示。

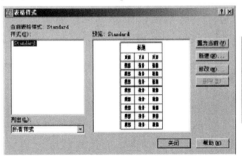

图 7-35

图 7-35　新建表格样式

2. 设置表格的数据、列标题和标题样式

在"新建表格样式"对话框中，可以分别使用"数据"、"列标题"和"标题"选项卡设置表格的数据、列表题和标题对应的样式。如图 7-36 所示。同创建多行文字一样，在设置表格的数据、列表题和标题时，文字高度值一般设置为 150mm 左右较为合适。

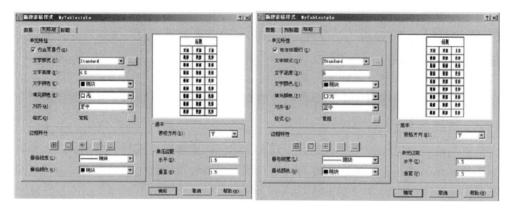

图 7-36　设置表格的数据、列标题和标题样式

3. 管理表格样式

在 AutoCAD 2007 中，还可以使用"表格样式"对话框来管理图形中的表格样式。在该对话框的"当前表格样式"后面，显示当前使用的表格样式（默认为 Standard）；在"样式"列表中显示了当前图形所包含的表格样式；在"预览"窗口中显示了选中表格的样式；在"列出"下拉列表中，可以选择"样式"列表是显示图形中的所有样式，还是正在使用的样式。

此外，在"表格样式"对话框中，还可以单击"置为当前"按钮，将选中的表格样式设置为当前；单击"修改"按钮，在打开的"修改表格样式"对话框中修改选中的表格样式；单击"删除"按钮，删除选中的表格样式。

4. 创建表格

选择"绘图"-"表格"命令，或在"绘图"工具栏中单击"表格"按钮，打开"插入表格"对话框。在"表格样式设置"选项组中，可以从"表格样式名称"下拉列表框中选择表格样式，或单击其后的按钮，打开"表格样式"对话框，创建新的表格样式。在该选项组中，还可以在"文字高度"下面显示当前表格样式的文字高度，在预览窗口中显示表格的预览效果。

在“插入方式”选项组中，选择“指定插入点”单选按钮，可以在绘图窗口中的某点插入固定大小的表格；选择“指定窗口”单选按钮，可以在绘图窗口中通过拖动表格边框来创建任意大小的表格。

在“列和行设置”选项组中，可以通过改变“列”、“列宽”、“数据行”和“行高”文本框中的数值来调整表格的外观大小。“插入表格”对话框如图 7-37 所示。

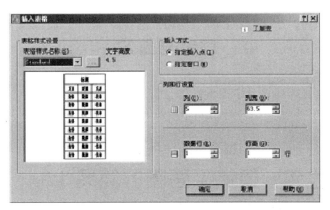

图 7-37 “插入表格”对话框

5. 编辑表格和表格单元

(1) 编辑表格　从表格的快捷菜单中可以看到，可以对表格进行剪切、复制、删除、移动、缩放和旋转等简单操作，还可以均匀调整表格的行、列大小，删除所有特性替代。当选择“输出”命令时，还可以打开“输出数据”对话框，以 .csv 格式输出表格中的数据。当选中表格后，在表格的四周、标题行上将显示许多夹点，也可以通过拖动这些夹点来编辑表格。如图 7-38 所示。

钻　模				
序号	名称	数量	材料	备注
1	底座	1	HT150	
2	钻模板	1	40	
3	钻套	3	40	
4	轴	1	40	
5	开口垫片	1	40	
6	六角螺母	3	35	GB6170-86

图 7-38 表格编辑

(2) 编辑表格单元　单击表格单元格，使用表格单元快捷菜单可以编辑表格单元，其主要命令选项的功能说明如下：

①“单元对齐”命令。在该命令子菜单中可以选择表格单元的对齐方式，如左上、左中、左下等。

②“单元边框”命令。选择该命令将打开“单元边框特性”对话框，可以设置单元格边

框的线宽、颜色等特性。

③"匹配单元"命令。用当前选中的表格单元格式（源对象）匹配其他表格单元（目标对象），此时鼠标指针变为刷子形状，单击目标对象即可进行匹配。

④"插入块"命令。选择该命令将打开"在表格单元中插入块"对话框。可以从中选择插入到表格中的块，并设置块在表格单元中的对齐方式、比例和旋转角度等特性。

⑤"合并单元"命令。当选中多个连续的表格元格后，使用该子菜单中的命令，可以全部、按列或按行合并表格单元。

○ **思考与练习** ○

怎样进行图案填充和创建文字表格？

》》 第七节　建筑平面图的简易绘制

◯【学习目标】

1. 了解对象捕捉、多线、等分线段的基本概念。
2. 掌握建筑平面图的简易绘制方法。

一般情况下，消防专业图可利用 AutoCAD 工程绘图软件，在收集到的建筑工程图样电子档的基础上绘制完成。但实际工作中也可能存在收集不到建筑工程图样电子档的情况，只能收集到纸质建筑施工图样，或是收集不到任何建筑施工图资料，这就需要抄绘或是绘制建筑施工图。在绘制消防专业图的工作实践中，应用比较频繁的建筑施工图是保卫单位的总平面图和保卫部位的建筑平面图，相比较而言，建筑平面图的抄绘或绘制更为复杂，它需绘图者能综合熟练地运用 AutoCAD 的绘图和编辑等命令。学会绘制建筑平面图，一般都可以轻松地完成总平面图的绘制，因此本节重点介绍建筑平面图的绘制。

在绘制消防专业图时，所采用的建筑平面图不需要绘制出定位轴线和尺寸标注，因此本节不介绍建筑平面图的定位轴线和尺寸标注的绘制，仅介绍建筑平面图中建筑构、配件的绘制。

一、对象捕捉功能的应用

在绘图的过程中，经常要指定一些对象上已有的点，例如端点、圆心和两个对象的交点等。如果只凭观察来拾取，不可能非常准确地找到这些点。在 AutoCAD 中，可以通过对象捕捉功能，迅速、准确地捕捉到某些特殊点，从而精确地绘制图形。

（一）对象捕捉功能按钮

在 AutoCAD 绘图窗口的最下方，有 10 个功能按钮，第五个按钮为对象捕捉功能按钮，如图 7-39 所示。

图 7-39　对象捕捉功能按钮

（二）设置对象捕捉功能

用鼠标右键单击对象捕捉功能按钮弹出快捷菜单，单击"设置"弹出"草图设置"对话框，在"对象捕捉选项卡"中显示了 13 种对象捕捉功能，勾选项为系统默认启用的捕捉对象，绘图者可根据实际绘图需要勾选或清除捕捉对象。在绘制消防专业图时，常用的捕捉对象有端点、重点、圆心、节点、交点、垂足六个对象，勾选完毕单击确定完成对象捕捉设置。如图 7-40 所示。

图 7-40　对象捕捉选项卡

（三）打开对象捕捉功能

当对象捕捉功能按钮未处于凹陷状态时，单击对象捕捉功能按钮使其凹陷，或是鼠标右键单击对象捕捉功能按钮，在弹出的快捷菜单中单击"开"，即可打开对象捕捉功能，系统启动自动捕捉功能。此时在绘图过程中，当把光标放在一个对象上时，系统自动捕捉到对象上所有符合条件的几何特征点，并显示相应的标记。如果把光标放在捕捉点上多停留一会，系统还会显示捕捉的提示。这样在选点之前，就可以预览和确认捕捉点。图 7-41 所示为在绘图过程中捕捉到线段的中点，捕捉提示为黄色小三角形，光标右下侧显示为"中点"。

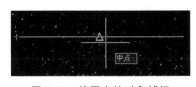

图 7-41　绘图中的对象捕捉

二、绘制与编辑多线

多线是一种由多条平行线组成的组合对象，平行线之间的间距和数目是可以调整的，多线常用于绘制建筑施工图中的墙身线、电子线路图中的线路等平行线对象。建筑施工图中的墙身线为双线，而系统默认的多线设置也为双线，所以在绘制消防专业图时不必再修改系统默认的多线样式，直接采用系统默认设置即可。

（一）绘制多线

选择"绘图"-"多线"命令（MLINE），即可绘制多线，此时命令行将显示如下提示信息。

当前设置：对正＝上，比例＝20.00，样式＝STANDARD

指定起点或［对正（J）/比例(S)/样式(ST)］：

1. **对正（J）**

当以某一线段为基准线绘制多线时，"对正"类型分为"上、无、下"三种，选择"上"或"下"两种对正，绘制出的多线中的一条线与基准线重合；选择"无"对正，则系统默认以基准线为对称轴线绘制多线，如图 7-42 所示。

在绘图过程中输入"J"后敲击空格键或回车键弹出"对正"类型快捷菜单，通过单击选择"对正"类型，如图 7-43 所示。

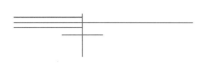

图 7-42　在"无"对正下绘制多线

图 7-43　选择"对正"类型

2. 比例（S）

比例（S）是指多线间的间距，系统默认值为 20mm。常见的建筑墙身线宽度为 60、120、240、370、490（mm）等几种，在绘制消防专业图的过程中输入"S"并敲击空格键或回车键后，可在命令行中对比例值进行修改，使之满足绘制建筑墙身线宽度的要求。

3. 样式（ST）

系统默认的多线样式为标准样式（STANDARD），即为双线样式，因为在绘制消防专业图时需绘制双线样式的多线，故不必对其进行修改。

（二）编辑多线

选择"修改"-"对象"-"多线"命令（MLEDIT），打开"多线编辑工具"对话框，可以使用其中的 12 种编辑工具编辑多线。如图 7-44 所示。

图 7-44　"多线编辑工具"对话框

在绘制消防专业图时，常用的"多线编辑工具"为"十字打开"、"T 形打开"和"角点结合"三种编辑。打开"多线编辑工具"对话框后，单击一种多线编辑工具，"多线编辑工具"对话框自动消失，分别选择两条相交的多线，即可完成多线编辑。图 7-45 为对两条垂直相交的多线进行"十字打开"编辑，左图是编辑前的多线，中间的图是单击"十字打开"后对多线进行选择，右图为编辑后的多线。

三、定数、定距等分线段

在绘图过程中，往往需对某一线段进行定数或定距等分。选择"绘图"-"点"-"定数

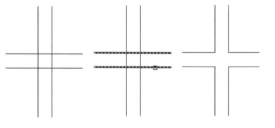

图 7-45　对多线进行"十字打开"编辑

等分（D）"或"定距等分（M）"，选择需等分的线段，输入等分线段数目或指定线段长度，敲击空格键或回车键即可完成线段的定数或定距等分。在执行完线段的定数或定距等分操作命令后，线段的等分节点不显示，只有在执行其他命令的状态下，启用"对象捕捉"功能才

能捕捉到，如图 7-46 所示。

四、线宽控制与显示

工程图样中图线的线宽分为粗线、中粗线、细线三种，每一种线宽都有着不同的用途。根据工程制图的国家标准，若选定粗线的线宽为 B，那么中粗线的线宽为 0.5B；细线的线宽为 0.35B，线宽分别为"B"、"0.5B"、"0.35B"的一组图线称为一个线宽组，同一个工程图样只能有一个线宽组。

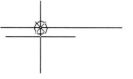

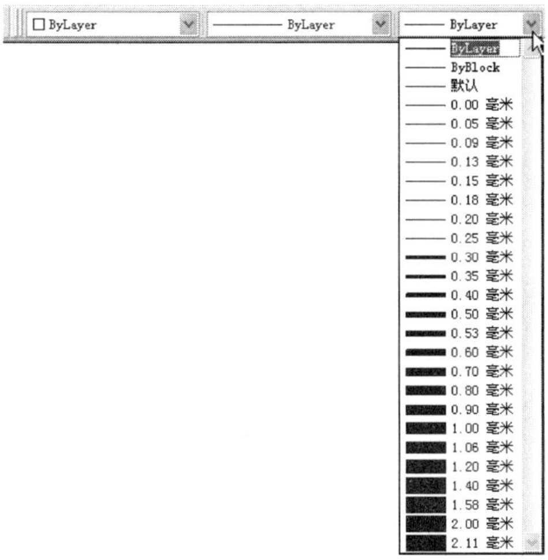

图 7-46　线段的等分节点

（一）线宽控制

1."线宽控制"工具栏

"线宽控制"工具栏位于图线特性编辑工具栏的第三列，如图 7-47 所示。在其下拉菜单中包含了多种线宽，绘图者可根据线宽组的要求，结合绘图实际选择图线线宽。例如，若选择 0.4mm 的线宽为粗线，那么中粗线的线宽为 0.2mm，细线的线宽可选择 0.15mm 或 0.13mm。

2.绘图工程中的线宽控制

假如采用 0.4mm、0.2mm 和 0.15mm 作为一个线宽组绘制一幅工程图样，在"线宽控制"工具栏的下拉菜单中单击选择 0.4mm 线宽，下拉菜单收回，"线宽控制"工具栏中显示的线宽为 0.4mm，此时系统处于绘制粗线状态，绘制出的图线为粗线。粗线绘制完毕，若要绘制中粗线，则应按照上述操作单击选择 0.2mm 线宽。因此，当需要变换线宽绘制图线时，首先应在"线宽控制"工具栏下拉菜单中单击选择相应的线宽。

图 7-47　"线宽控制"工具栏

3.赋予图线新的线宽

在绘图过程中，有时会因为线宽设置错误，绘制出的图样图线不符合工程制图标准，此时可以采用"赋予图线新的线宽"的方式改变图线的线宽。例如，将图线的线宽由 0.4mm 变换 0.2mm，首先选择图线，然后在"线宽控制"工具栏的下拉菜单中单击选择 0.2mm 线宽，此时图线的线宽即变为 0.2mm。结束"赋予图线新的线宽"的操作后，图线依然处于被选择状态，按 Esc 键退出选择状态。

（二）线宽显示

若没进行线宽显示设置，系统的默认设置为不显示线宽，即采用一个线宽组绘制出来的图线在绘图窗口不显示线宽，图线统一显示为系统默认的细线。选择"格式"-"线宽（W）"，弹出"线宽设置"对话框，在对话框中勾选"显示线宽（D）"，单击"确定"完成设置，绘制的图线即显示出线宽，如图 7-48 所示。图中对话框上方为"显示线宽"勾选前的图线显示，下方为"显示线宽"勾选后的图线显示。

五、建筑平面图的简易绘制

建筑平面图的简易绘制是指在收集不到保卫单位及其保卫部位建筑工程图样电子档的前

提下，可不进行"图层"设置，不绘制出定位轴线和尺寸标注，仅绘制出建筑构、配件的建筑平面图绘制。简易绘制建筑平面图，可大大降低消防专业图绘制的工作量。下面以图7-49所示的房间建筑平面图为例介绍建筑平面图的简易绘制，绘图图线的线宽组设置为0.6mm、0.3mm、0.2mm。

图 7-48 "显示线宽"设置

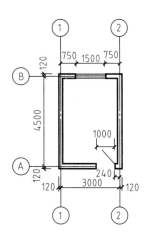

图 7-49 房间建筑平面图

（一）绘图尺寸单位和"显示线宽"设置

选择"格式"-"单位"命令，打开"图形单位"对话框，将单位设置为毫米，精度设置为0。

选择"格式"-"线宽（W）"，弹出"线宽设置"对话框，将"显示线宽（D）"设置为不显示线宽，这样设置的目的是方便绘图过程中精确找点定位。

（二）绘制定位轴线

由图7-49可以看出，图样中的图线都是水平与竖直线，故按F8或单击绘图窗口最下方的"正交模式"功能按钮启用正交绘图模式。图样的定位轴线为细实线，在"线宽控制"下拉菜单中单击0.2mm线宽进入细实线绘制状态，先在绘图窗口中绘制1号和A号轴线，然后通过将1号轴线向X轴正方向偏移3000mm，A号轴线向Y轴正方向偏移4500mm，绘制出2号和B号轴线，如图7-50所示。为方便后面对图线进行修改编辑，绘制出的1号和A号轴线长度应大于房间的进深和开间尺寸。

（三）绘制墙身线

墙身线为粗实线，在"线宽控制"下拉菜单中单击0.6mm线宽进入粗实线绘制状态；墙身线为双线，而系统默认的多线设置也为双线，直接采用系统默认设置绘制即可，选择"绘图"-"多线"命令（MLINE），系统进入绘制多线模式。将绘制多线的对正（J）设置为"无"，将比例（S）数值设置为240mm，启用"对象捕捉"功能，依次捕捉轴线交点绘制墙身线，如图7-51所示。

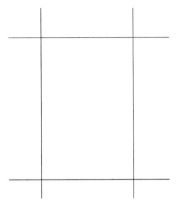

图 7-50 绘制定位轴线

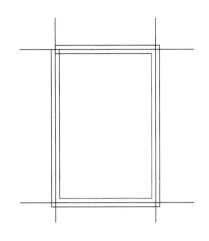

图 7-51 绘制墙身线

（四）修改编辑墙身线

选择"修改"-"对象"-"多线"命令（MLEDIT），打开"多线编辑工具"对话框，选择"角点结合"编辑工具对墙身线进行"角点结合"修改编辑，修改编辑完成后如图7-52所示。

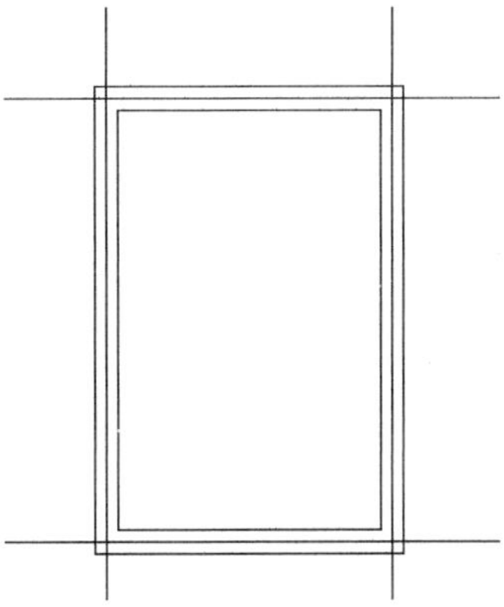

（五）绘制窗图例

1. **对窗进行定位**

分别将 1 号轴线向右、2 号轴线向左偏移 750mm，定出窗的位置，如图 7-53 所示。

2. **绘制窗洞**

对图 7-53 进行"修剪"和"删除"修改编辑，绘制出窗洞，如图 7-54 所示。

图 7-52 修改编辑墙身线

3. **绘制窗图例**

选择"绘图"-"点"-"定数等分（D）"，分别对窗洞左右两侧的墙身线进行三等分操作，采用中粗线绘制出窗台线，采用细实线绘制窗图例线，如图 7-55 所示。

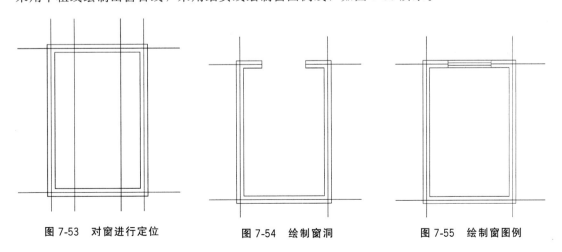

图 7-53 对窗进行定位　　　　图 7-54 绘制窗洞　　　　图 7-55 绘制窗图例

（六）绘制门图例

门图例的绘制原理同窗图例，这里不再详细介绍，参照上述的三个步骤绘制。

（七）删除定位轴线

因为在绘制消防专业图时，建筑平面图不需要绘制出定位轴线和尺寸标注，所以建筑构、配件绘制完成后，可以将定位轴线删除。

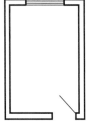

图 7-56 绘制完成的
房间建筑平面图

（八）显示线宽

选择"格式"-"线宽（W）"，弹出"线宽设置"对话框，在对话框中勾选"显示线宽（D）"，绘图窗口显示建筑平面图图线线宽。此时门、窗洞两侧的墙身线线宽显示为细实线，这是因为门、窗洞两侧的墙身线是通过对定位轴线进行偏移绘制出来的，采用"赋予图线新的线宽"的方式将其转换为粗实线。建筑平面图图线线宽显示如图 7-56 所示。

○────── ◦ 思考与练习 ◦ ──────○

1. 怎样应用"对象捕捉"功能？

2. 怎样绘制与编辑多线？

3. 怎样等数、等距等分线段？

4. 怎样对线宽进行控制、显示？

5. 简易绘制建筑平面图的方法和步骤是什么？

第八节　运用 AutoCAD 绘图软件绘制消防专业图

【学习目标】

1. 了解绘制消防专业图的准备工作。

2. 掌握运用 AutoCAD 绘图软件绘制消防专业图的方法和步骤。

实际工作中，常用的消防专业图有责任区图、灭火救援作战计划图、灭火救援战斗力量部署图和火灾原因调查图四种，每种消防专业图的绘制原理与方法基本相同，本节以灭火救援作战计划图为例介绍消防专业图的绘制步骤与方法。

一、绘制前的准备工作

若完全按照实地测绘的方法绘制消防专业图，工作量会相当繁重。如前所述，绘制消防专业图大都可以在相关已有图样资料的基础上完成，所以在绘制消防专业图前应先收集相关的图样资料，如市区图、保卫单位的建筑施工图和设备施工图等。图样资料最好收集电子档，因为保卫单位的建筑工程图是设计院采用 AutoCAD 工程绘图软件绘制完成的，这样就能运用 AutoCAD 工程绘图软件将其打开，关闭不需要的图层和删除不必要的图样后加入消防专业部分即可完成消防专业图的绘制。若只能收集到保卫单位纸质的建筑工程图样，这就需要绘图者运用 AutoCAD 工程绘图软件，采用前节所述的简易方法将其抄绘下来。

在收集到的图样资料中，有些资料可能由于绘制的时间已久，图样上的内容与保卫单位实际情况已有很大差别，这需要绘图者进行实地调查，掌握保卫单位拆除、改建、扩建、新建项目情况，对收集到的图样资料进行修改、补充处理。

在保卫单位相关图样资料已散失不全的情况下，绘图者只能到保卫单位进行实地测绘，采用简易的方法将绘制消防专业图所需的建筑工程图样绘制出来。

二、绘制方法与步骤

拟对某重点保卫单位的办公楼制定灭火救援作战计划，绘制灭火救援作战计划图。重点保卫单位办公楼为重点部位，其功能分区大致可分为三部分，办公楼西侧为研究室，楼层为两层；办公楼东侧为会议室，楼层为一层，中间部分为办公室、资料室、会客室等房间，楼层为三层。假定起火部位为会议室，起火点设定为主席台旁的会议设备控制箱。重点保卫单位除配备了灭火器外，无其他任何消防设施。

（一）重点保卫单位方位图

打开责任区图，在责任区图上用粗实线标注出重点保卫单位的具体位置。

（二）重点部位方位图

打开保卫单位的总平面图，关闭尺寸标注、等高线等不需要的图层；采用赋予图线新的线宽方式，将办公楼外形轮廓线变为粗实线，办公楼方位图如图 7-57 所示。

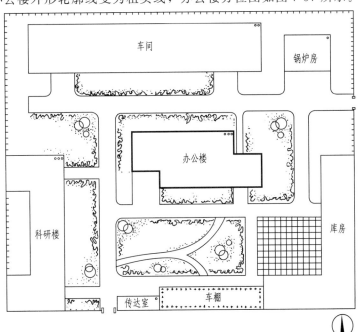

图 7-57　办公楼方位图

(三) 重点部位建筑平面图

打开办公楼底层建筑平面图，关闭定位轴线和尺寸标注图层，在会议室内绘制办公设备、设施等物资图例，形成重点部位建筑平面图，如图 7-58 所示。

为使读图者更加详细地了解重点部位的功能空间、立面造型等情况，还可打开办公楼立面图，关闭立面图标高尺寸标注图层，形成重点部位立面图，如图 7-59 所示。

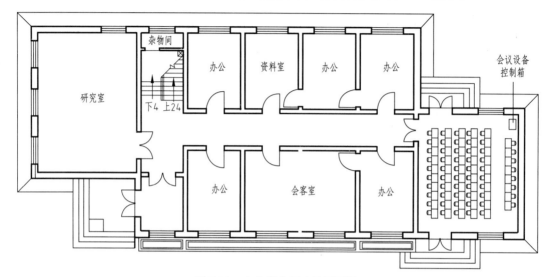

图 7-58　办公楼底层建筑平面图

图 7-59　办公楼立面图

(四) 灭火救援作战计划力量部署图

为详细地表达灭火救援作战计划意图，可绘制两个灭火救援作战计划力量部署图图样。一个图样是在图 7-57 的基础上加注或绘制灭火救援装备图例；另一个是在图 7-58 的基础上加注或绘制灭火救援装备图例，分别如图 7-60 和图 7-61 所示。此处省略了灭火救援装备图例的文字标注，详细操作方法参见本章第六节的内容。

由图 7-60 可以看出，此次灭火救援作战计划共出动三台水罐消防车，一台部署在办公楼北面主干道上，通过次干道可直通会议室北面的出口；第二台部署在办公楼主入口处；第三台部署在办公楼南面的主干道上,通过次干道可直通会议室南面的出口。由图 7-61 可以看出,三台消防车共出五支水枪,停靠在办公楼南北两条主干道上的两台消防车分别出两支水枪,用于进攻灭火;停靠在办公楼主入口处的消防车出一支水枪,用于堵截火势向西蔓延。

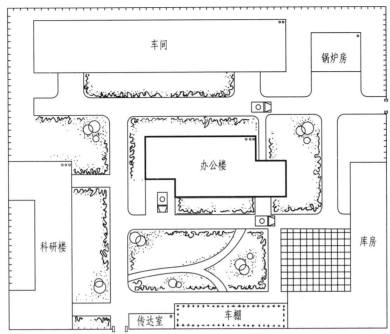

图 7-60 灭火救援作战计划力量部署图(一)

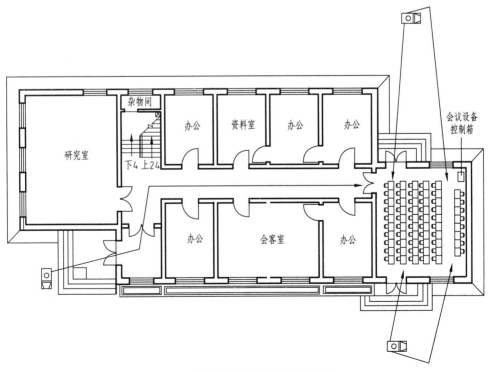

图 7-61 灭火救援作战计划力量部署图(二)

从以上绘图的过程中可以看出，绘制灭火救援作战计划力量部署图的关键在于加注或绘制消防装备图例。消防装备图例属消防专业行业图例，其绘制行业内有具体的要求，详见第六章第一节所述。

加注消防装备图例是指在运用 AutoCAD 绘图软件绘制消防专业图的过程中，将已绘制完成并储存在文档内的消防装备图例通过"插入块"的操作方式插入到图样上的过程。要采用"加注消防装备图例"的操作方式绘制灭火救援作战计划力量部署图，其前提是绘图者已

图 7-62 "插入"对话框

将行业内规定的各种消防装备图例运用 AutoCAD 绘图软件绘制完成，并分类储存。"加注消防装备图例"的具体操作方式为，在 AutoCAD 绘图窗口中选择"插入"-"块"，弹出"插入"对话框，如图 7-62 所示，在对话框中单击"浏览"，找到并选择需插入的消防装备图例，单击"确定"后对话框消失，然后用鼠标左键在图样上指定插入点插入消防装备图例。

绘制消防装备图例是指在绘图者绘制消防专业图的过程中，由于前期没有将各种消防装备图例绘制完成并储存，绘图者应用本章第一节和第二节所讲述的操作方法，按照消防装备图例绘制的行业标准要求，在编辑过的建筑施工图窗口内绘制消防装备图例。

对于需经常性绘制消防专业图的绘图者来说，采用"加注消防装备图例"的操作方式可避免大量重复工作，大大降低绘图工作量。

---------○ **思考与练习** ○----------

1. 绘制消防专业图的准备工作有哪些？
2. 运用 AutoCAD 绘图软件绘制消防专业图的方法和步骤是什么？

》》 第九节　图形的输入、输出与打印

【学习目标】

1. 了解图形的输入输出。
2. 掌握打印图形的方法和步骤。

AutoCAD 2007 提供了图形输入与输出接口。不仅可以将其他应用程序中处理好的数据传送给 AutoCAD，以显示其图形，还可以将在 AutoCAD 中绘制好的图形打印出来，或者把它们的信息传送给其他应用程序。此外，为适应互联网络的快速发展，使用户能够快速有

效地共享设计信息，AutoCAD 2007 强化了其 Internet 功能，使其与互联网相关的操作更加方便、高效，可以创建 Web 格式的文件（DWF），以及发布 AutoCAD 图形文件到 Web 页。

一、图形的输入输出

AutoCAD 2007 除了可以打开和保存 DWG 格式的图形文件外，还可以导入或导出其他格式的图形。

（一）导入图形

在 AutoCAD 2007 的"插入点"工具栏中，单击"输入"按钮将打开"输入文件"对话框。在其中的"文件类型"下拉列表框中可以看到，系统允许输入"图元文件"、ACIS 及 3D Studio 图形格式的文件。

在 AutoCAD 2007 的菜单命令中没有"输入"命令，但是可以使用"插入"-"3D Studio"命令、"插入"-"ACIS 文件"命令及"插入"-"Windows 图元文件"命令，分别输入上述 3 种格式的图形文件。

（二）插入 OLE 对象

选择"插入"-"OLE 对象"命令，打开"插入对象"对话框，可以插入对象链接或者嵌入对象。

（三）输出图形

选择"文件"-"输出"命令，打开"输出数据"对话框。可以在"保存于"下拉列表框中设置文件输出的路径，在"文件"文本框中输入文件名称，在"文件类型"下拉列表框中选择文件的输出类型，如图元文件、ACIS、平版印刷、封装 PS、DXX 提取、位图、3D Studio 及块等。

设置了文件的输出路径、名称及文件类型后，单击对话框中的"保存"按钮，将切换到绘图窗口中，可以选择需要以指定格式保存的对象。

二、创建和管理布局

在 AutoCAD 2007 中，可以创建多种布局，每个布局都代表一张单独的打印输出图纸。创建新布局后就可以在布局中创建浮动视口。视口中的各个视图可以使用不同的打印比例，并能够控制视口中图层的可见性。

（一）使用布局向导创建布局

选择"工具"-"向导"-"创建布局"命令，打开"创建布局"向导，可以指定打印设备、确定相应的图纸尺寸和图形的打印方向、选择布局中使用的标题栏或确定视口设置。

（二）管理布局

右击"布局"标签，使用弹出的快捷菜单中的命令，可以删除、新建、重命名、移动或复制布局。

默认情况下，单击某个布局选项卡时，系统将自动显示"页面设置"对话框，供设置页面布局。如果以后要修改页面布局，可从快捷菜单中选择"页面设置管理器"命令，通过修改布局的页面设置，将图形按不同比例打印到不同尺寸的图纸中。

（三）布局的页面设置

选择"文件"-"页面设置管理器"命令，打开"页面设置管理器"对话框。单击"新建"按钮，打开"新建页面设置"对话框，可以在其中创建新的布局。如图 7-63 所示。

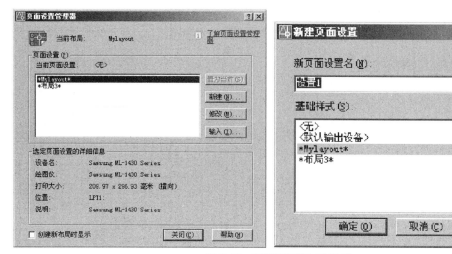

图 7-63 "页面设置"对话框

三、使用浮动窗口

在构造布局图时，可以将浮动视口视为图纸空间的图形对象，并对其进行移动和调整。浮动视口可以相互重叠或分离。在图纸空间中无法编辑模型空间中的对象，如果要编辑模型，必须激活浮动视口，进入浮动模型空间。激活浮动视口的方法有多种，如可执行MSPACE命令、单击状态栏上的"图纸"按钮或双击浮动视口区域中的任意位置。

（一）删除、新建和调整浮动视口

在布局图中，选择浮动视口边界，然后按 Delete 键即可删除浮动视口。删除浮动视口后，使用"视图"-"视口"-"新建视口"命令，可以创建新的浮动视口，此时需要指定创建浮动视口的数量和区域。如图 7-64 所示。

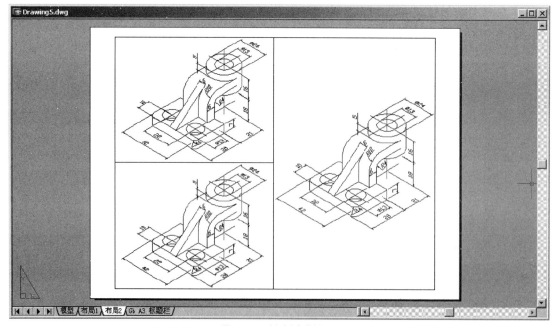

图 7-64 创建浮动视口

（二）相对图纸空间比例缩放视图

如果布局图中使用了多个浮动视口时，就可以为这些视口中的视图建立相同的缩放比例。这时可选择要修改其缩放比例的浮动视口，在"特性"选项板的"标准比例"下拉列表框中选择某一比例，然后对其他的所有浮动视口执行同样的操作，就可以设置一个相同的比例值。如图 7-65 所示。

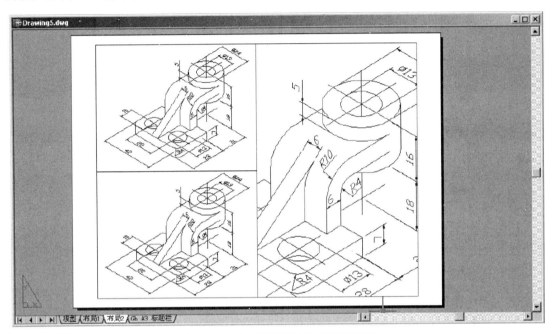

图 7-65　相对图纸空间比例缩放视图

（三）在浮动视口中旋转视图

在浮动视口中，执行 MVSETUP 命令可以旋转整个视图。该功能与 ROTATE 命令不同，ROTATE 命令只能旋转单个对象。如图 7-66 所示。

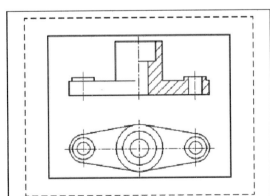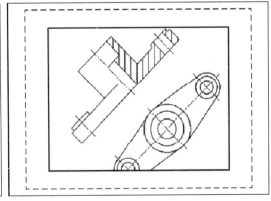

图 7-66　在浮动视口中旋转视图

（四）创立特殊形状的浮动视口

在删除浮动视口后，可以选择"视图"-"视口"-"多边形视口"菜单，创建多边形形状的浮动视口。

也可以将图纸空间中绘制的封闭多段线、圆、面域、样条或椭圆等对象设置为视口边界，这时可选择"视图"-"视口对象"命令来创建。如图 7-67 所示。

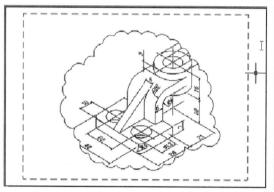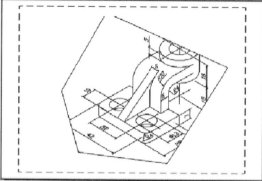

图 7-67　创立特殊形状的浮动视口

四、打印图形

创建完图形之后，通常要打印到图纸上，也可以生成一份电子图纸，以便从互联网上进行访问。打印的图形可以包含图形的单一视图，或者更为复杂的视图排列。根据不同的需要，可以打印一个或多个视口，或设置选项以决定打印的内容和图像在图纸上的布置。

（一）打印预览

在打印输出图形之前可以预览输出结果，以检查设置是否正确。例如，图形是否都在有效输出区域内等。选择"文件"-"打印预览"命令（PREVIEW），或在"标准"工具栏中单击"打印预览"按钮，可以预览输出结果。AutoCAD 将按照当前的页面设置、绘图设备设置及绘图样式表等在屏幕上绘制最终要输出的图纸。如图 7-68 所示。

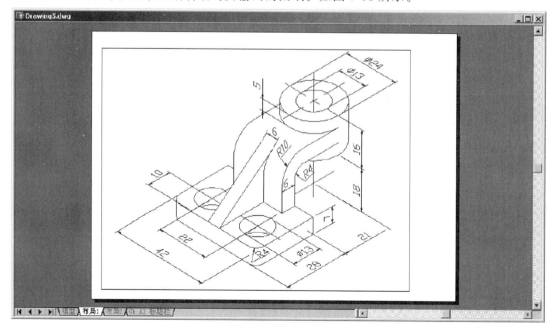

图 7-68　打印预览

（二）打印图形

在 AutoCAD 2007 中，可以使用"打印"对话框打印图形。当在绘图窗口中选择一个布局选项卡后，选择"文件"-"打印"命令打开"打印"对话框。如图 7-69 所示。

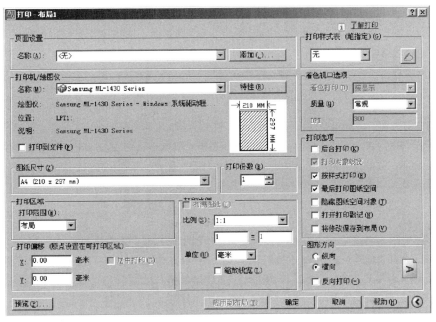

图 7-69 "打印"对话框

思考与练习

1. 常见的图形输入输出操作有哪些？
2. 打印图形的方法和步骤是什么？

参 考 文 献

［1］ 陈智慧. 消防制图. 北京：中国人民公安大学出版社，2016.

［2］ 何斌，陈锦昌，王枫红. 北京：高等教育出版社，2013.

［3］ 赵建军，李世文. 建筑工程制图与识图习题集. 北京：清华大学出版社，2012.

［4］ 张红星. 土木建筑工程制图与识图. 南京：江苏凤凰科学技术出版社有限公司，2014.

［5］ 李元玲. 建筑制图与识图. 北京：北京大学出版社，2013.

［6］ 赵建军. 建筑工程制图与识图. 北京：清华大学出版社，2012.

［7］ 百丽红. 建筑工程制图与识图（含综合实训施工图）. 北京：北京大学出版社，2014.

［8］ 薛焱，王新平. 中文版 AUTOCAD 2007 基础教程. 北京：清华大学出版社，2012.

［9］ 刘广瑞，乔金莲. AUTOCAD 2007 实用教程. 西安：西北工业大学出版社，2007.

［10］ 王海英，詹翔. AUTOCAD2007 中文版建筑制图实战训练. 北京：人民邮电出版社，2007.

［11］ 王鹏. 建筑工程施工图识读快学快用，北京：中国建材工业出版社，2011.

［12］ 梁玉成. 建筑识图. 北京：中国环境科学出版社，2012.

［13］ 商靠定. 灭火救援典型战例研究. 北京：中国人民公安大学出版社，2012.

［14］ 朱希. 建筑结构与施工图. 北京：北京大学出版社，2013.

［15］ 高作龙. 建筑水暖设计与审图常用规范. 北京：中国建筑工业出版社，2014.

［16］ 姜晨光. 怎样读懂建筑施工图. 北京：化学工业出版社，2014.

［17］ 梁瑶. 建筑电气工程施工图. 武汉：华中科技大学出版社，2014.

［18］ 汤万龙. 建筑设备安装识图与施工工艺. 北京：中国建筑工业出版社，2015.

［19］ 王付全，杨师斌. 建筑设备，北京：科学出版社，2014.

［20］ 贾渭娟，罗平. 供配电系统. 重庆：重庆大学出版社，2016.